职业教育精品教材

三维动画设计软件应用
（3ds Max 2018）

朱文娟　赖福生　主编
张智晶　唐笑吟　吴轶弢　参编

電子工業出版社
Publishing House of Electronics Industry
北京•BEIJING

内容简介

本书根据《中等职业学校专业教学标准（试行）信息技术类（第一辑）》中的相关教学内容和要求编写而成。本书的编写从满足经济发展对高素质劳动者和技能型人才的需求出发，在课程结构、教学内容、教学方法等方面进行新的探索与改革创新，有利于学生对本书内容的掌握和实际操作技能的提高。

本书以岗位工作过程来确定学习任务和目标，综合提升学生的专业能力、过程能力和职位差异能力，并以具体的工作任务来引领教学内容。本书由9个项目组成，每个项目均由项目描述、学习目标、项目分析、实现步骤和项目评价组成。本书的主要目的在于让学生熟练掌握三维动画的绘制知识与创作技巧，能够从事三维动画制作、设计、创意、编辑等工作。

本书可以作为数字媒体技术应用专业学生的核心课程教材，也可以作为3ds Max培训班学员的教学用书，还可以作为数字媒体技术应用工作人员的学习参考教程。

图书在版编目（CIP）数据

三维动画设计软件应用：3ds Max 2018 / 朱文娟，赖福生主编. —北京：电子工业出版社，2024.4

ISBN 978-7-121-47743-0

Ⅰ. ①三… Ⅱ. ①朱… ②赖… Ⅲ. ①三维动画软件－中等专业学校－教材 Ⅳ. ①TP391.414

中国国家版本馆CIP数据核字（2024）第079441号

责任编辑：潘　娅
印　　刷：天津千鹤文化传播有限公司
装　　订：天津千鹤文化传播有限公司
出版发行：电子工业出版社
　　　　　北京市海淀区万寿路173信箱　　　邮编：100036
开　　本：880×1230　1/16　印张：16　字数：369千字
版　　次：2024年4月第1版
印　　次：2024年4月第1次印刷
定　　价：56.00元

凡所购买电子工业出版社图书有缺损问题，请向购买书店调换。若书店售缺，请与本社发行部联系，联系及邮购电话：（010）88254888，88258888。

质量投诉请发邮件至zlts@phei.com.cn，盗版侵权举报请发邮件至dbqq@phei.com.cn。

本书咨询联系方式：（010）88254550，zhengxy@phei.com.cn。

前 言

党的二十大报告提出："统筹职业教育、高等教育、继续教育协同创新，推进职普融通、产教融合、科教融汇，优化职业教育类型定位。"

为建立健全教育质量保障体系，提高职业教育质量，教育部办公厅于 2014 年发布了首批《中等职业学校专业教学标准（试行）》（以下简称专业教学标准）目录。专业教学标准是指导和管理中等职业学校教学工作的主要依据，是保证教育教学质量和人才培养规格的纲领性教学文件。《教育部办公厅关于公布首批〈中等职业学校专业教学标准（试行）〉目录的通知》（教职成厅函〔2014〕11 号）强调，"专业教学标准是开展专业教学的基本文件，是明确培养目标和规格、组织实施教学、规范教学管理、加强专业建设、开发教材和学习资源的基本依据，是评估教育教学质量的主要标尺，同时也是社会用人单位选用中等职业学校毕业生的重要参考"。

本书特色

本书根据教育部发布的《中等职业学校专业教学标准（试行）信息技术类（第一辑）》中的相关教学内容和要求编写而成。

本书的编写以岗位职业能力分析和职业技能考证为指导，以具体项目为引领，以实际工作案例为载体，强调理论与实践相结合，体系安排遵循学生的认知规律，注重深入浅出的讲解技巧，在将三维制作技术的最新发展成果纳入教材的同时，力争使教材具有趣味性和启发性。本书由 9 个项目组成，每个项目均由项目描述、学习目标、项目分析、实现步骤和项目评价组成。本书的主要目的在于让学生熟练掌握三维动画的绘制知识与创作技巧，能够从事三维动画制作、设计、创意、编辑等工作。

本书是"十四五"职业教育国家规划教材《三维动画设计软件应用（3ds Max 2016）》的修订版。本书可以作为数字媒体技术应用专业学生的核心课程教材，也可以作为 3ds Max 培训班学员的教学用书，还可以作为数字媒体技术应用工作人员的学习参考教程。

课时分配

本书参考课时为 128 学时，具体安排见本书配套的电子教案。

本书编者

本书由朱文娟、赖福生担任主编，张智晶、唐笑吟、吴轶弢参与编写。其中，项目 1、项目 3 由朱文娟编写，项目 5、项目 8、项目 9 由赖福生编写，项目 6、项目 7 由张智晶编写，项目 4 由唐笑吟编写，项目 2 由吴铁弢编写，全书由朱文娟统稿。

教学资源

为了提高学习效率和教学效果，方便教师教学，本书配备了电子教案、教学指南、素材文件、微课及实战参考答案等教学资源。请有此需要的读者登录华信教育资源网免费注册后下载，若有问题可在网站留言板上留言，或者与电子工业出版社联系。

由于编者水平所限，书中难免存在瑕疵，敬请广大读者批评指正。

编　者

目 录

项目 1　客厅的制作

项目描述

3ds Max 是当今世界上应用领域广泛，使用人数众多的三维动画制作软件。本项目通过制作一个简洁的客厅来介绍 3ds Max 2018 的基本操作，并使用堆砌简单几何体的方法来制作客厅中的沙发和茶几。这里只介绍建模的部分，材质的设置将在后面的内容中进行详细介绍，因此可以使用简单的色块填充来替代材质。本项目的最终效果如图 1-0-1 所示。

图 1-0-1　客厅效果

学习目标

- 能使用标准基本体制作茶几。
- 能使用扩展基本体制作沙发。
- 能使用 FFD 工具制作靠枕。

- 能使用【挤出】修改器修改对象的形状。

项目分析

在本项目的制作过程中，客厅的墙体使用画线挤出的方式来制作，茶几使用标准基本体来搭建，沙发使用扩展基本体来制作，靠枕使用 FFD 工具来制作。本项目主要需要完成以下 4 个环节。

（1）客厅墙体的制作。

（2）沙发的制作。

（3）靠垫的制作。

（4）茶几的制作。

1.1 客厅墙体的制作

STEP 01 启动 3ds Max 2018，执行【自定义】→【单位设置】命令，如图 1-1-1 所示。

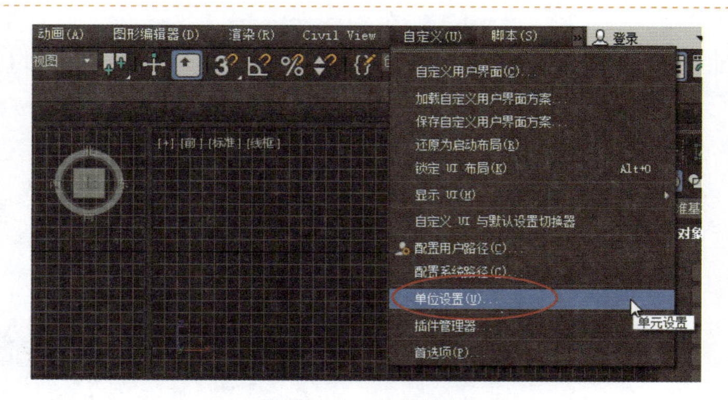

图 1-1-1　单位设置

STEP 02 在弹出的【单位设置】对话框中选中【公制】单选按钮，并在其下拉列表中选择【毫米】选项。

STEP 03 单击【系统单位设置】按钮，在弹出的【系统单位设置】对话框中将单位设置为【毫米】，其他参数均保持默认设置，单击【确定】按钮，完成系统单位的设置，如图 1-1-2 所示。

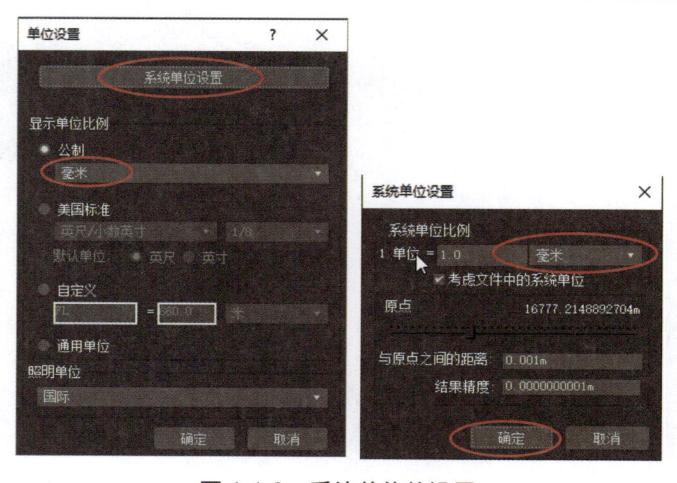

图 1-1-2　系统单位的设置

STEP 04　单击屏幕右侧的【创建】→【几何体】按钮，在【对象类型】卷展栏中单击【平面】按钮，在【顶】视图中，按住鼠标左键并拖动鼠标，从而绘制出一个平面，将【长度】设置为 5200.0mm，【宽度】设置为 4200.0mm，【长度分段】设置为 1，【宽度分段】设置为 1，并将其命名为【地面】，如图 1-1-3 所示。

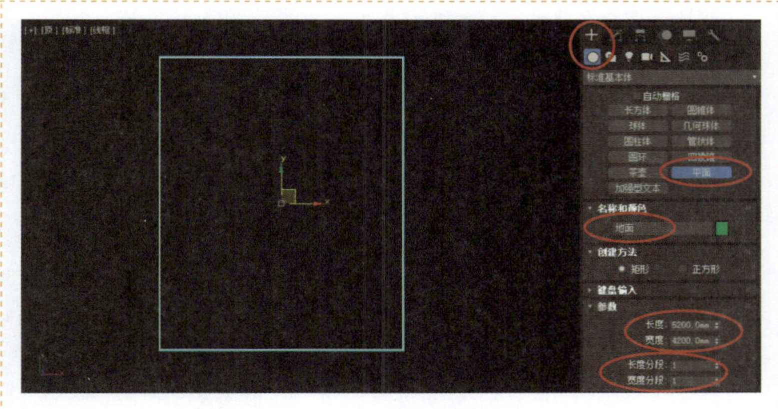

图 1-1-3　创建地面

STEP 05　单击【创建】→【图形】按钮，在【对象类型】卷展栏中单击【矩形】按钮，在【顶】视图中，按住鼠标左键并拖动鼠标，从而绘制出一个矩形，将【长度】设置为 5000.0mm，【宽度】设置为 3800.0mm，并将其命名为【墙体】，如图 1-1-4 所示。

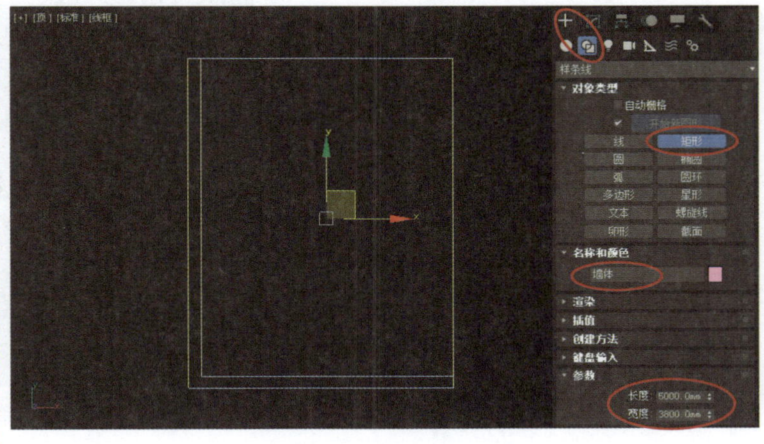

图 1-1-4　创建墙体

STEP 06　选中【墙体】对象并右击，在弹出的快捷菜单中执行【转换为】→【转换为可编辑样条线】命令，如图 1-1-5 所示。

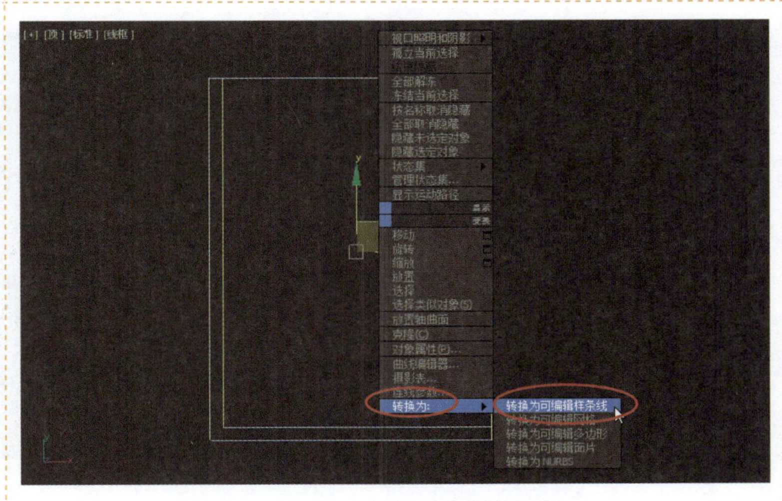

图 1-1-5　转换为可编辑样条线

STEP 07 进入【修改】面板，单击【可编辑样条线】左侧的▶按钮，选择堆栈中的【线段】子对象，在按住 Ctrl 键的同时选中如图 1-1-6 所示的两条线段，按 Delete 键将这两条线段删除。

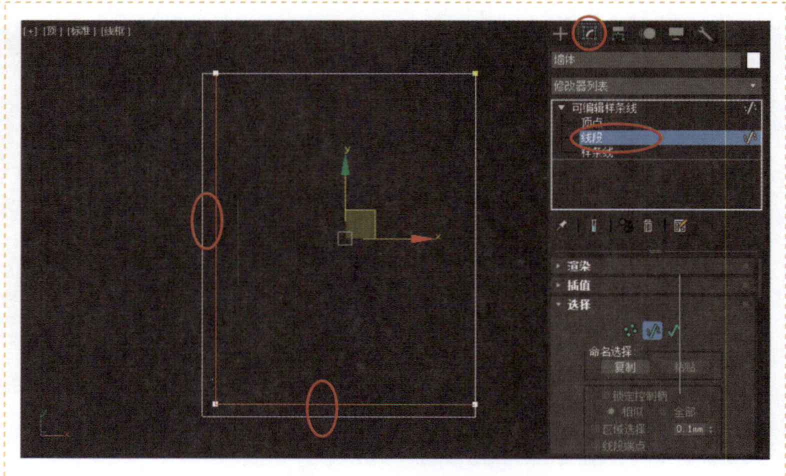

图 1-1-6　删除多余的线段

STEP 08 选中【可编辑样条线】堆栈中的【样条线】子对象，进入【样条线】子对象层，单击【几何体】卷展栏中的【轮廓】按钮，在其右侧的文本框中输入 200.0mm，并按 Enter 键，如图 1-1-7 所示。

STEP 09 选中【可编辑样条线】堆栈中的【样条线】子对象，退出【样条线】子对象层。

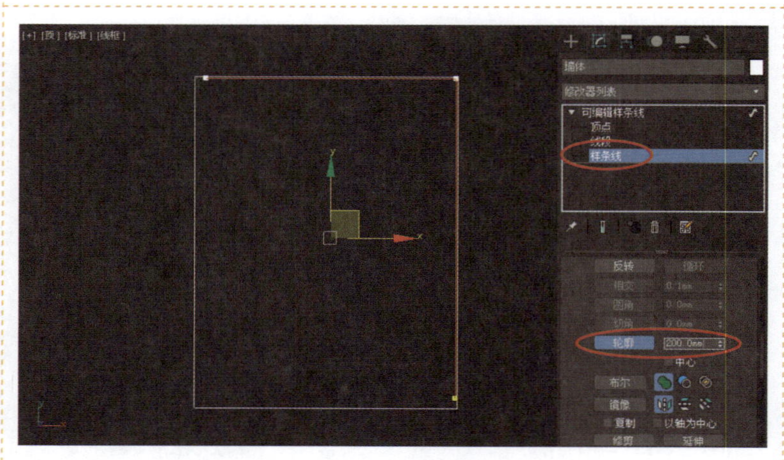

图 1-1-7　设置轮廓参数

STEP 10 选中【墙体】对象，单击修改器列表框右侧的下拉按钮，在下拉列表中选择【挤出】修改器，如图 1-1-8 所示。

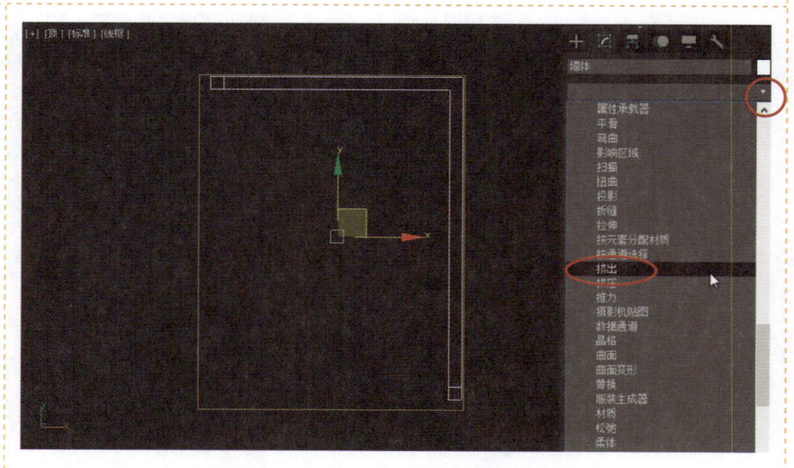

图 1-1-8　选择【挤出】修改器

STEP 11 在【挤出】修改器的【参数】卷展栏中，将【数量】设置为 2800.0mm，如图 1-1-9 所示，这样客厅的墙体就制作完成了。

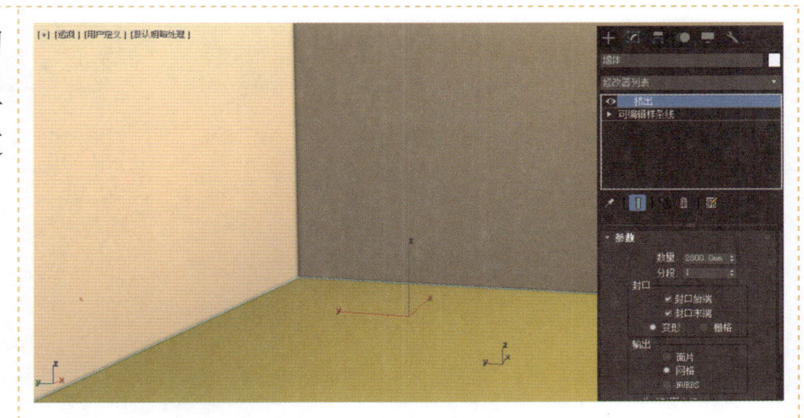

图 1-1-9　设置挤出参数

1.2　沙发的制作

STEP 01 单击【图形】按钮，在【对象类型】卷展栏中单击【矩形】按钮，在【顶】视图中绘制一个矩形，将矩形的【长度】设置为 3800.0mm，【宽度】设置为 1100.0mm，并将其命名为【沙发框架】，如图 1-2-1 所示。

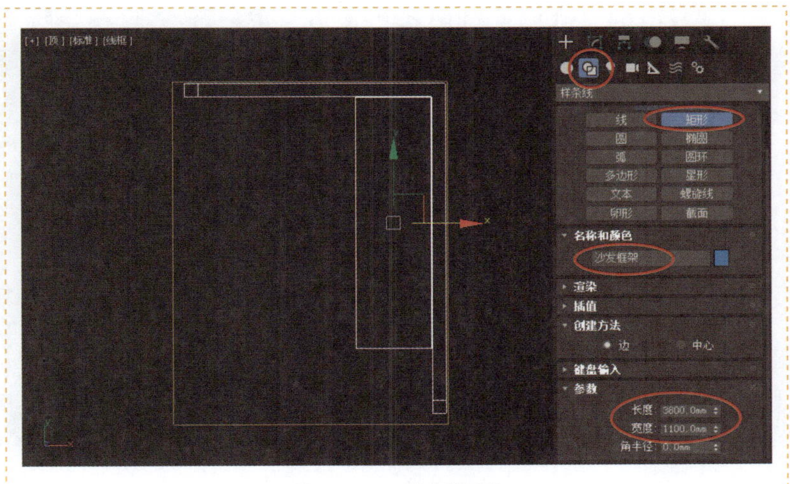

图 1-2-1　绘制矩形

STEP 02 按照制作墙体的方法，将【沙发框架】对象转换为可编辑样条线后，首先选中【线段】子对象，删除一条长线段；然后选中【样条线】子对象，单击【几何体】卷展栏中的【轮廓】按钮，在其右侧的文本框中输入 100mm；最后添加【挤出】修改器，将【数量】设置为 900.0mm，如图 1-2-2 所示。

图 1-2-2　创建沙发框架

STEP 03 在【创建】面板的【几何体】类别中，单击【标准基本体】下拉按钮，在下拉列表中选择【扩展基本体】选项，如图 1-2-3 所示。

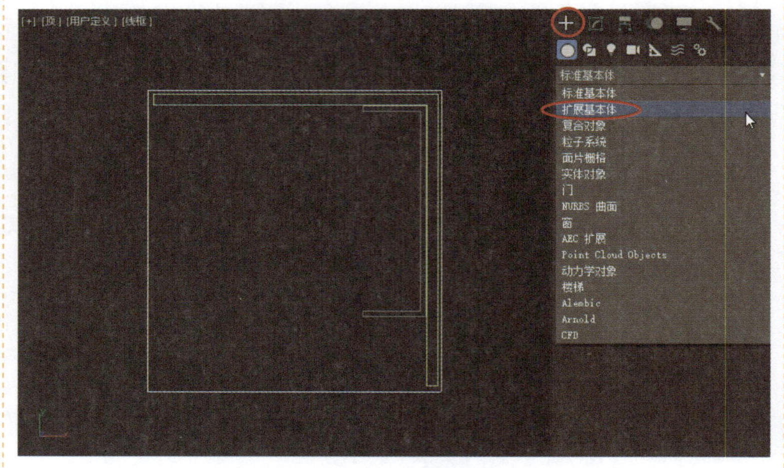

图 1-2-3　扩展基本体

STEP 04 单击【对象类型】卷展栏中的【切角长方体】按钮，在【顶】视图中创建一个切角长方体，在【参数】卷展栏中将【长度】设置为 1000.0mm，【宽度】设置为 1800.0mm，【高度】设置为 300.0mm，【圆角】设置为 50.0mm，并将其命名为【贵妃榻底座】，如图 1-2-4 所示。

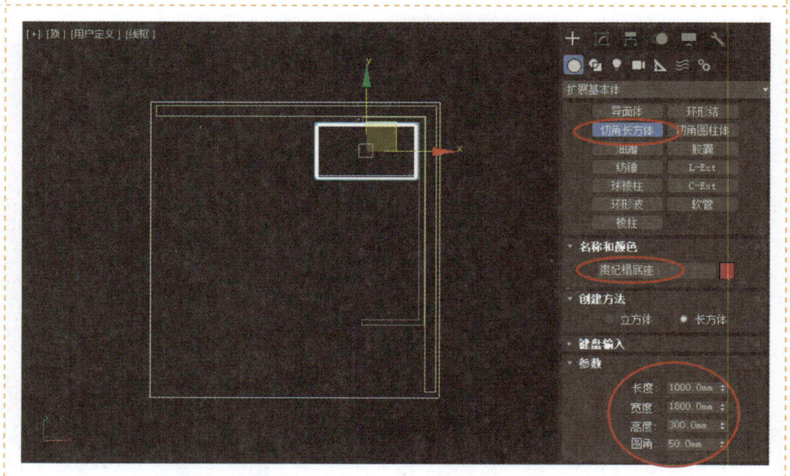

图 1-2-4　创建贵妃榻底座

STEP 05 使用同样的方法，在如图 1-2-5 所示的位置创建横向的沙发底座。将【长度】设置为 2600.0mm，【宽度】设置为 1000.0mm，【高度】设置为 300.0mm，【圆角】设置为 50.0mm，如图 1-2-5 所示。

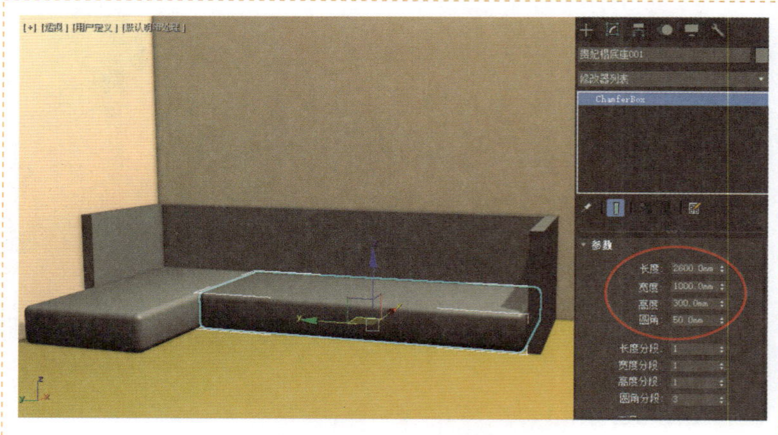

图 1-2-5　创建沙发底座

STEP 06 进入【创建】面板，选择【扩展基本体】选项，单击【对象类型】卷展栏中的【切角长方体】按钮，在如图 1-2-6 所示的位置创建贵妃榻的垫子，将【长度】设置为 1000.0mm，【宽度】设置为 1800.0mm，【高度】设置为 200.0mm，【圆角】设置为 50.0mm。

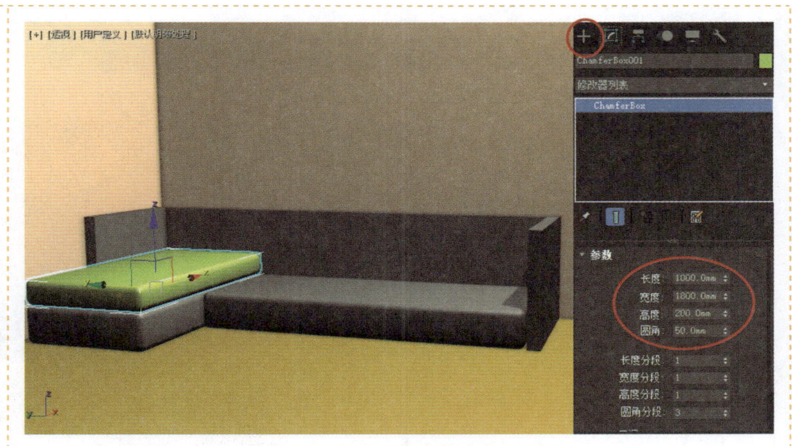

图 1-2-6　创建贵妃榻的垫子

STEP 07 单击主工具栏中的【选择并移动】按钮，按住 Shift 键的同时，选中贵妃榻的垫子并水平移动适当距离。释放鼠标左键后会弹出【克隆选项】对话框，并在【对象】选项组中选中【复制】单选按钮，单击【确定】按钮，如图 1-2-7 所示。

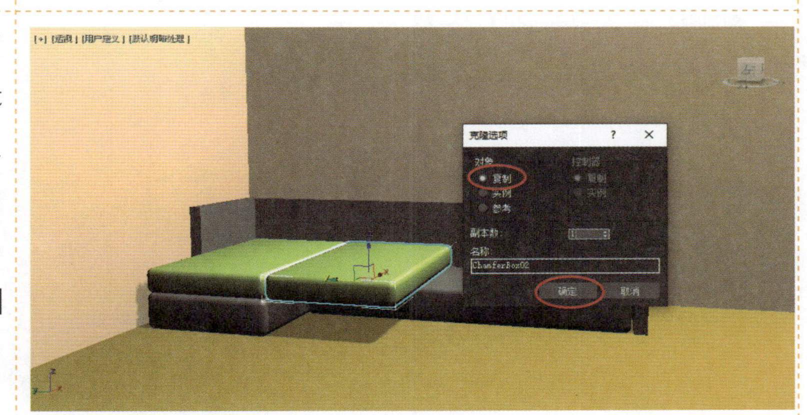

图 1-2-7　复制垫子

STEP 08 选中复制后的对象，进入【修改】面板，将【长度】设置为 900.0mm，【宽度】设置为 1000.0mm，【高度】设置为 200.0mm，【圆角】设置为 50.0mm，并将修改后的对象复制、粘贴两次，如图 1-2-8 所示。

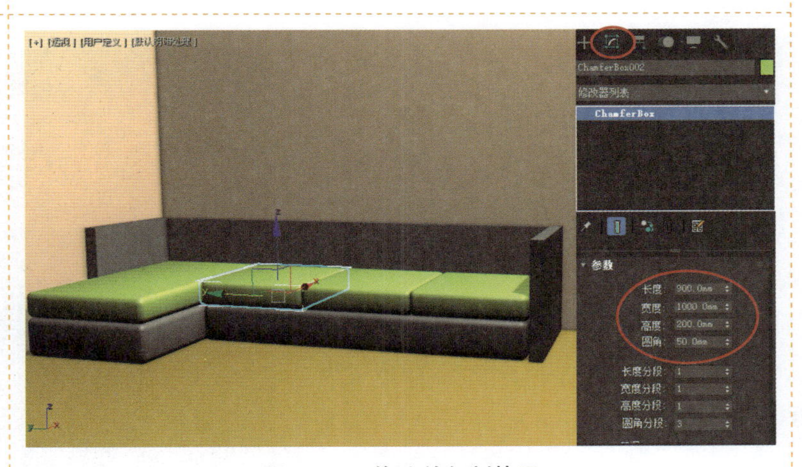

图 1-2-8　修改并复制垫子

1.3 靠垫的制作

STEP 01 进入【创建】面板，选择【扩展基本体】选项，单击【对象类型】卷展栏的【切角长方体】按钮，在如图 1-3-1 所示的位置创建一个靠垫，将【长度】设置为 900.0mm，【宽度】设置为 900.0mm，【高度】设置为 150.0mm，【圆角】设置为 100.0mm，【长度分段】设置为 10，【宽度分段】设置为 10，【高度分段】设置为 3，【圆角分段】设置为 3。

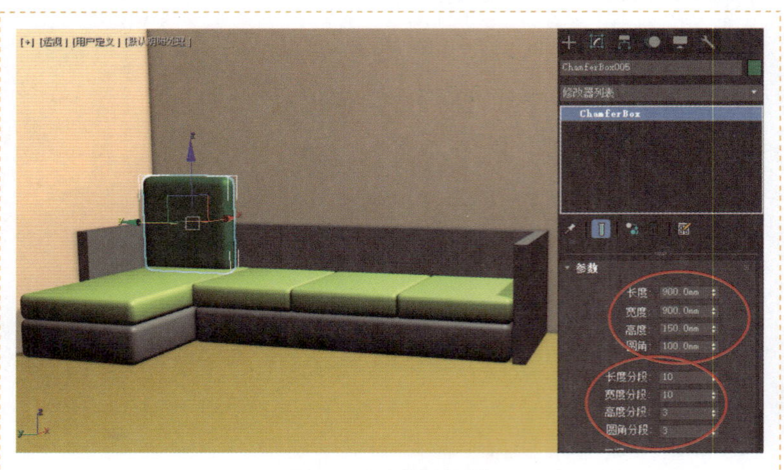

图 1-3-1 创建靠垫

STEP 02 选中靠垫对象，单击修改器列表框右侧的下拉按钮，在下拉列表中选择【FFD（长方体）】修改器，如图 1-3-2 所示。

图 1-3-2 选择【FFD（长方体）】修改器

STEP 03 单击【FFD（长方体）】左侧的▶符号，在堆栈中选择【控制点】子对象，进入【控制点】子对象层，如图 1-3-3 所示。

STEP 04 单击主工具栏中的【选择并均匀缩放】按钮，在【左】视图中，按住 Ctrl 键的同时框选如图 1-3-3 所示的 4 处控制点，对其进行缩放操作。

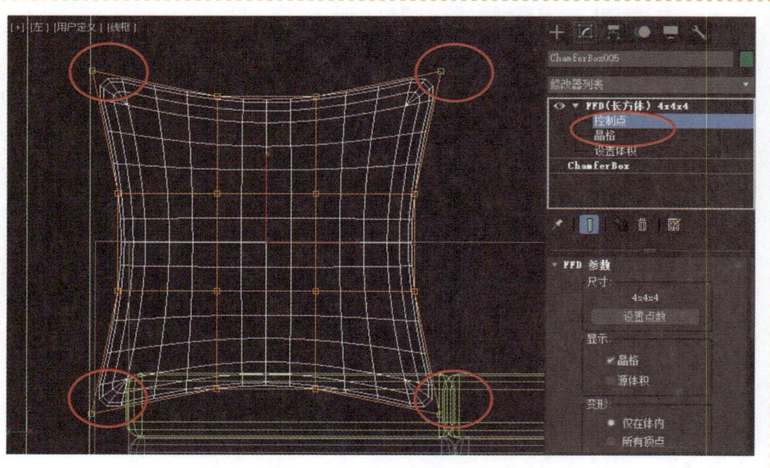

图 1-3-3 调整控制点

STEP 05 单击【选择并均匀缩放】按钮，在【左】视图中框选如图 1-3-4 所示的中间控制点，切换至【前】视图，将中间控制点沿 *X* 轴向外拖到合适的位置。

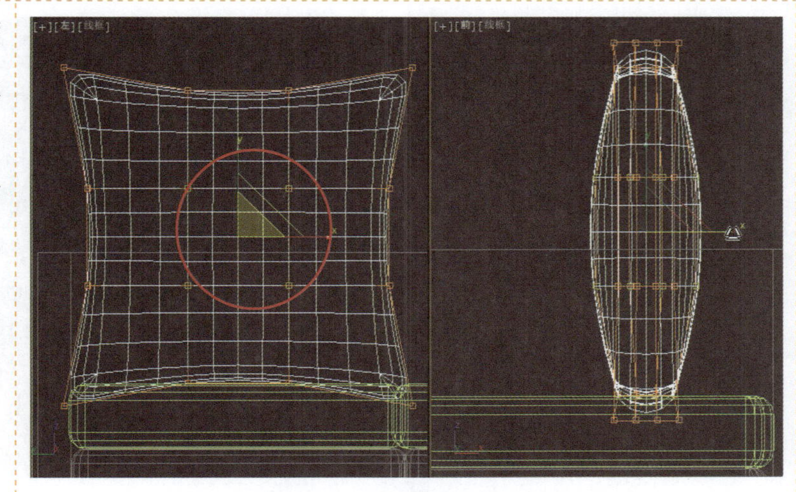

图 1-3-4　调整控制点设置

STEP 06 单击主工具栏中的【选择并旋转】按钮，在【前】视图中，沿最外圈的 *Y* 轴旋转 25°，如图 1-3-5 所示。

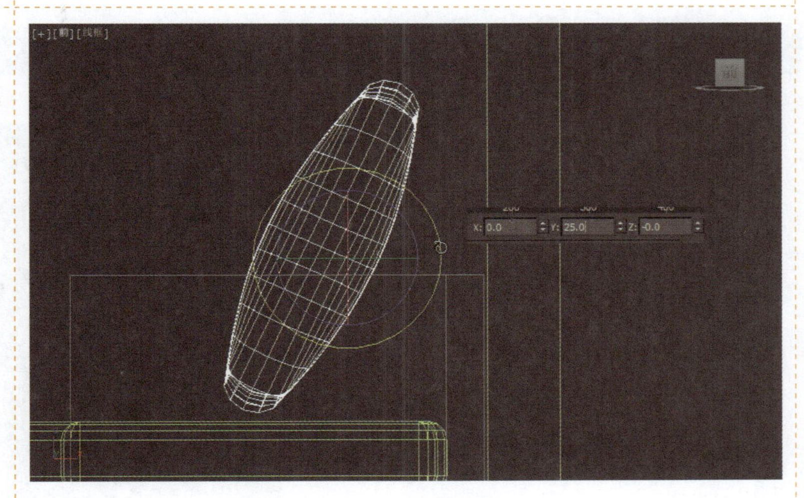

图 1-3-5　旋转角度

STEP 07 单击主工具栏中的【选择并移动】按钮，按住 Shift 键，同时选中靠枕并水平移动适当距离。释放鼠标左键后会弹出【克隆选项】对话框，在【对象】选项组中选中【实例】单选按钮，将【副本数】设置为 3，单击【确定】按钮，如图 1-3-6 所示。

图 1-3-6　复制靠垫

STEP 08 使用同样的方法可以再复制 3 个靠垫，调整其大小，复制后的效果如图 1-3-7 所示。

图 1-3-7　复制后的效果

1.4　茶几的制作

STEP 01 进入【创建】面板，选择【标准基本体】选项，单击【对象类型】卷展栏中的【长方体】按钮，在【顶】视图的如图 1-4-1 所示的位置创建一个长方体，并将其【长度】设置为 1200.0mm，【宽度】设置为 700.0mm，【高度】设置为 100.0mm。

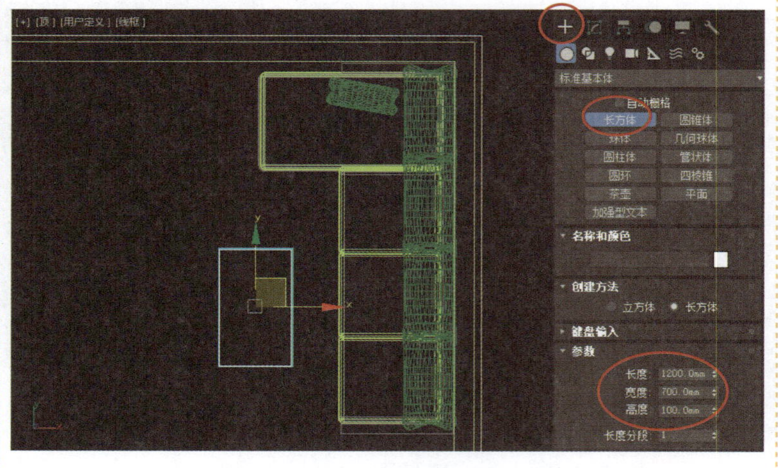

图 1-4-1　创建长方体

STEP 02 在【顶】视图中，再次创建一个长方体，将其【长度】设置为 950.0mm，【宽度】设置为 700.0mm，【高度】设置为 250.0mm，如图 1-4-2 所示。

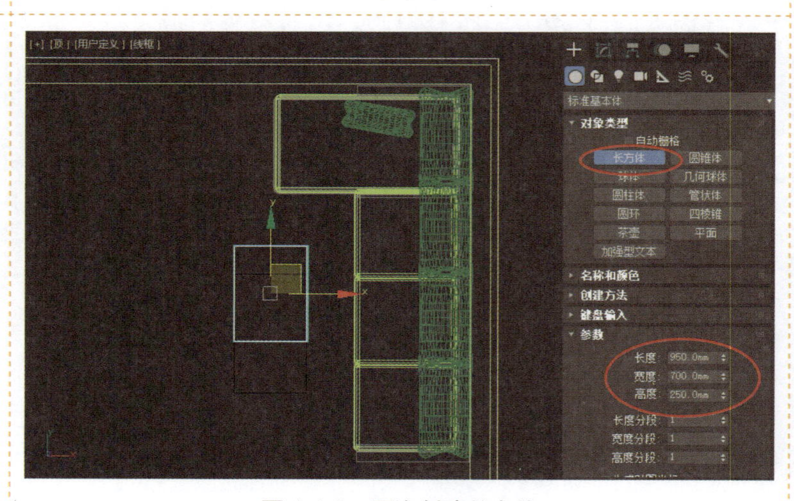

图 1-4-2　再次创建长方体

STEP 03 在【透视】视图中，调整两个长方体的位置，如图 1-4-3 所示。

图 1-4-3　调整位置

STEP 04 单击主工具栏中的【选择并移动】按钮，按住 Shift 键，同时选中【透视】视图底部的黑色长方体并垂直向上移动适当距离。释放鼠标左键后会弹出【克隆选项】对话框，在【对象】选项组中选中【实例】单选按钮，单击【确定】按钮，如图 1-4-4 所示。

图 1-4-4　复制长方体

STEP 05 进入【创建】面板，选择【标准基本体】选项，单击【对象类型】卷展栏中的【圆柱体】按钮，在【透视】视图的如图 1-4-5 所示的位置创建一个圆柱体，将其【半径】设置为 30.0mm，【高度】设置为 250.0mm，【高度分段】设置为 5，如图 1-4-5 所示。

图 1-4-5　创建圆柱体

STEP 06 使用同样的方法再创建一个圆柱体，将其【半径】设置为 30.0mm，【高度】设置为 100.0mm，如图 1-4-6 所示。

图 1-4-6 再次创建圆柱体

STEP 07 单击【选择并移动】按钮，在【前】视图中，先按住 Ctrl 键，同时选中两个圆柱体；再按住 Shift 键将其拖到合适的位置。释放鼠标左键后会弹出【克隆选项】对话框，在【对象】选项组中选中【实例】单选按钮，单击【确定】按钮，如图 1-4-7 所示。

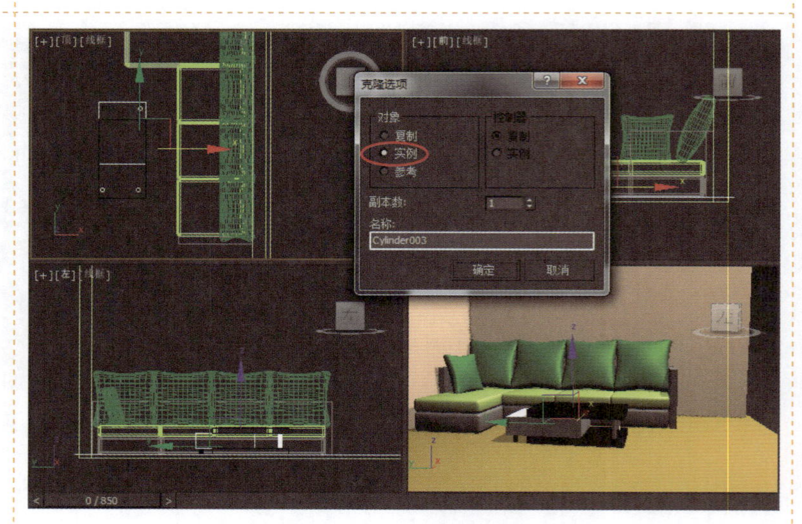

图 1-4-7 复制两个圆柱体

STEP 08 进入【创建】面板，选择【标准基本体】选项，单击【对象类型】卷展栏中的【长方体】按钮，在【透视】视图中创建长方体，并将其【长度】设置为 700.0mm，【宽度】设置为 1500.0mm，【高度】设置为 20.0mm，并调整物体位置如图 1-4-8 所示。至此，完成模型的制作。

图 1-4-8 调整物体位置

1.5　相关知识

1. 界面介绍

3ds Max 2018 的主界面如图 1-5-1 所示。

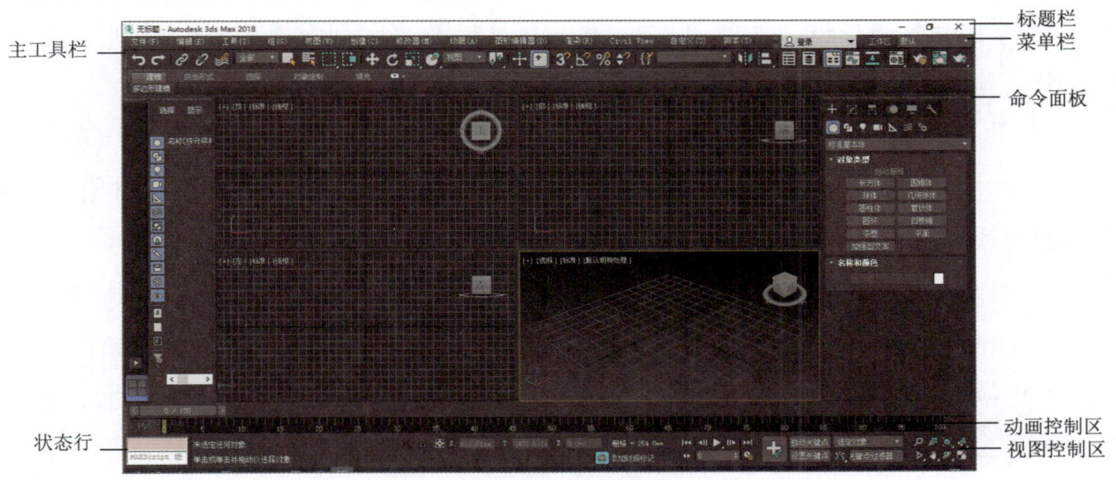

图 1-5-1　3ds Max 2018 的主界面

标题栏：处于整个界面的最上方，左侧显示的是软件名称及当前打开的场景文件的名称，右侧显示的是【最小化】、【还原】/【最大化】和【关闭】按钮。

菜单栏：处于标题栏的下方，共有 16 个菜单，提供了 3ds Max 的主要功能选项。

主工具栏：处于菜单栏的下方，放置了一些常用的快捷工具按钮，其位置可以根据用户需要而改变。

状态行：用来显示场景和当前命令提示，以及状态信息。

动画控制区：用来控制动画的播放。

视图控制区：用来控制视图的显示形式。

命令面板：由 6 个面板组成，使用这些面板可以访问大多数建模、动画命令，以及一些显示方式和其他工具。默认位于屏幕的最右侧，其位置可以根据用户需要而改变。

2. 主工具栏介绍

3ds Max 2018 的主工具栏如图 1-5-2 所示。

图 1-5-2　3ds Max 2018 的主工具栏

【选择对象】按钮：单击该按钮可以在视图中选中一个或多个对象进行操作。当对象被选中时，该对象以高亮的方式显示。

【按名称选择】按钮：单击该按钮可以按对象的名称选中它们。当场景中有很多对象，甚至场景中的对象相互重叠时，如果直接在视图中使用【选择对象】工具选择对象，则很难选中特定的对象，而使用【按名称选择】工具则很容易。

【矩形选择区域】按钮：单击该按钮并在视图中按住鼠标左键进行拖动，即可绘制出矩形选择框，用来选中对象。

【窗口/交叉】按钮：单击该按钮后，该按钮变为样式，在视图中按住鼠标左键进行拖动，即可绘制出矩形选择框，用来选中对象，并且只有完全包含在选择框内的对象才会被选中，而部分在选择框内的对象不会被选中。

【选择并移动】按钮：先单击该按钮，再单击场景中的对象，即可选中该对象。选中需要移动的对象，按住鼠标左键进行拖动，可以按照坐标轴的方向移动选中的对象。在移动时，选中的对象会受到坐标轴的限制。

【选择并旋转】按钮：单击该按钮，可以在之后的场景中对选中的对象进行旋转。此工具是一个球形的操作轴。单击并拖动单个轴向，可以进行单方向旋转。三视图中的红色、绿色、蓝色 3 种颜色的圆环分别代表 *X* 轴、*Y* 轴、*Z* 轴，而选中的轴则以黄色显示。选中某个轴进行旋转时，会显示扇形和角度值。按住 Shift 键旋转时，会复制当前操作的对象。

【选择并均匀缩放】按钮：单击该按钮可以在 3 个坐标轴上对所选中的对象进行等比例缩放，即只改变对象的体积，不改变对象的形状。单击右下角的小三角，可以将其切换为以下两按钮。

- 【选择并非均匀缩放】按钮：单击该按钮可以在指定的坐标轴上对所选中的对象进行不等比例缩放，即对象的体积和形状都会发生改变。
- 【选择并挤压】按钮：单击该按钮可以在指定的坐标轴上对所选中的对象进行挤压变形操作。该操作只改变对象的形状，不改变对象的体积。

【捕捉开关（三维）】按钮：单击该按钮可以直接在三维空间内捕捉任何所需的对象或对象类型，如顶点、边、面等。单击右下角的小三角，可以将其切换为以下两按钮。

- 【捕捉开关（二点五维）】按钮：单击该按钮可以将三维空间内特殊类型的对象捕捉到二维表面上。
- 【捕捉开关（二维）】按钮：单击该按钮可以捕捉二维空间内的点、曲线、无厚度的表面，但该按钮不能用于捕捉三维对象，只能用于捕捉二维图形。

【角度捕捉切换】按钮：单击该按钮可以设置进行旋转操作时的角度捕捉间隔。默认的角度捕捉间隔为 5°。

【镜像】按钮：选中场景中的对象后，单击该按钮会弹出【镜像：屏幕 坐标】对话框，如图 1-5-3 所示。该对话框中的主要选项作用如下。

（1）【镜像轴】选项组中的选项用来控制镜像的方向，默认为 *X* 轴。

（2）【偏移】文本框用来控制镜像后的对象偏离原对象的距离。

（3）【克隆当前选择】选项组中的选项用来控制以哪种方式复制对象。

【对齐】按钮：将选中的对象与目标对象对齐，可以自由选择对齐的位置和方向。选中要对齐的对象后，单击该按钮，并在视图中选中目标对象，即可弹出【对齐当前选择】对话框，如图 1-5-4 所示。

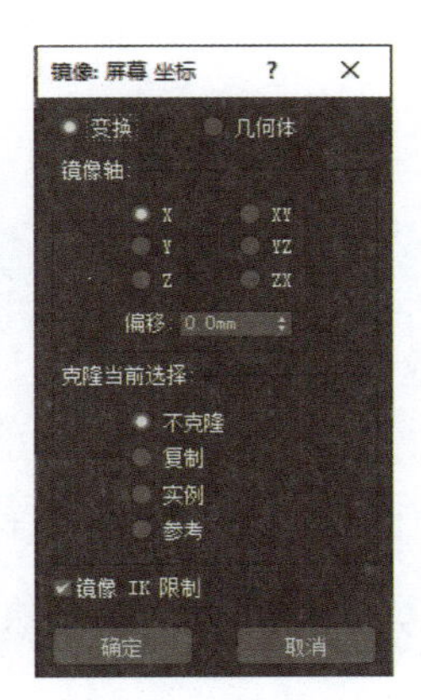

图 1-5-3　【镜像：屏幕 坐标】对话框

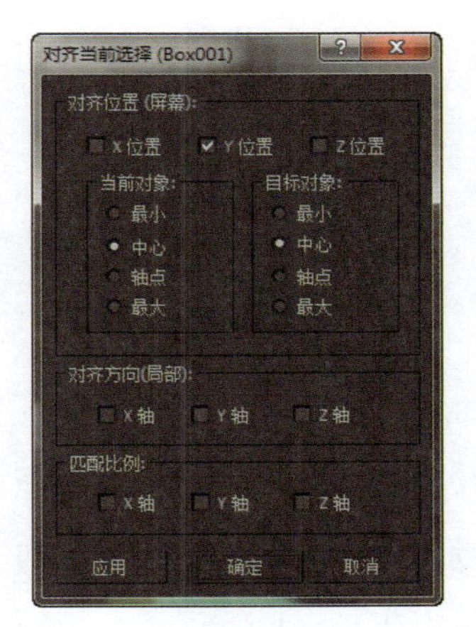

图 1-5-4　【对齐当前选择】对话框

【材质编辑器】按钮：单击该按钮会弹出【材质编辑器】窗口，可以为所选的对象赋予相应的材质。

【渲染设置】按钮：单击该按钮会弹出【渲染设置】对话框，可以对场景的渲染进行设置。

【渲染产品】按钮：单击该按钮会根据【渲染设置】对话框中的设置对场景进行产品级的渲染。

3. 视图控制区

在界面的右下角有一个区域，提供了许多改变视图设置的工具按钮，如图 1-5-5 所示。

图 1-5-5　视图控制区

【缩放】按钮：用来缩小或放大一个视图。单击该按钮后，在任意一个视图中按住鼠标左键并向上拖动鼠标，即可放大该视图；按住鼠标左键并向下拖动鼠标，即可缩小该视图。

【缩放所有视图】按钮：单击该按钮后，在任意一个视图中按住鼠标左键并向上拖动鼠标，即可放大所有视图；按住鼠标左键并向下拖动鼠标，即可缩小所有视图。

【最大化显示选定对象】按钮：用来放大当前视图，使选定的对象最大化显示。

【所有视图最大化显示】按钮：用来放大所有视图，使选定对象所在区域的所有视图最大化显示。

【缩放区域】按钮：单击该按钮，在一个视图中用鼠标拖动出一块矩形区域，可对这块区域进行缩放显示。

【平移视图】按钮：单击该按钮，在某个视图中按住鼠标左键进行拖动，可以使视图上下左右移动。

【弧形旋转】按钮：单击该按钮后，在视图中出现一个圆。在圆内按住鼠标左键进行拖动，可以上下左右地旋转视图。如果仅单击圆的上方、下方、左侧或右侧的方形控制柄，则可以向该方向旋转视图。

【最大化视图切换】按钮：单击该按钮可以在全屏显示一个视图与同时显示四个视图这两种状态之间进行切换。

1.6 实战演练

在 3ds Max 2018 中，通过堆砌几何体可以创建简单的模型。在本实战演练中，我们带着对童年美好的回忆去追寻童年的足迹，一起来制作可爱的玩偶吧！在制作玩偶时，读者可以发挥自己的创造力，制作自己喜欢的、与众不同的玩偶，使玩偶成为个性的象征。本实战演练的玩偶效果如图 1-6-1 所示。

图 1-6-1 玩偶效果

制作要求

（1）能堆砌出具象的玩偶。

（2）能选用合适的几何体。

（3）能对几何体进行适当的修改。

制作提示

（1）在【标准基本体】和【扩展基本体】的【对象类型】卷展栏中选用合适的几何体进行堆砌。

（2）使用缩放、旋转等功能的工具对几何体进行简单的调整。

（3）将此玩偶作为一个参考，读者可以对此玩偶的各个部件进行任意的改变，但最后的成果要具象。

项目评价

项目实训评价表

项　目	内　容		评定等级			
	学习目标	评价项目	4	3	2	1
职业能力	能熟练掌握软件的常用操作工具	能熟练操作主工具栏中的常用工具				
		能正确地使用视图控制区中的工具				
	能修改各对象的参数	能理解各参数的含义				
		能合理设置各参数				
	能正确地创建视图	能理解不同视图的含义				
		能选择正确的视图进行创建				
	能制作个性的具象玩偶	能自己创意设计玩偶				
		能制作出形象、可爱的玩偶				
通用能力	交流表达能力					
	与人合作能力					
	沟通能力					
	组织能力					
	活动能力					
	解决问题的能力					
	自我提高的能力					
	革新、创新的能力					
综合评价						

评定等级说明表

等　级	说　明
4	能高质、高效地完成项目实训评价表中学习目标的全部内容，并能解决遇到的特殊问题
3	能高质、高效地完成项目实训评价表中学习目标的全部内容
2	能圆满完成项目实训评价表中学习目标的全部内容，不需要任何帮助和指导
1	能圆满完成项目实训评价表中学习目标的全部内容，但偶尔需要帮助和指导

最终等级说明表

等　级	说　明
优秀	80%项目达到 3 级水平
良好	60%项目达到 2 级水平
合格	全部项目都达到 1 级水平
不合格	不能达到 1 级水平

项目 2　餐厅的制作

项目描述

在 3ds Max 2018 软件的应用中，很多时候我们并不能通过软件自带的简单几何体来直接创建模型，而需要在此基础上通过修改工具或各种命令来创建较复杂的模型。本项目通过制作一个简洁的餐厅来介绍 3ds Max 2018 中的一些常用修改工具，以及部分贴图的设置方法。本项目的最终效果如图 2-0-1 所示。

图 2-0-1　餐厅效果

学习目标

- 能熟练绘制二维图形。
- 能使用【锥化】修改器。
- 能使用【放样】工具。
- 能使用【车削】修改器。

项目分析

在本项目的制作过程中，桌子的制作主要靠几何体的堆砌；桌脚需要用到【锥化】修改器，制作重点在于画好二维图形；花瓶的制作需要用到【车削】修改器；桌布的制作需要用到【放样】工具。整个过程需要完成以下 4 个环节。

（1）餐厅墙体和移门的制作。

（2）餐桌的制作。

（3）餐椅的制作。

（4）桌布和花瓶的制作。

2.1　餐厅墙体和移门的制作

STEP 01　启动 3ds Max 2018，执行【自定义】→【单位设置】命令。

STEP 02　在弹出的【单位设置】对话框中选中【公制】单选按钮，并在其下拉列表中选择【毫米】选项。

STEP 03　单击【系统单位设置】按钮，在弹出的【系统单位设置】对话框中将单位设置为【毫米】，其他参数均保持默认设置，单击【确定】按钮，完成系统单位的设置，如图 2-1-1 所示。

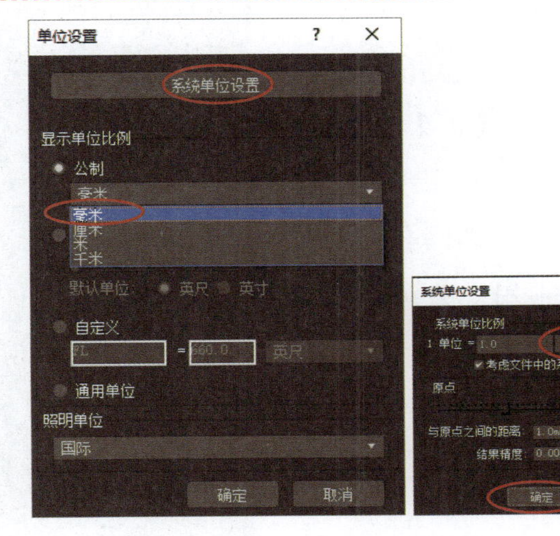

图 2-1-1　系统单位的设置

STEP 04 单击屏幕右侧的【创建】→【几何体】按钮，在【对象类型】卷展栏中单击【平面】按钮，在【顶】视图中创建一个平面，并将其【长度】设置为 3000.0mm，【宽度】设置为 2800.0mm，【长度分段】设置为 1，【宽度分段】设置为 1，如图 2-1-2 所示。

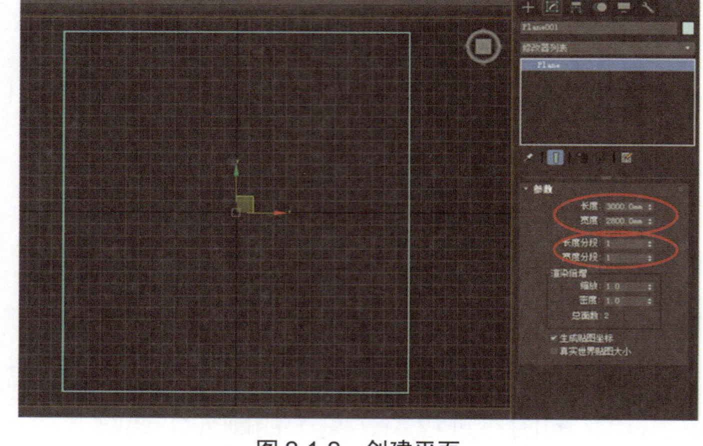

图 2-1-2　创建平面

STEP 05 右击主工具栏中的【捕捉开关（三维）】按钮，弹出【栅格和捕捉设置】窗口，在【捕捉】选项卡中只勾选【端点】复选框，如图 2-1-3 所示，完成捕捉对象的设置。

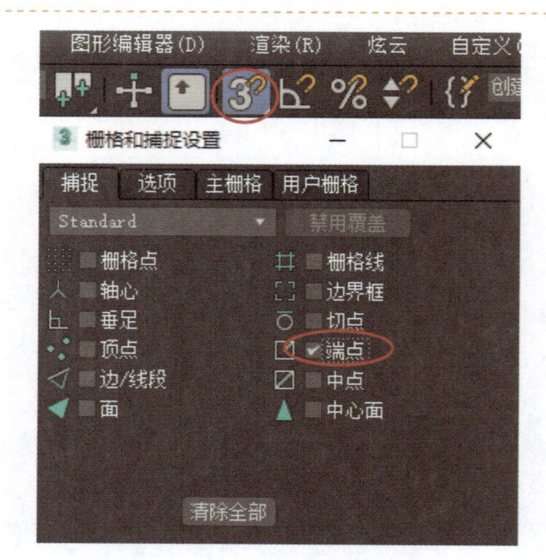

图 2-1-3　设置捕捉对象

STEP 06 单击【图形】按钮，在【对象类型】卷展栏中单击【线】按钮，在【顶】视图中捕捉平面的端点，单击绘制如图 2-1-4 所示的矩形，将【初始类型】设置为【角点】。

STEP 07 再次单击【捕捉开关（三维）】按钮，退出三维捕捉。

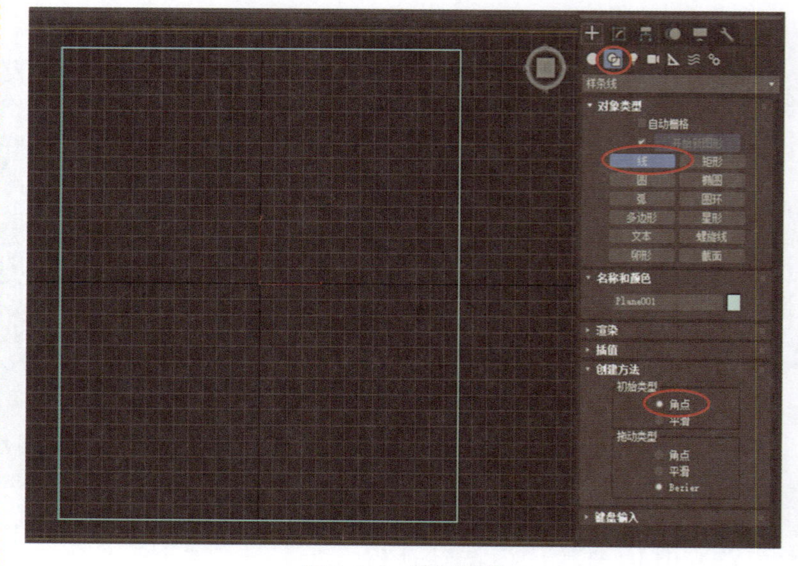

图 2-1-4　绘制线条

STEP 08　选中绘制的线条，进入【修改】面板，单击 Line 左侧的按钮，选择堆栈中的【样条线】子对象，单击【几何体】卷展栏中的【轮廓】按钮，在其右侧的文本框中输入 100mm，并按 Enter 键，如图 2-1-5 所示。

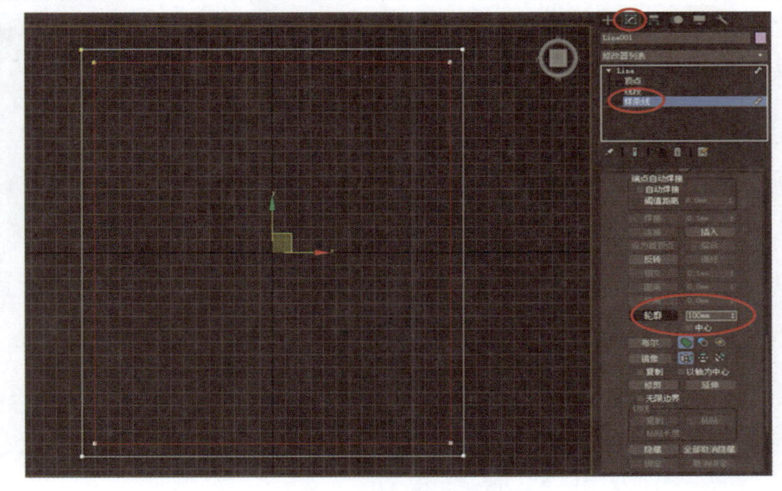

图 2-1-5　设置轮廓参数

STEP 09　单击修改器列表框右侧的下拉按钮，在下拉列表中选择【挤出】修改器，如图 2-1-6 所示。

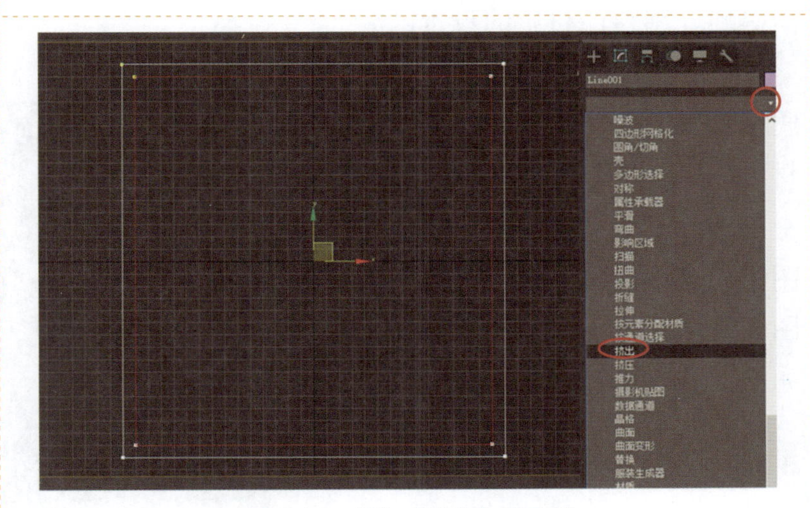

图 2-1-6　添加【挤出】修改器

STEP 10　在【挤出】修改器的【参数】卷展栏中，将【数量】设置为 2800.0mm，如图 2-1-7 所示，这样餐厅的墙体就制作完成了。

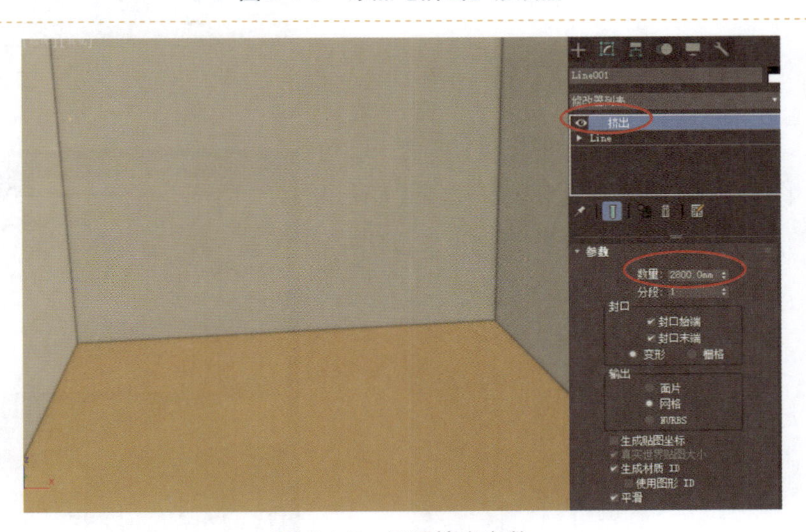

图 2-1-7　设置挤出参数

STEP 11 在【创建】面板的【几何体】类别中，单击【对象类型】卷展栏中的【平面】按钮，在【透视】视图中创建一个移门模型，并将其【长度】设置为 2000.0mm，【宽度】设置为 2000.0mm，【长度分段】设置为 1，【宽度分段】设置为 1，调整位置如图 2-1-8 所示。

为了让效果好一些，我们先简单地介绍移门材质的设置。

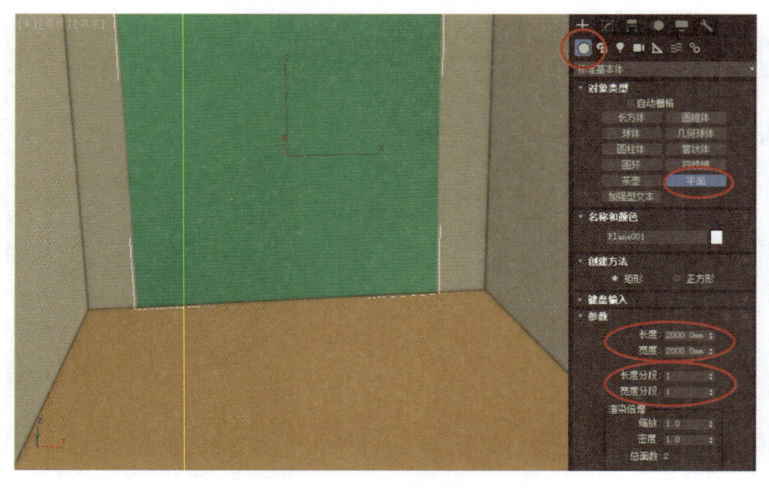

图 2-1-8　创建移门模型

STEP 12 按 M 键，弹出【材质编辑器】窗口，选择其中一个材质球，单击【漫反射】右侧的空白按钮，在弹出的【材质/贴图浏览器】对话框中选择【位图】选项，单击【确定】按钮，如图 2-1-9 所示。

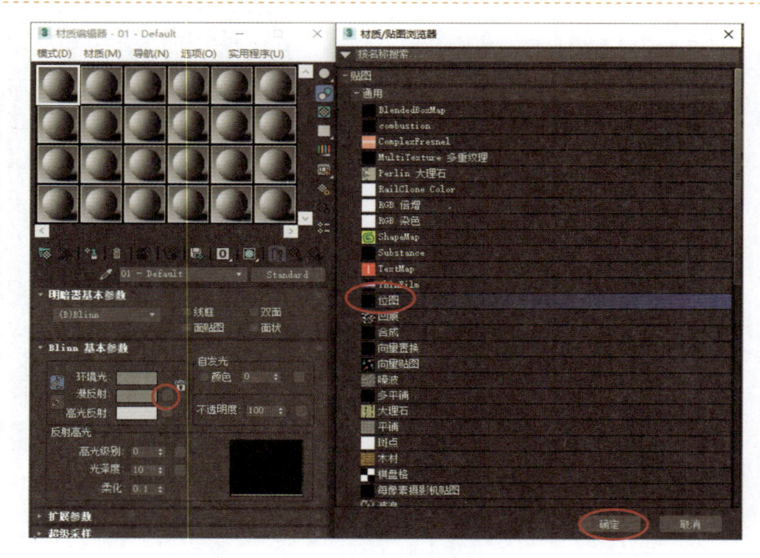

图 2-1-9　设置材质

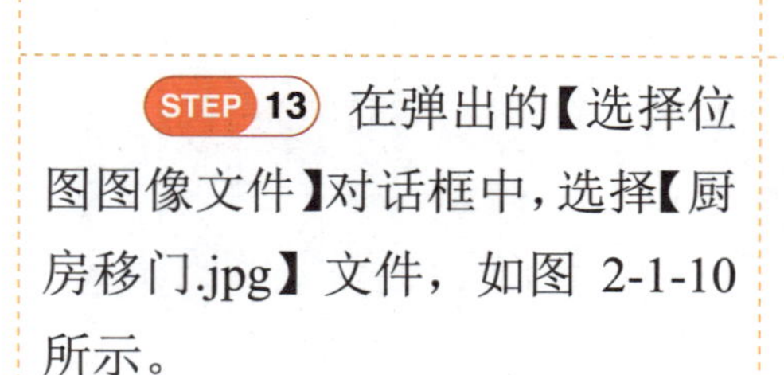

STEP 13 在弹出的【选择位图图像文件】对话框中，选择【厨房移门.jpg】文件，如图 2-1-10 所示。

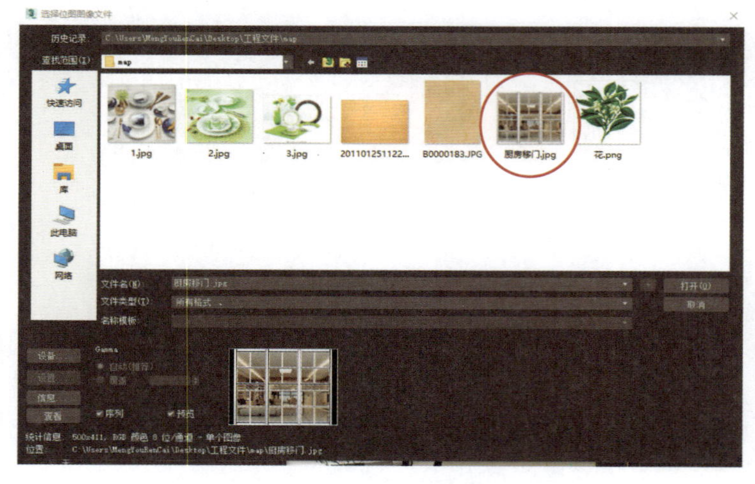

图 2-1-10　选择贴图

STEP 14 选中移门模型，先单击【将材质指定给选定对象】按钮，再单击【视口中显示明暗处理材质】按钮，如图 2-1-11 所示。

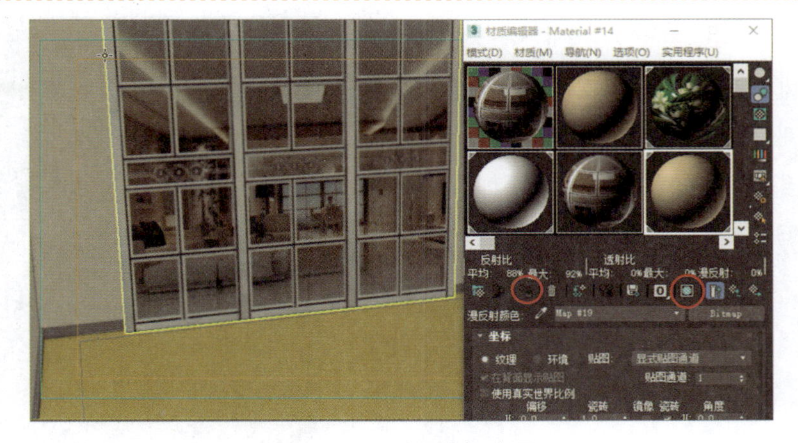

图 2-1-11　赋予移门贴图

2.2　餐桌的制作

STEP 01 在【创建】面板的【几何体】类别中，选择【标准基本体】选项，单击【对象类型】卷展栏中的【长方体】按钮，在【透视】视图中创建一个长方体，并将其【长度】设置为1400.0mm，【宽度】设置为700.0mm，【高度】设置为50.0mm，调整位置如图 2-2-1 所示。

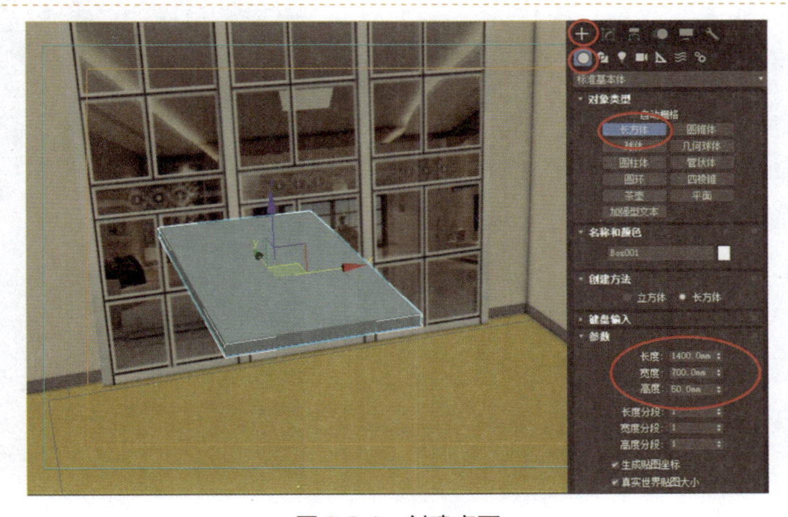

图 2-2-1　创建桌面

STEP 02 在【创建】面板的【图形】类别中，单击【对象类型】卷展栏中的【矩形】按钮，在【顶】视图中，按住鼠标左键进行拖动，绘制出一个矩形，如图 2-2-2 所示。将矩形的【长度】设置为 1350.0mm，【宽度】设置为 650.0mm。

图 2-2-2　创建矩形

STEP 03 选中刚创建的矩形并右击，在弹出的快捷菜单中执行【转换为】→【转换为可编辑样条线】命令，如图 2-2-3 所示。

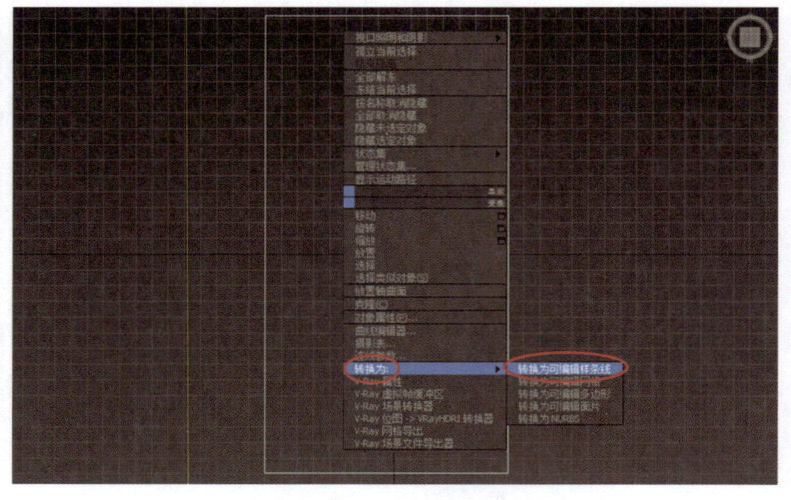

图 2-2-3　转换为可编辑样条线

STEP 04 选择【可编辑样条线】堆栈中的【样条线】子对象，进入【样条线】子对象层，单击【几何体】卷展栏中的【轮廓】按钮，在其右侧的文本框中输入 20mm，并按 Enter 键，如图 2-2-4 所示。

STEP 05 单击【可编辑样条线】堆栈中的【样条线】子对象，退出子对象选中状态。

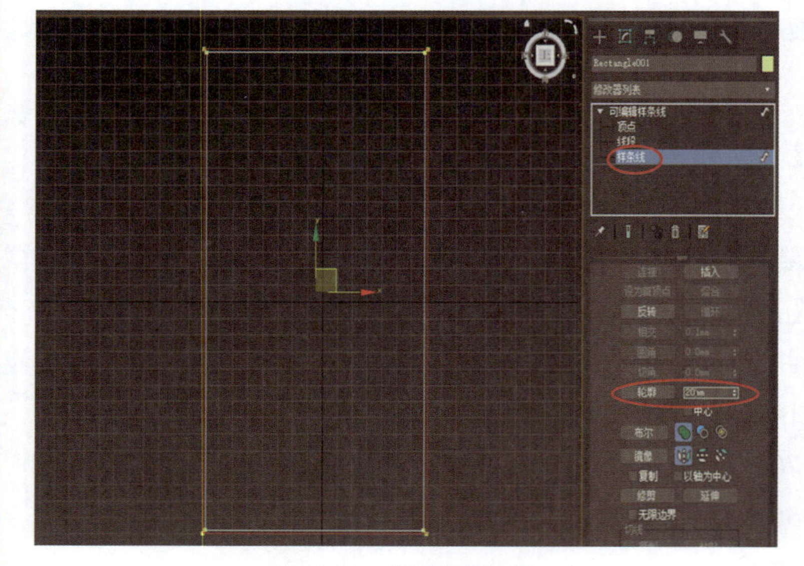

图 2-2-4　设置轮廓的值

STEP 06 单击修改器列表框右侧的下拉按钮，在下拉列表中选择【挤出】修改器。

STEP 07 在【挤出】修改器的【参数】卷展栏中，将【数量】设置为 100.0mm，如图 2-2-5 所示。

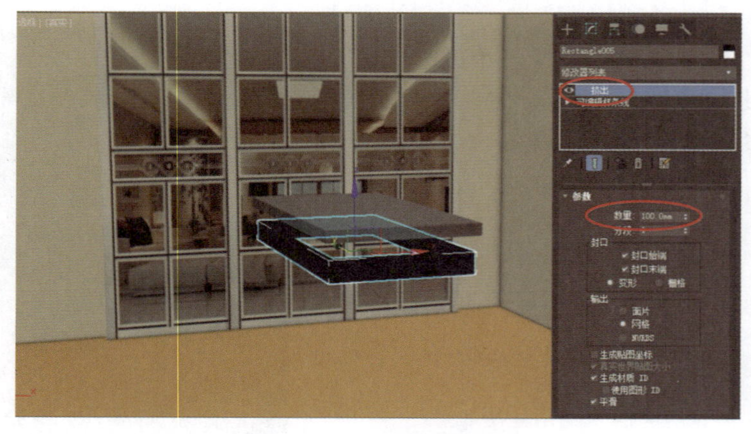

图 2-2-5　设置挤出参数

STEP 08　调整位置，如图 2-2-6 所示。

图 2-2-6　调整位置

STEP 09　在【创建】面板的【几何体】类别中，选择【标准基本体】选项，单击【对象类型】卷展栏中的【长方体】按钮，在【透视】视图中创建一个长方体作为桌脚，并将其【长度】设置为 110.0mm，【宽度】设置为 110.0mm，【高度】设置为 800.0mm，调整位置，如图 2-2-7 所示。

图 2-2-7　创建桌脚

STEP 10　选中桌脚，进入【修改】面板，单击修改器列表框右侧的下拉按钮，在下拉列表中选择【锥化】修改器，如图 2-2-8 所示。

图 2-2-8　选择【锥化】修改器

STEP 11 将锥化的【数量】设置为0.45，如图2-2-9所示。

图 2-2-9　设置锥化的【数量】

STEP 12 单击主工具栏中的【选择并移动】按钮，按住Shift键，同时选中桌脚并水平移动适当距离。释放鼠标左键后会弹出【克隆选项】对话框，在【对象】选项组中选中【实例】单选按钮，单击【确定】按钮，即可复制桌脚，如图2-2-10所示。使用同样的方法复制另外两条桌脚。

图 2-2-10　复制桌脚

2.3　餐椅的制作

STEP 01 单击【创建】→【图形】按钮，在【对象类型】卷展栏中单击【线】按钮，在【前】视图中，绘制如图2-3-1所示的餐椅的椅脚图形，在弹出的【样条线】对话框中单击【是】按钮，如图2-3-1所示。

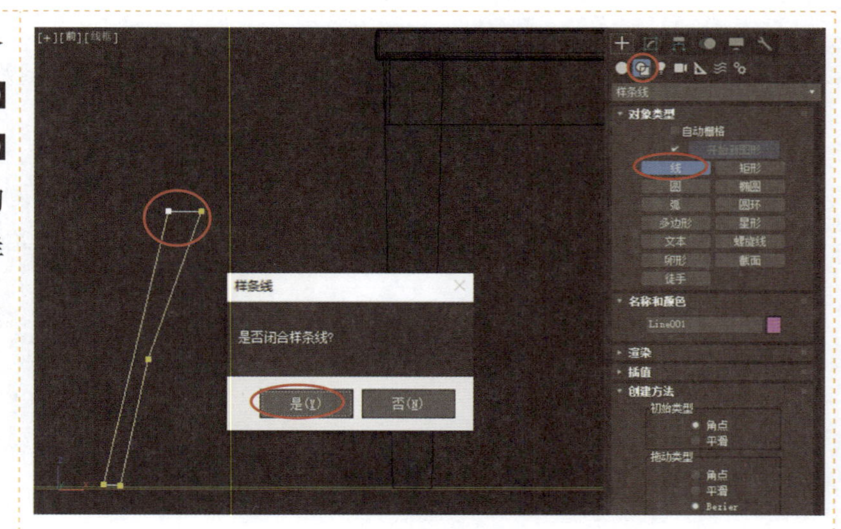

图 2-3-1　绘制图形

STEP 02 选中图形，进入【修改】面板，在 Line 堆栈中选择【顶点】子对象，调整图形形状，如图 2-3-2 所示。

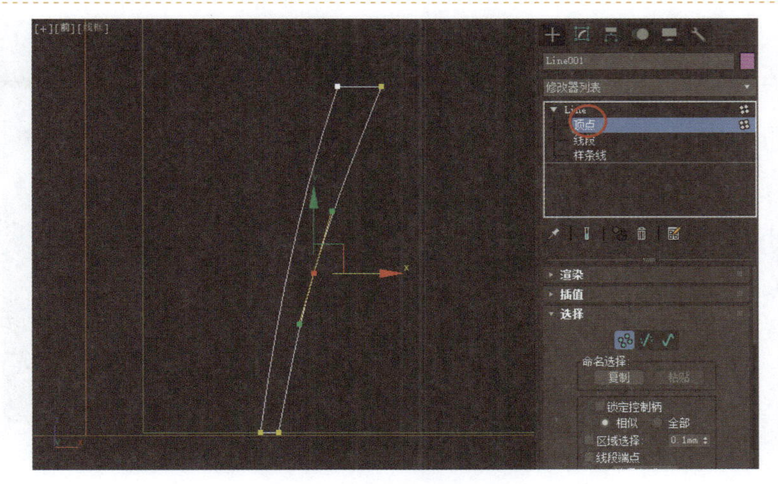

图 2-3-2　调整图形形状

STEP 03 选中图形，单击修改器列表框右侧的下拉按钮，在下拉列表中选择【挤出】修改器。

STEP 04 在【挤出】修改器的【参数】卷展栏中，将【数量】设置为 30.0mm，如图 2-3-3 所示。

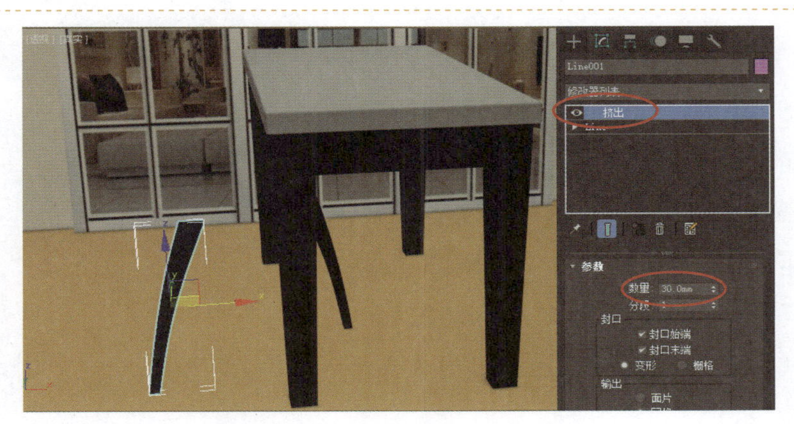

图 2-3-3　添加【挤出】修改器

STEP 05 单击【创建】→【图形】按钮，在 Line 堆栈中选择【线段】子对象，在【前】视图中绘制餐椅靠背的图形，如图 2-3-4 所示。

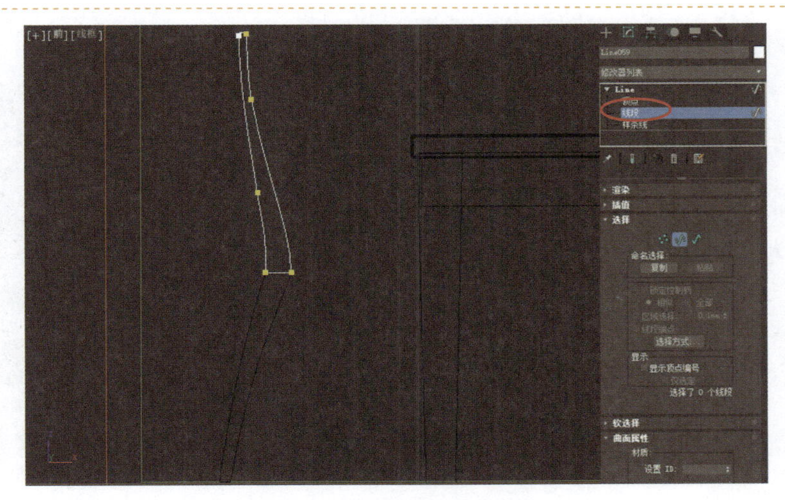

图 2-3-4　绘制餐椅靠背图形

STEP 06 选中靠背图形，单击修改器列表框右侧的下拉按钮，在下拉列表中选择【挤出】修改器，并将【参数】卷展栏中的【数量】设置为 30.0mm，如图 2-3-5 所示。

图 2-3-5　设置挤出参数

STEP 07 在主工具栏中单击【选择并移动】按钮，按住 Shift 键，同时选中【左】视图中的餐椅靠背并水平移动适当距离。释放鼠标左键后会弹出【克隆选项】对话框，在【对象】选项组中选中【复制】单选按钮，单击【确定】按钮，如图 2-3-6 所示。

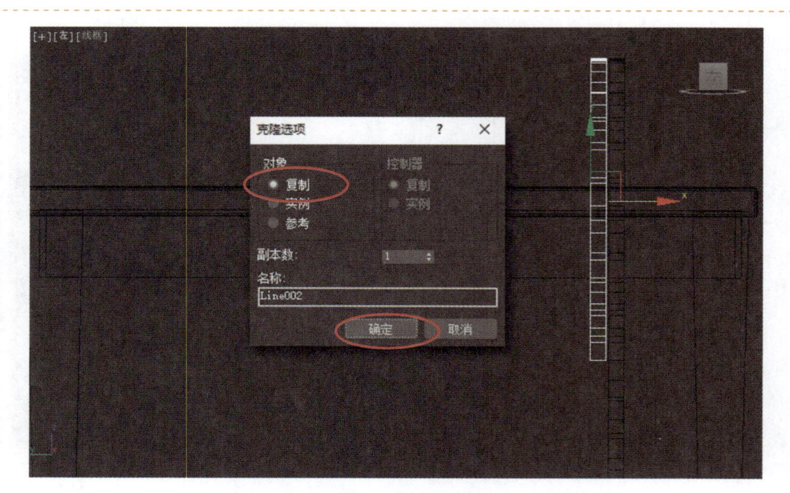

图 2-3-6　复制餐椅靠背

STEP 08 选中复制后的对象，进入【修改】面板，将【挤出】修改器中的【数量】修改为 340.0mm，如图 2-3-7 所示。

图 2-3-7　修改【挤出】修改器的参数

STEP 09 选中餐椅靠背的黑色部分和餐椅的椅脚，单击【选择并移动】按钮，按住 Shift 键，并在【左】视图中水平移动适当距离。释放鼠标左键后会弹出【克隆选项】对话框，在【对象】选项组中选中【复制】单选按钮，将【副本数】设置为 1，单击【确定】按钮，如图 2-3-8 所示。

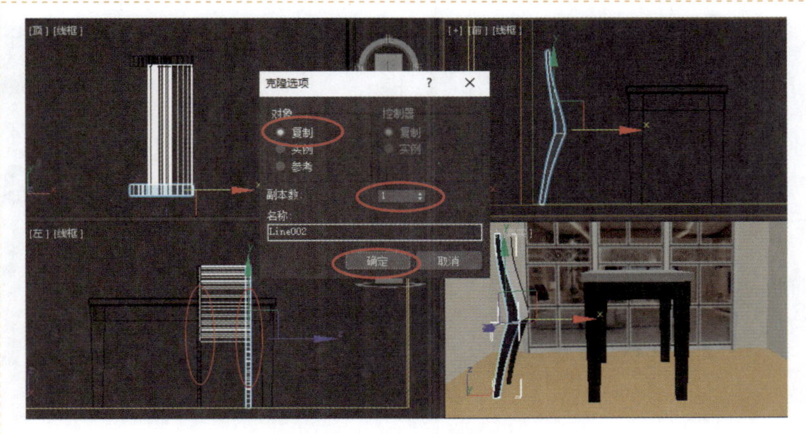

图 2-3-8　复制选中的对象

STEP 10 进入【创建】面板，选择【扩展基本体】选项，单击【对象类型】卷展栏中的【切角长方体】按钮，在【透视】视图中创建一个切角长方体，并将其【长度】设置为 400.0mm，【宽度】设置为 400.0mm，【高度】设置为 50.0mm，【圆角】设置为 20.0mm，调整位置，如图 2-3-9 所示。

图 2-3-9　创建餐椅的坐垫

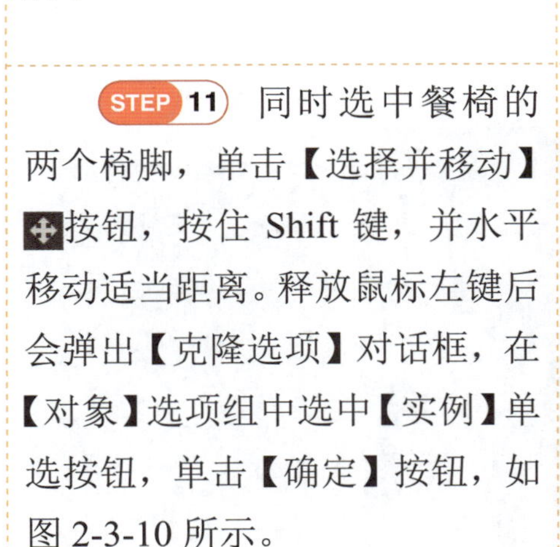

STEP 11 同时选中餐椅的两个椅脚，单击【选择并移动】按钮，按住 Shift 键，并水平移动适当距离。释放鼠标左键后会弹出【克隆选项】对话框，在【对象】选项组中选中【实例】单选按钮，单击【确定】按钮，如图 2-3-10 所示。

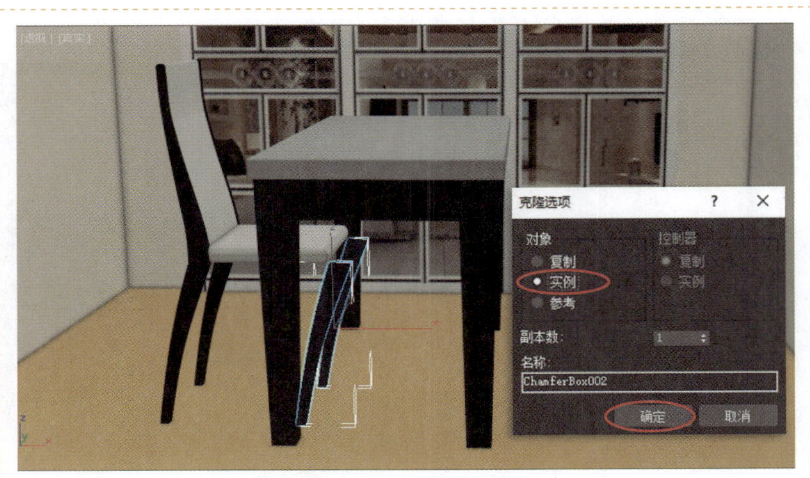

图 2-3-10　复制餐椅的椅脚

STEP 12 单击主工具栏中的【镜像】按钮，弹出【镜像：世界 坐标】对话框，在【镜像轴】选项组中选中【X】单选按钮，并单击【确定】按钮，如图 2-3-11 所示。

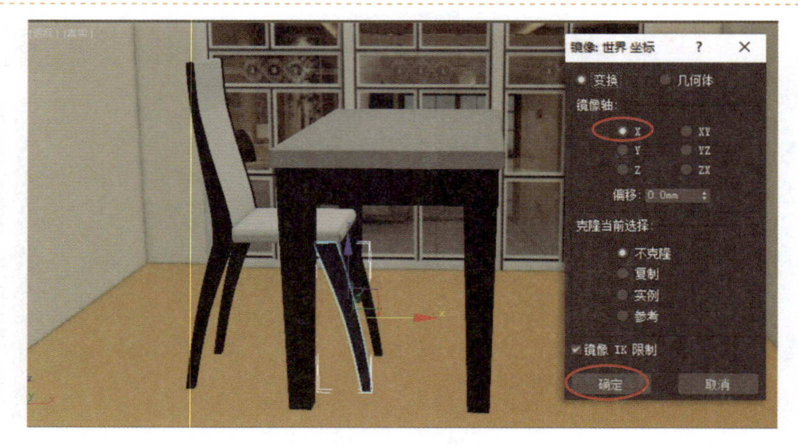

图 2-3-11 镜像

STEP 13 将餐椅的椅脚拖到合适的位置，选中餐椅的所有对象，执行【组】→【组】命令，在弹出的【组】对话框中将【组名】设置为【餐椅】，并单击【确定】按钮，如图 2-3-12 所示。

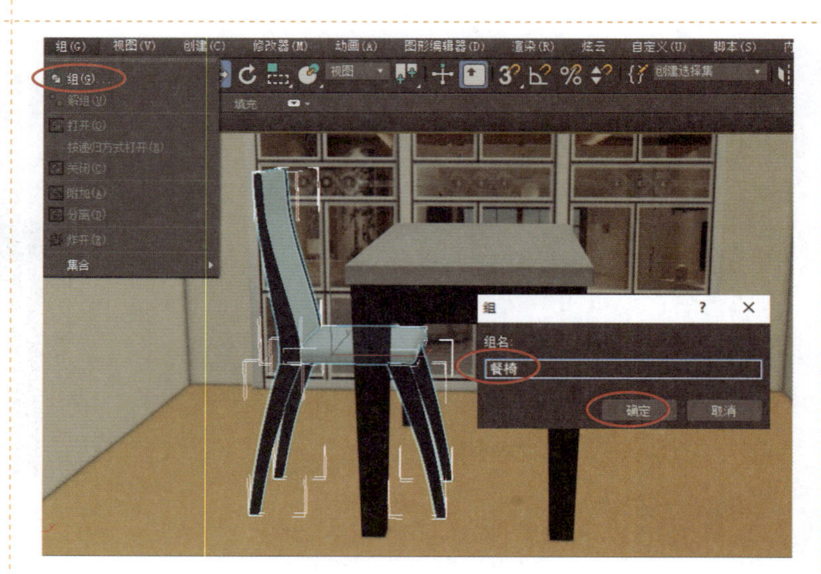

图 2-3-12 成组

STEP 14 使用前面介绍过的【选择并移动】工具，通过按住 Shift 键移动复制的方法复制 3 把餐椅，椅子方向不对时使用【镜像】工具调整，复制后的效果如图 2-3-13 所示。

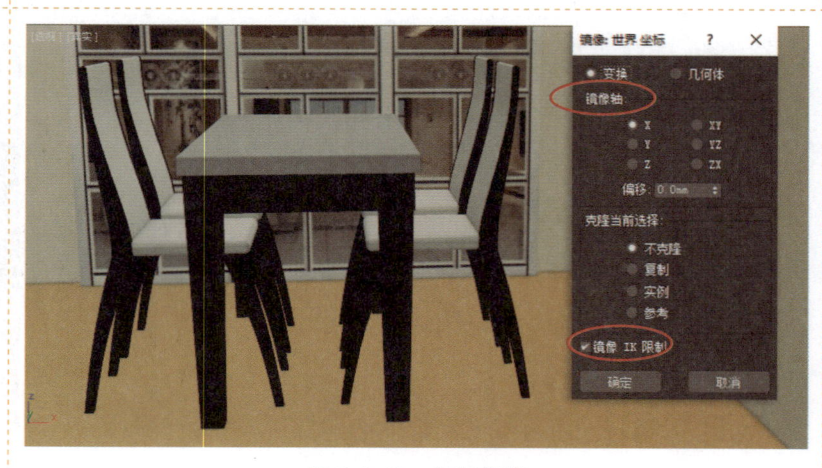

图 2-3-13 复制餐椅

2.4　桌布和花瓶的制作

STEP 01 单击【创建】→【图形】按钮，在【对象类型】卷展栏中单击【线】按钮，在【顶】视图中绘制一条曲线，在【左】视图中绘制一条折线，如图 2-4-1 所示。

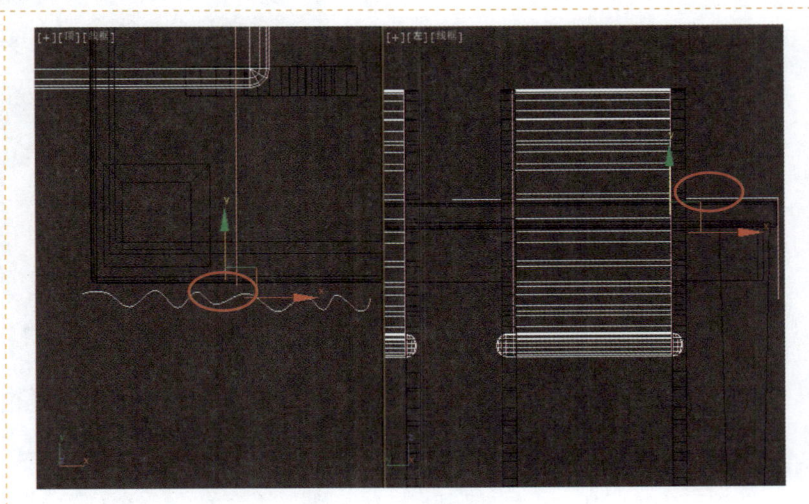

图 2-4-1　绘制线条

STEP 02 选中折线，在【创建】面板的【几何体】类别中，单击【标准基本体】下拉按钮，在下拉列表中选择【复合对象】选项，如图 2-4-2 所示。

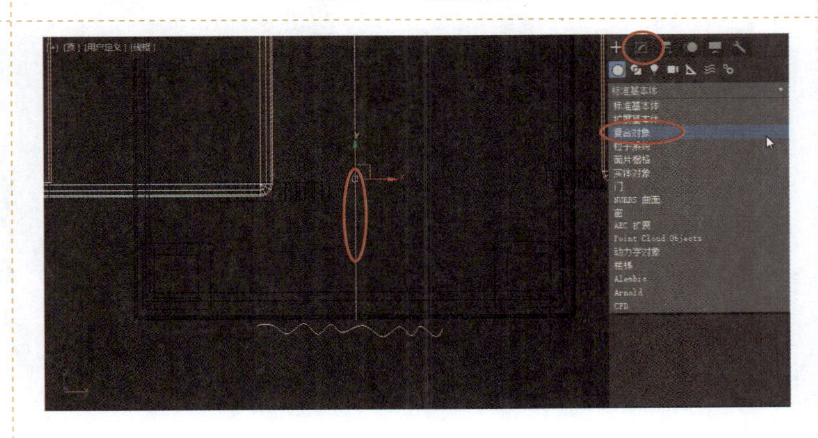

图 2-4-2　选择【复合对象】选项

STEP 03 先单击【对象类型】卷展栏中的【放样】按钮，再单击【创建方法】卷展栏中的【获取图形】按钮，最后单击【顶】视图中的曲线，如图 2-4-3 所示。

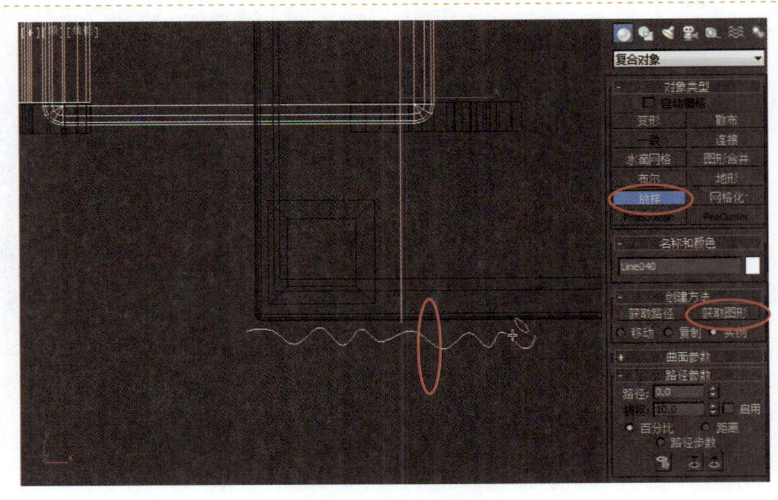

图 2-4-3　获取图形

STEP 04 单击 Loft 左侧的▶按钮，在堆栈中选择【图形】子对象，进入【图形】子对象层，选择【顶】视图中的曲线。

STEP 05 开启角度捕捉功能，使用【选择并旋转】工具，在【透视】视图中将曲线沿 Z 轴旋转 90°，如图 2-4-4 所示。

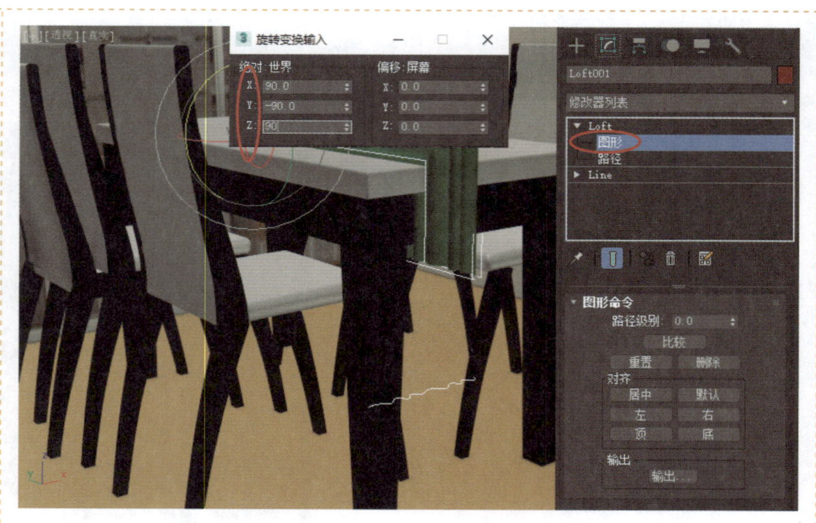

图 2-4-4　旋转曲线

STEP 06 单击主工具栏中的【选择并移动】按钮，按住 Shift 键，同时在【透视】视图中将曲线路径的方向移至路径的另一端。释放鼠标左键后会弹出【克隆选项】对话框，在【对象】选项组中选中【复制】单选按钮，单击【确定】按钮，如图 2-4-5 所示。

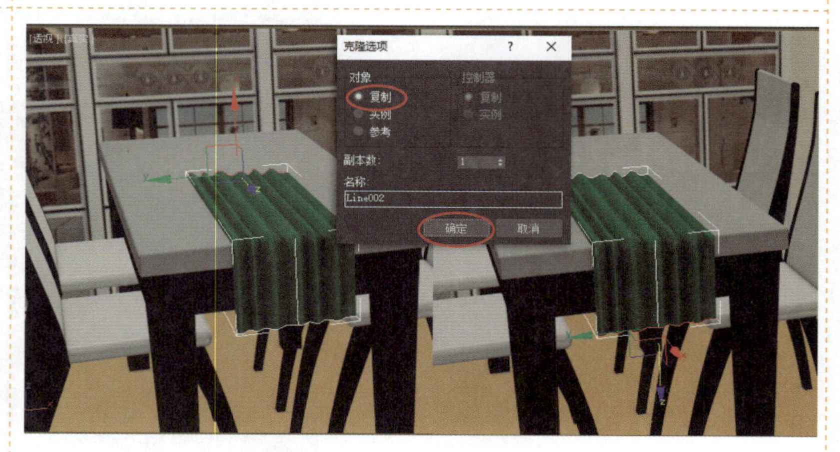

图 2-4-5　复制图形

STEP 07 单击【选择并移动】按钮，选中路径起始端的图形，将其沿 Z 轴移至如图 2-4-6 所示的位置。

STEP 08 单击主工具栏中的【选择并均匀缩放】按钮，在【透视】视图中沿 X 轴方向压缩图形至如图 2-4-6 所示的位置。

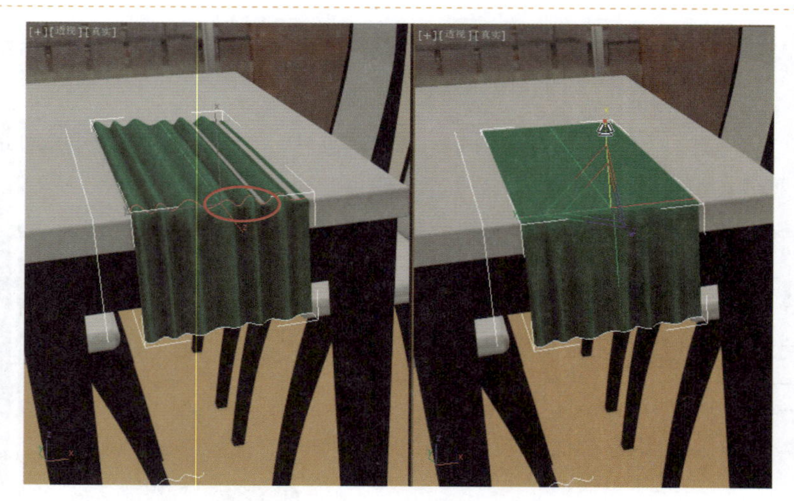

图 2-4-6　移动并压缩图形

STEP 09 单击【选择并移动】按钮，按住 Shift 键，同时在【顶】视图中选中桌布对象并垂直移动适当距离。释放鼠标左键后会弹出【克隆选项】对话框，在【对象】选项组中选中【复制】单选按钮，单击【确定】按钮，如图 2-4-7 所示。

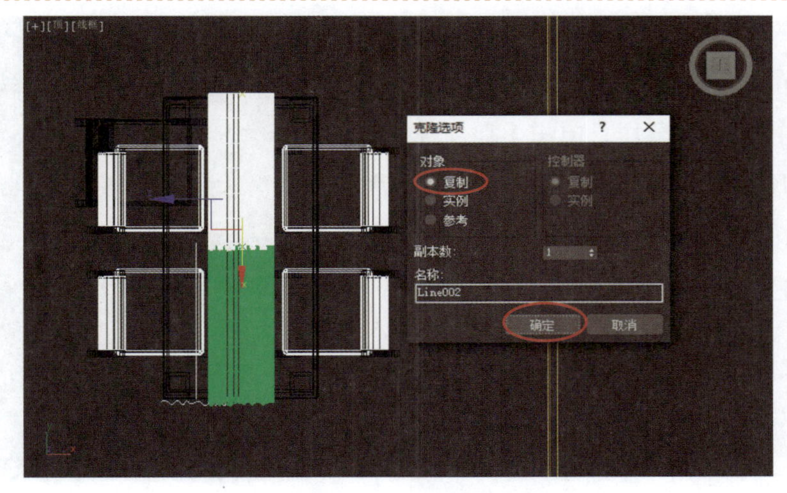

图 2-4-7　复制桌布

STEP 10 在【左】视图中选中复制后的桌布对象，单击主工具栏中的【镜像】按钮，弹出【镜像：世界 坐标】对话框，在【镜像轴】选项组中选中【X】单选按钮，将【偏移】设置为-252，单击【确定】按钮，如图 2-4-8 所示。

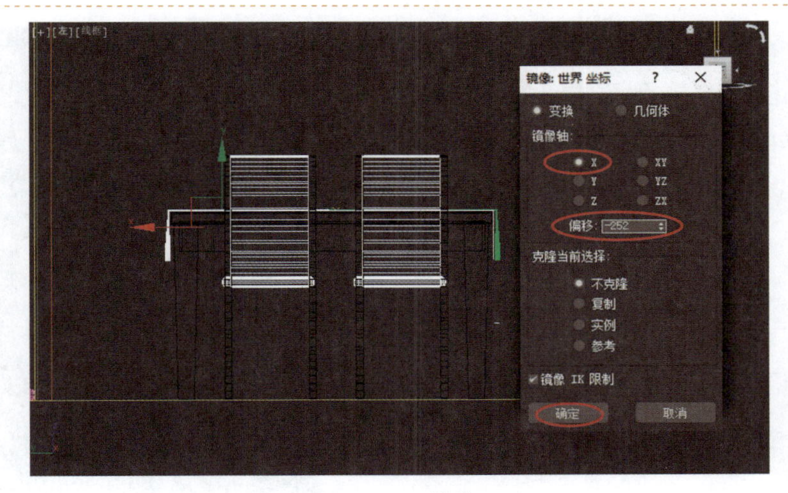

图 2-4-8　镜像

STEP 11 单击【创建】→【图形】按钮，在【对象类型】卷展栏中单击【线】按钮，在【前】视图中绘制如图 2-4-9 所示的花瓶曲线。

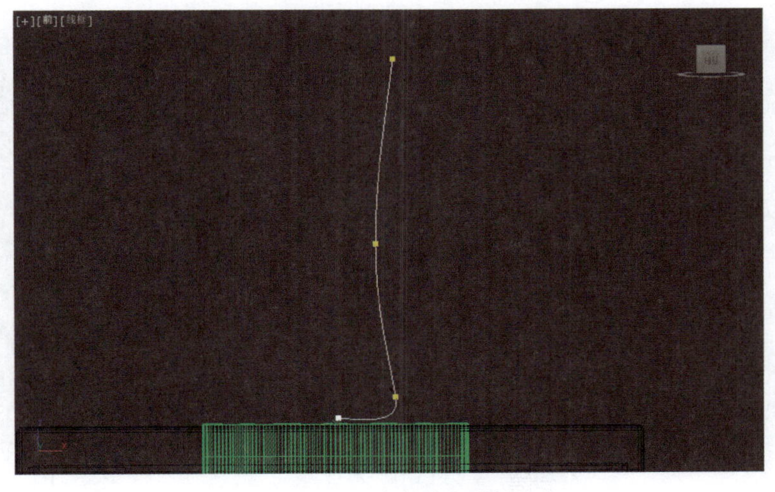

图 2-4-9　绘制花瓶曲线

STEP 12 选择 Line 堆栈中的【样条线】子对象，进入【样条线】子对象层，单击【几何体】卷展栏中的【轮廓】按钮，在其右侧的文本框中输入 10mm，并按 Enter 键，如图 2-4-10 所示。

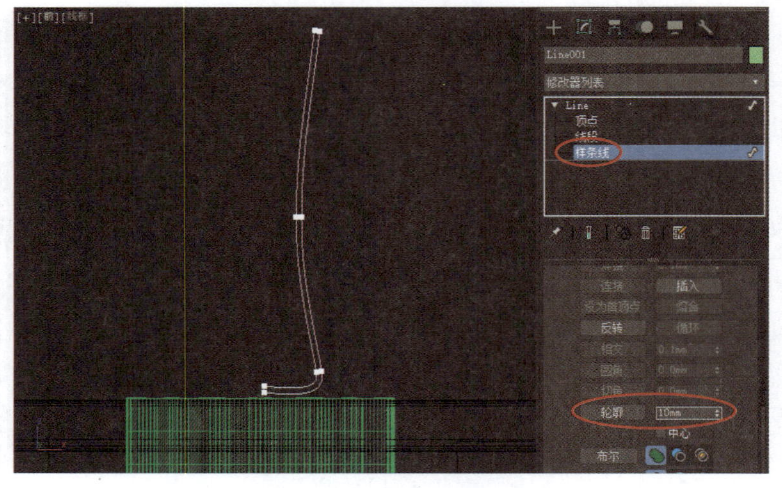

图 2-4-10 设置轮廓参数

STEP 13 选中花瓶曲线，单击修改器列表框右侧的下拉按钮，在下拉列表中选择【车削】修改器，如图 2-4-11 所示。

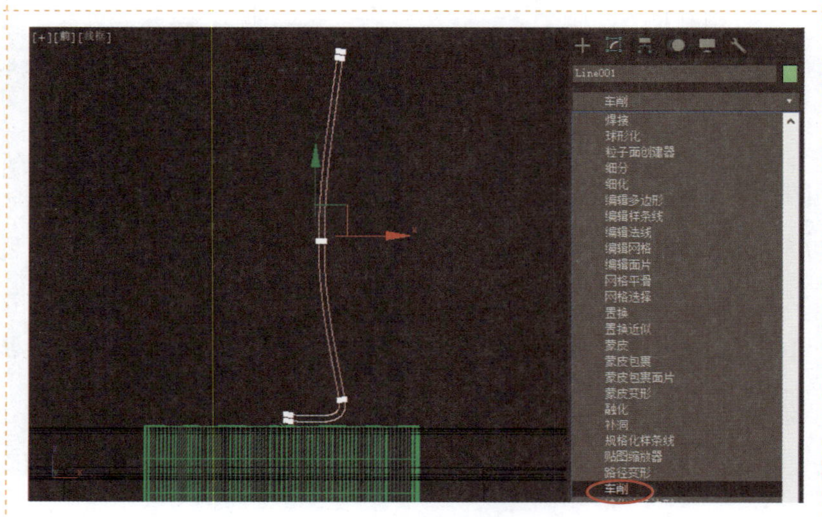

图 2-4-11 选择【车削】修改器

STEP 14 在【车削】修改器的【参数】卷展栏中单击【对齐】选项组中的【最小】按钮，如图 2-4-12 所示。

至此，餐厅的模型就已经建好了，花瓶的花是依靠贴图实现的，制作过程可参考项目 3 的相关内容。

图 2-4-12 设置对齐方式

2.5 相关知识

制作了几何体、二维图形等对象后，若要将对象进行二次加工，使效果更加接近现实场景，则需要用到修改器。3ds Max 2018 所提供的修改器有很多种，下面具体介绍几种常用的修改器。

1.【锥化】修改器

【锥化】修改器的功能是使对象两端产生缩放，在对象的两端产生锥化轮廓变形，一端放大而另一端缩小，如图 2-5-1 所示。其参数含义如下。

【数量】文本框：设置对象锥化的强弱程度。当数量值为-1 时，对象的顶端形成尖角锥形；当数量值为 1 时，顶端变大。

【曲线】文本框：设置对象四周表面向外弯曲的程度。当曲线值大于 0 时，对象表面凸出；当曲线值小于 0 时，对象表面凹陷。

【锥化轴】选项组：提供了 3 个坐标轴选项，控制锥化效果在哪个坐标轴方向上产生。

【限制】选项组：勾选【限制效果】复选框，对【上限】和【下限】进行设置，从而限制锥化影响范围。

2.【挤出】修改器

【挤出】修改器的功能是将二维图形沿某个坐标轴的方向挤出，使二维对象产生厚度，最终形成三维模型，如图 2-5-2 所示。其参数含义如下。

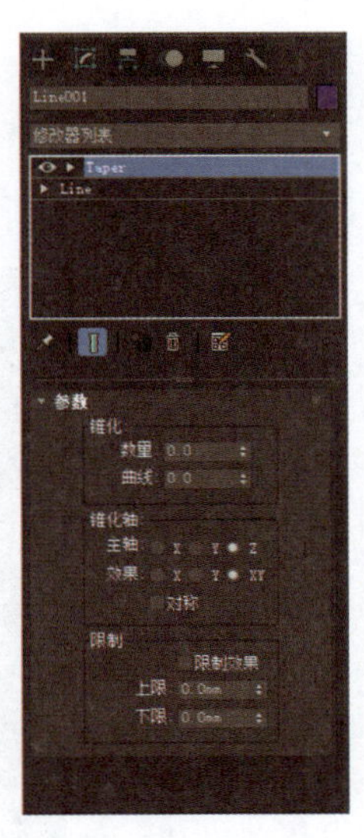

图 2-5-1　【锥化】修改器的【参数】卷展栏

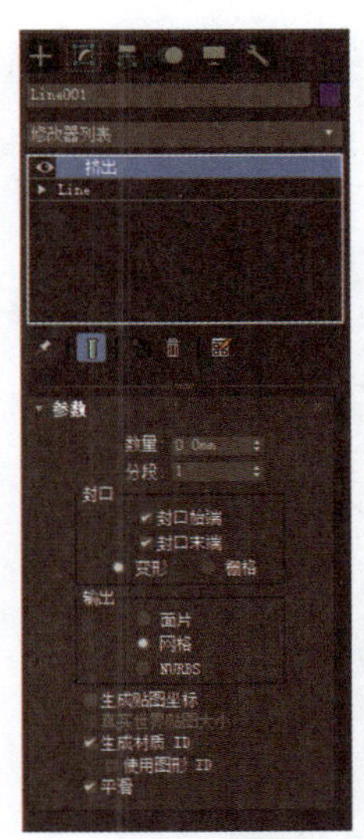

图 2-5-2　【挤出】修改器的【参数】卷展栏

【数量】文本框：设置二维图形挤出的厚度值。

【分段】文本框：设置拉伸的段数。

【封口】选项组：设置是否为三维对象的始、末两端增加封口。

勾选【封口始端】复选框和【封口末端】复选框决定增加三维对象始、末两端的封口。

【输出】选项组：设置三维对象的类型，包括面片、网格和 NURBS（曲面）。

3.【车削】修改器

【车削】修改器经常用于创建中心对称的对象，如陶罐和酒瓶等。该工具的功能是把图形围绕一个轴进行旋转，从而得到三维对象。它只能用来处理二维图形，不能处理三维对象，如图 2-5-3 所示。其参数含义如下。

【方向】选项组：可以将 X 轴、Y 轴和 Z 轴设置为旋转轴。

【对齐】选项组：【最小】、【中心】和【最大】按钮可以设置图形的坐标轴和旋转轴的位置关系，不同的对齐方式产生不同的旋转效果。

4.【放样】工具

【放样】工具是将一个二维图形作为对象的截面，将另一个二维图形作为放样的路径，并将指定截面的二维图形按照放样的路径计算成复杂的三维对象。通过这样的计算方式改变放样的二维图形，可以使用该工具来制作很多复杂的模型。

（1）在【创建方法】卷展栏（见图 2-5-4）中，先确定使用哪种方法。

【获取路径】按钮：先选中二维图形的截面，单击【获取路径】按钮，在视图中选中作为路径的图形，将路径指定给选中的二维图形的截面，从而形成三维对象。

【获取图形】按钮：先选中二维对象的路径，单击【获取图形】按钮，在视图中选中作为截面的图形，将图形指定给选中的路径，从而形成三维对象。

（2）在【蒙皮参数】卷展栏（见图 2-5-5）中，各参数的含义如下。

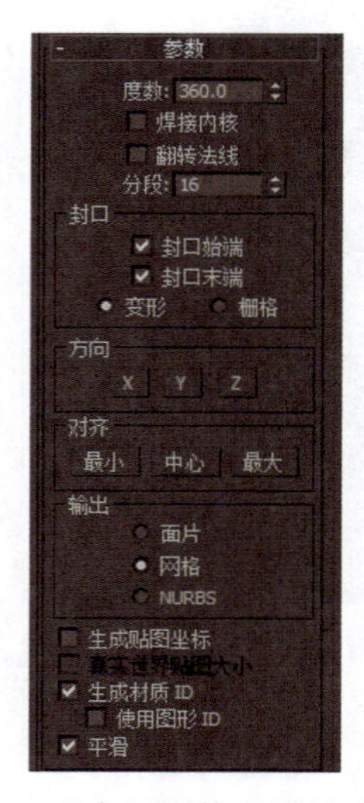

图 2-5-3 【车削】修改器的【参数】卷展栏

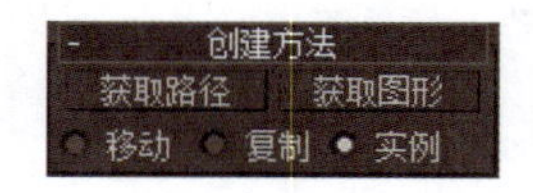

图 2-5-4 【创建方法】卷展栏

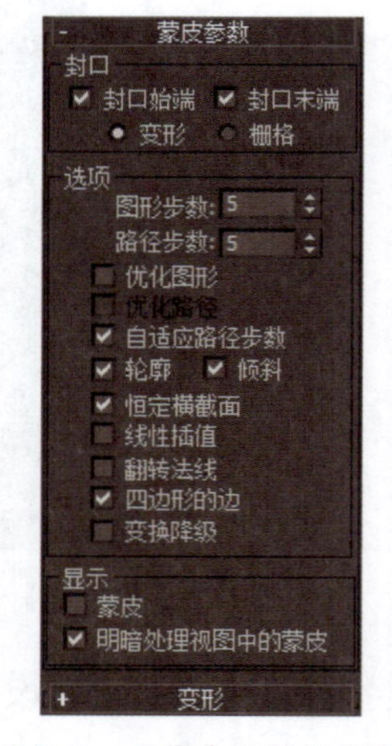

图 2-5-5 【蒙皮参数】卷展栏

【封口始端】复选框：如果该复选框为勾选状态，则路径第一个顶点处的放样端为封口状态。如果该复选框为未勾选状态，则路径第一个顶点处的放样端为打开或不封口状态。

【封口末端】复选框：如果该复选框为勾选状态，则路径最后一个顶点处的放样端为封口状态。如果该复选框为未勾选状态，则路径最后一个顶点处的放样端为打开或不封口状态。

【变形】单选按钮：根据创建的变形对象所需的可预见并且可重复的模式排列封口面。

【栅格】单选按钮：在图形边界处创建的矩形栅格中排列封口面。

【图形步数】文本框：增加该值，可以使对象表面更加光滑。

【路径步数】文本框：增加该值，可以使对象弯曲造型更加光滑。

【优化图形】复选框：勾选该复选框，会降低造型的复杂程度。

【优化路径】复选框：勾选该复选框，会自动设定路径的光滑程度。

【自适应路径步数】复选框：勾选该复选框，可以增加路径的光滑程度。

【轮廓】复选框：勾选该复选框，在执行放样操作时，横截面图形会自动更正角度，与路径垂直。

【倾斜】复选框：勾选该复选框，在执行放样操作时，横截面图形会随着路径样条曲线在 Z 轴上的角度变化而倾斜。

【恒定横截面】复选框：勾选该复选框，横截面将保持原始的尺寸，不产生变化。

【线性插值】复选框：如果该复选框为勾选状态，则在每个横截面图形之间使用直线边界制作表皮。如果该复选框为未勾选状态，则在每个横截面图形之间使用光滑的曲线制作表皮。

【翻转法线】复选框：勾选该复选框，法线翻转 180°。

【四边形的边】复选框：勾选该复选框，放样对象横截面边数相同时用四边形连接，不同时用三角形连接。

【变换降级】复选框：勾选该复选框，在调节放样对象时，不显示放样对象。

【蒙皮】复选框：勾选该复选框，在视图中以网格形式显示放样对象的蒙皮造型。

【明暗处理视图中的蒙皮】复选框：勾选该复选框，将在实体着色的视图中显示放样对象的蒙皮造型。

（3）在【路径参数】卷展栏中，各参数含义如下。

【路径】文本框：设置的数值是横截面图形在路径上插入的位置，如图 2-5-6 所示。路径值为 0.0，表示放样对象的起点；路径值为 100.0，表示放样对象的终点。

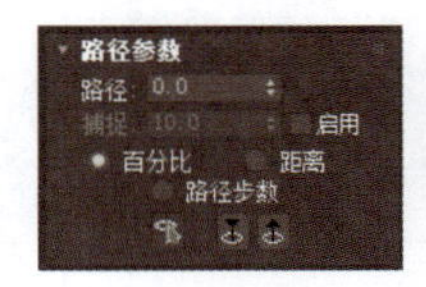

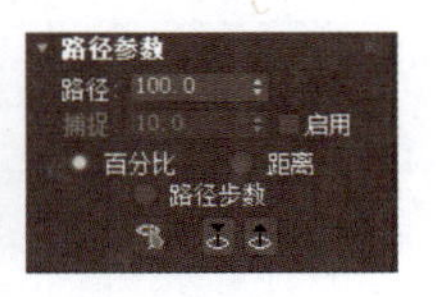

图 2-5-6　【路径参数】卷展栏

【百分比】单选按钮：选中该单选按钮，可以根据百分比来计算路径值，默认为 100%。

【距离】单选按钮：以路径的实际长度为总值，根据具体数值来计算横截面插入点的位置。

【路径步数】单选按钮：按照路径的步数来确定横截面插入点的位置。

5. 节点类型

在节点上右击，弹出快捷菜单如图 2-5-7 所示。其中部分命令的含义如下。

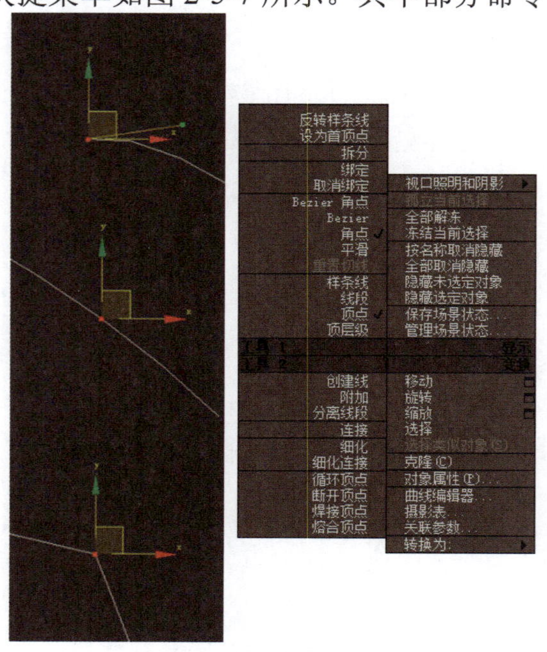

图 2-5-7　节点类型

【Bezier 角点】命令：选择此命令，则视图中的节点显示两个操作控制点。使用【选择并移动】工具移动左侧的绿色控制点，右侧控制点没有变化，两个控制点之间相互独立。

【Bezier】命令：选择此命令，则视图中的节点会显示两个操作控制点，而且直角的曲线会切换为弯曲的效果。使用【选择并移动】工具移动左侧的绿色控制点，右侧控制点也会相应地移动，使顶点两侧的曲线保持平滑，两个控制点之间保持联动关系。

【角点】命令：选择此命令，则不产生光滑的曲线，顶点两侧是直线。

【平滑】命令：选择此命令，则线段自动切换为光滑的曲线。

节点类型之间的特征区别如表 2-5-1 所示。

表 2-5-1　节点类型之间的特征区别

节点类型	手柄特征	曲线特征
Bezier 角点	提供两个可调节手柄，两个手柄之间相互独立，各自调节一侧的曲线弧度	
Bezier	提供两个可调节手柄，两个手柄之间处于联动状态	曲线保持光滑
角点	无手柄	不产生光滑的曲线，顶点两侧是直线
平滑	无手柄	自动切换为光滑的曲线

2.6　实战演练

走进家具店，会看到各式各样的餐桌。在本实战演练中，需要制作一个简洁的餐桌。在这个餐桌上摆放了各种餐具，读者可以根据自己的想法，对餐桌的效果进行适当的改变，制作出令自己满意的作品。本实战演练的效果如图 2-6-1 所示。

图 2-6-1　餐桌效果

制作要求

（1）能制作出餐椅。

（2）能选用正确的建模方法。

（3）能使用常用的修改器来制作模型。

制作提示

（1）餐椅主体使用可编辑的多边形中的【挤出】修改器。

（2）椅脚使用【锥化】修改器进行弯曲变形。

（3）酒杯、碗、碟子使用【车削】修改器生成。

（4）桌子的制作比较简单，读者可以参考本项目的相关操作来完成。

项目评价

<table>
<tr><th colspan="7">项目实训评价表</th></tr>
<tr><th rowspan="2">项　　目</th><th colspan="2">内　　容</th><th colspan="4">评 定 等 级</th></tr>
<tr><th>学 习 目 标</th><th>评 价 项 目</th><th>4</th><th>3</th><th>2</th><th>1</th></tr>
<tr><td rowspan="7">职业能力</td><td>能熟练使用【挤出】修改器</td><td>能设置【挤出】修改器的参数</td><td></td><td></td><td></td><td></td></tr>
<tr><td>能熟练使用【锥化】修改器</td><td>能设置【锥化】修改器的参数</td><td></td><td></td><td></td><td></td></tr>
<tr><td>能熟练使用【车削】修改器</td><td>能正确选择对齐的方式</td><td></td><td></td><td></td><td></td></tr>
<tr><td rowspan="2">能熟练使用【放样】工具</td><td>能掌握两种放样方式</td><td></td><td></td><td></td><td></td></tr>
<tr><td>能使用两种图形进行放样</td><td></td><td></td><td></td><td></td></tr>
<tr><td rowspan="2">能正确调整节点</td><td>能理解不同类型的节点的区别</td><td></td><td></td><td></td><td></td></tr>
<tr><td>能正确选择节点类型进行调整</td><td></td><td></td><td></td><td></td></tr>
</table>

续表

<table>
<tr><th colspan="7">项目实训评价表</th></tr>
<tr><td rowspan="2">项　目</td><td colspan="2">内　容</td><td colspan="4">评定等级</td></tr>
<tr><td>学习目标</td><td>评价项目</td><td>4</td><td>3</td><td>2</td><td>1</td></tr>
<tr><td rowspan="8">通用能力</td><td colspan="2">交流表达能力</td><td></td><td></td><td></td><td></td></tr>
<tr><td colspan="2">与人合作能力</td><td></td><td></td><td></td><td></td></tr>
<tr><td colspan="2">沟通能力</td><td></td><td></td><td></td><td></td></tr>
<tr><td colspan="2">组织能力</td><td></td><td></td><td></td><td></td></tr>
<tr><td colspan="2">活动能力</td><td></td><td></td><td></td><td></td></tr>
<tr><td colspan="2">解决问题的能力</td><td></td><td></td><td></td><td></td></tr>
<tr><td colspan="2">自我提高的能力</td><td></td><td></td><td></td><td></td></tr>
<tr><td colspan="2">革新、创新的能力</td><td></td><td></td><td></td><td></td></tr>
<tr><td>综合评价</td><td colspan="6"></td></tr>
</table>

评定等级说明表	
等　级	说　明
4	能高质、高效地完成项目实训评价表中学习目标的全部内容，并能解决遇到的特殊问题
3	能高质、高效地完成项目实训评价表中学习目标的全部内容
2	能圆满完成项目实训评价表中学习目标的全部内容，不需要任何帮助和指导
1	能圆满完成项目实训评价表中学习目标的全部内容，但偶尔需要帮助和指导

最终等级说明表	
等　级	说　明
优秀	80%项目达到 3 级水平
良好	60%项目达到 2 级水平
合格	全部项目都达到 1 级水平
不合格	不能达到 1 级水平

项目 3　公交车站的制作

项目描述

材质在场景的制作过程中占有非常重要的地位。一个三维模型无论建得多么精细，最后都需要赋予合适的材质才能呈现出丰富的效果。而灯光的配置也是场景构成的一个重要组成部分。在造型和材质已经确定的情况下，灯光效果的好坏直接影响场景的整体效果。本项目包含了 3 个较有代表性、实用性的具体活动，较为详细地介绍了材质和贴图的作用、材质编辑器的使用方法，还通过夜景的制作详细地介绍了灯光的使用方法及特效。本项目以公交车站为例，其最终效果如图 3-0-1 所示。

图 3-0-1　公交车站效果

学习目标

- 能完成公交车站场景模型的创建。
- 能使用自发光贴图。
- 能使用不透明度贴图。
- 能设置自发光材质和光晕镜头效果。

项目分析

在本项目的制作过程中，为了实现灯箱框架的不锈钢效果，使用了【金属】材质，并添加了【漫反射颜色】贴图；为了制作灯箱屏幕在夜间被照亮的效果，在编辑材质时应用了自发光效果；为了制作座椅表面透明镂空的效果，可以将一张带黑点的图片应用在材质的【不透明度】贴图通道上，黑色的地方就是透明的，同时用贴图控制小孔的高光反射。除此之外，还可以给灯泡设置自发光材质和光晕镜头效果，设置环境贴图并通过添加【AEC 扩展】中的植物来完善场景。本项目主要需要完成以下 5 个环节。

（1）制作金属效果的材质。

（2）制作自发光效果的材质。

（3）制作镂空效果的材质。

（4）制作光晕镜头效果。

（5）使用灯光制作夜景效果。

实现步骤

3.1 地面和灯箱的制作

STEP 01 启动 3ds Max 2018，在【创建】面板的【图形】类别中单击【线】按钮，在【左】视图中，依照图 3-1-1 绘制地面的截面图形，并将所绘制的图形命名为【地面】。

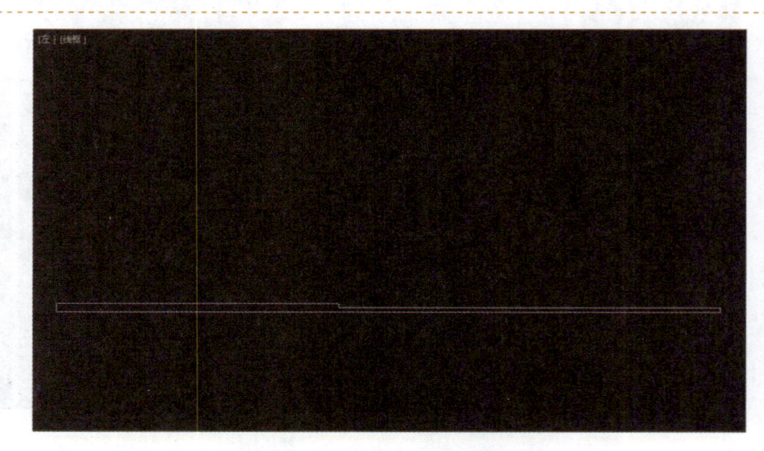

图 3-1-1 绘制【地面】截面图形

STEP 02 单击【图形】类别中的【矩形】按钮，在【左】视图中绘制一个矩形作为草地的截面图形，并将其命名为【草地】，如图 3-1-2 所示。

图 3-1-2　绘制【草地】截面图形

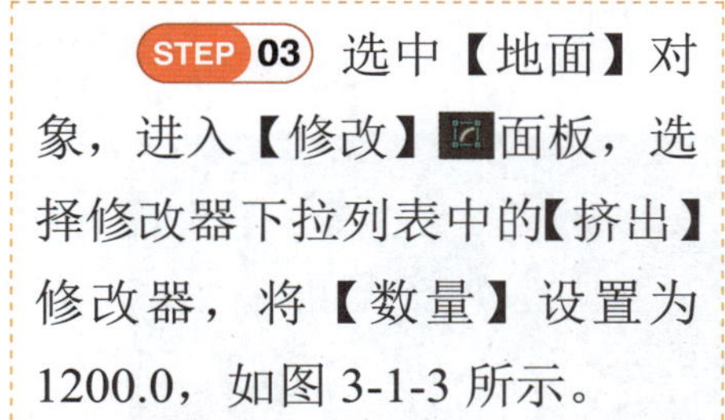

STEP 03 选中【地面】对象，进入【修改】面板，选择修改器下拉列表中的【挤出】修改器，将【数量】设置为 1200.0，如图 3-1-3 所示。

STEP 04 使用上面的方法对【草地】对象也应用【挤出】修改器，并将【数量】设置为 1200.0，如图 3-1-3 所示。

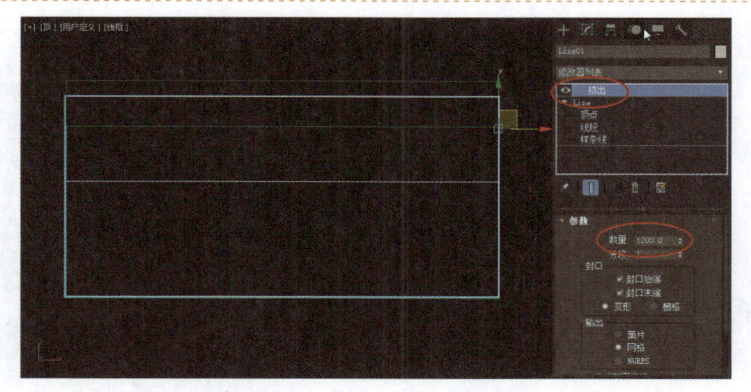

图 3-1-3　为截面图形应用【挤出】修改器

STEP 05 单击【图形】类别中的【椭圆】按钮，在【顶】视图中创建一个【长度】为 20.5、【宽度】为 8.5 的椭圆，将其命名为【立柱】，如图 3-1-4 所示。

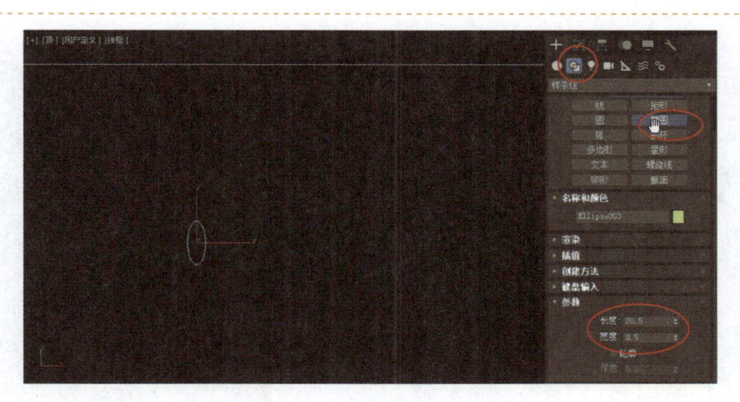

图 3-1-4　创建【立柱】对象

STEP 06 选中【立柱】对象，选择修改器下拉列表中的【挤出】修改器，将【数量】设置为 130.0，如图 3-1-5 所示。

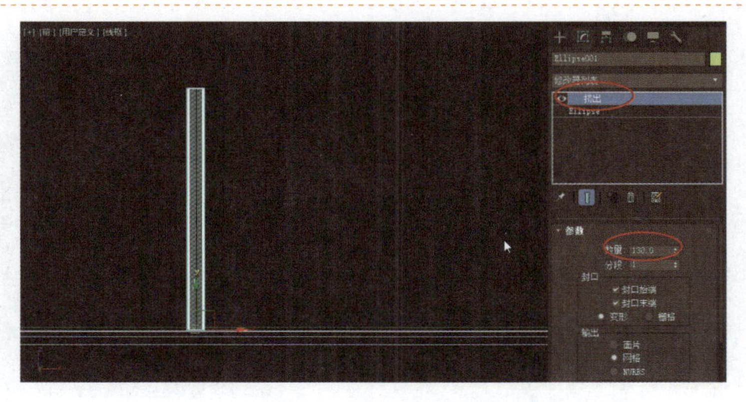

图 3-1-5　为【立柱】对象应用【挤出】修改器

STEP 07 在【前】视图中，单击【选择并移动】按钮，选中【椭圆】对象，按住 Shift 键，同时将其沿 *X* 轴移动适当的距离。释放鼠标左键后会弹出【克隆选项】对话框，在【对象】选项组中选中【实例】单选按钮，将【副本数】设置为 1，单击【确定】按钮，如图 3-1-6 所示。

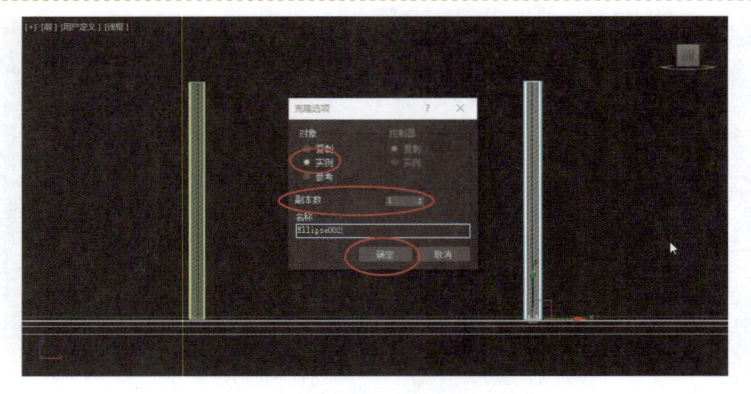

图 3-1-6　复制【椭圆】对象

STEP 08 再次单击【椭圆】按钮，在【左】视图中创建一个【长度】为 9.5、【宽度】为 58.5 的椭圆，如图 3-1-7 所示，将其命名为【顶部】。

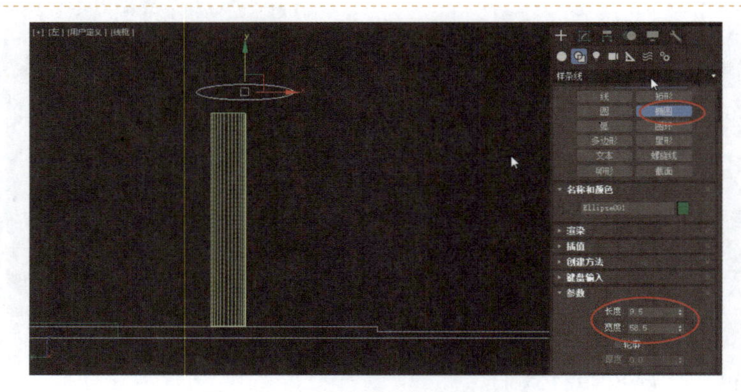

图 3-1-7　创建【顶部】截面图形

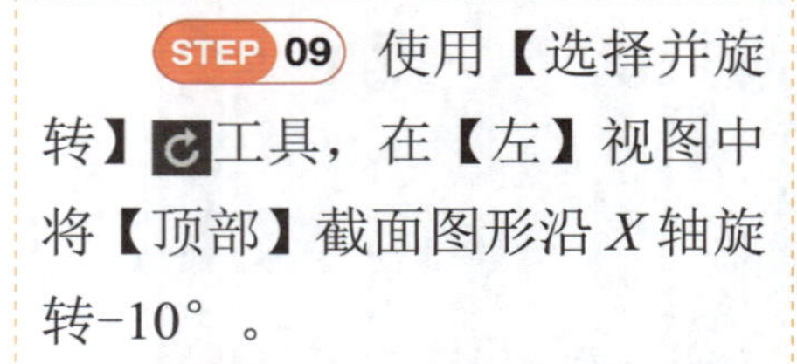

STEP 09 使用【选择并旋转】工具，在【左】视图中将【顶部】截面图形沿 *X* 轴旋转-10°。

STEP 10 进入【修改】面板，选择修改器下拉列表中的【挤出】修改器，将【数量】设置为 163.0，如图 3-1-8 所示。

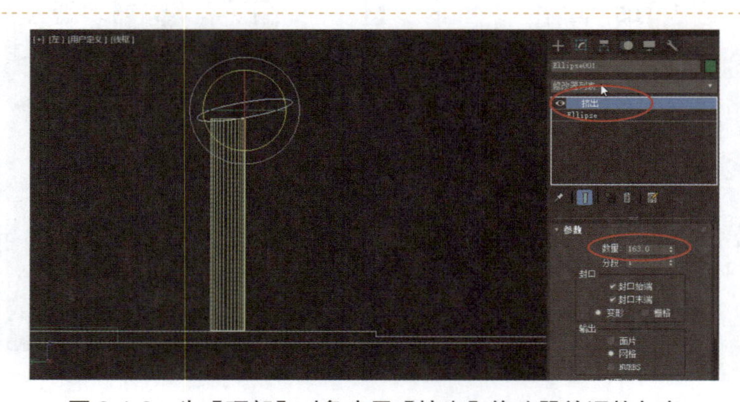

图 3-1-8　为【顶部】对象应用【挤出】修改器并调整角度

STEP 11 单击【矩形】按钮，先在【前】视图中绘制一个【长度】为 7.0、【宽度】为 145.0 的矩形，并取消勾选【开始新图形】复选框；再绘制一个【长度】为 7.0、【宽度】为 145.0 的矩形，如图 3-1-9 所示，并将其命名为【边框】。

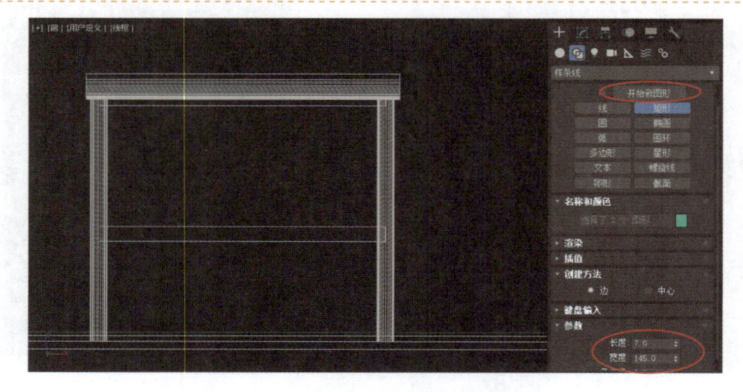

图 3-1-9　创建【边框】截面图形

STEP 12 对【边框】对象应用【挤出】修改器，将【数量】设置为 5.0，并在其他视图中将【边框】对象调整至如图 3-1-10 所示的位置。

图 3-1-10　为【边框】对象应用【挤出】修改器并调整位置

STEP 13 在【创建】面板的【几何体】类别中单击【长方体】工具，在【前】视图中创建一个【长度】为 66.0、【宽度】为 145.0、【高度】为 12.0 的长方体，并将其命名为【屏幕】，在其他视图中将【屏幕】对象调整至如图 3-1-11 所示的位置。

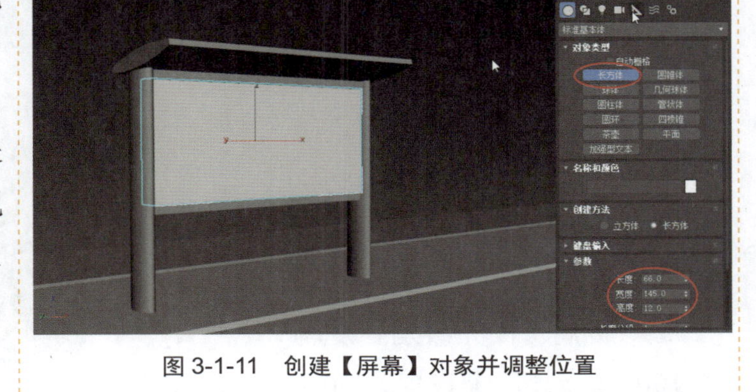

图 3-1-11　创建【屏幕】对象并调整位置

STEP 14 按住 Ctrl 键，分别选中【立柱】对象、【顶部】对象和【边框】对象，执行【组】→【组】命令，在弹出的【组】对话框中将【组名】设置为【灯箱框架】，如图 3-1-12 所示。

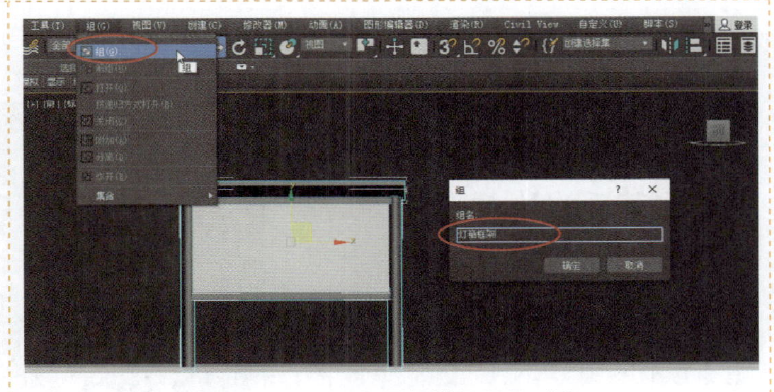

图 3-1-12　组合【灯箱框架】对象

STEP 15 选中【灯箱框架】对象和【屏幕】对象，在【前】视图中单击【选择并移动】按钮，按住 Shift 键，同时将两个对象沿 X 轴移动适当的距离。释放鼠标左键后会弹出【克隆选项】对话框，在【对象】选项组中选中【实例】单选按钮，将【副本数】设置为 1，单击【确定】按钮，如图 3-1-13 所示。

图 3-1-13　复制灯箱

3.2 灯箱材质的设置

STEP 01 按 M 键，弹出【材质编辑器】窗口，选择一个空白材质球，并将其命名为【金属】。

STEP 02 在【明暗器基本参数】卷展栏中将着色类型设置为【金属】，如图 3-2-1 所示。

STEP 03 在【金属基本参数】卷展栏中，单击【环境光】和【漫反射】左侧的按钮，将【环境光】的值设置为【红=0、绿=0、蓝=0】，【漫反射】的值设置为【红=255、绿=255、蓝=255】，并将【高光级别】设置为 100，【光泽度】设置为 60，如图 3-2-1 所示。

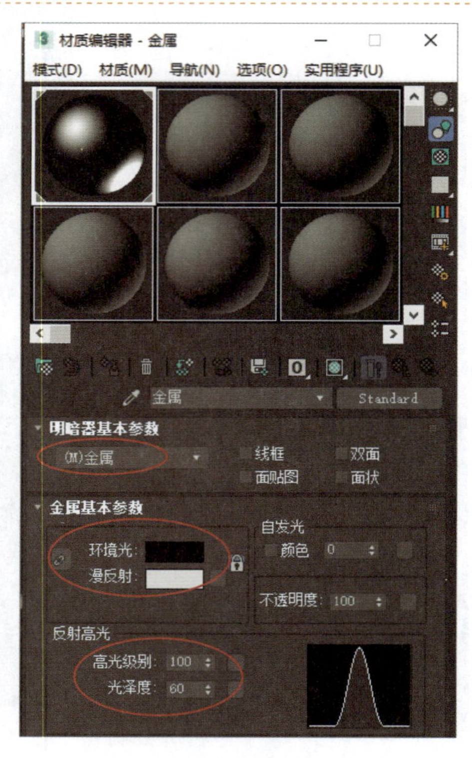

图 3-2-1　设置金属材质的基本参数

STEP 04 在【贴图】卷展栏的【反射】文本框中输入 100，并单击其后的贴图按钮；在弹出的【材质/贴图浏览器】对话框中选择【位图】选项，单击【确定】按钮；在弹出的【选择位图图像文件】对话框中选择 HOUSE.JPG 文件，如图 3-2-2 所示。

图 3-2-2　添加金属材质的贴图

STEP 05 在【坐标】卷展栏中，将【模糊】设置为 2.5，【模糊偏移】设置为 0.2，如图 3-2-3 所示。

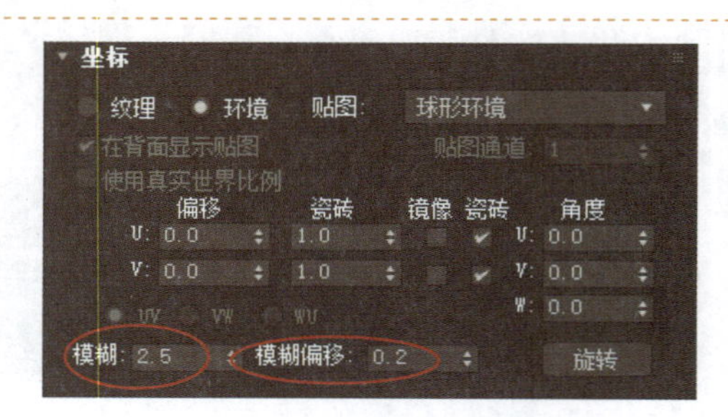

图 3-2-3　设置金属材质的贴图

STEP 06 选中两个灯箱的框架，单击【将材质指定给选定对象】按钮，将【金属】材质赋予两个灯箱框架，如图 3-2-4 所示。

图 3-2-4　预览效果图

STEP 07 在【材质编辑器】窗口中选择一个未使用过的材质，并将其命名为【左灯箱】。

STEP 08 在【贴图】卷展栏中将【漫反射颜色】的贴图设置为 gg1.jpg 文件，如图 3-2-5 所示。

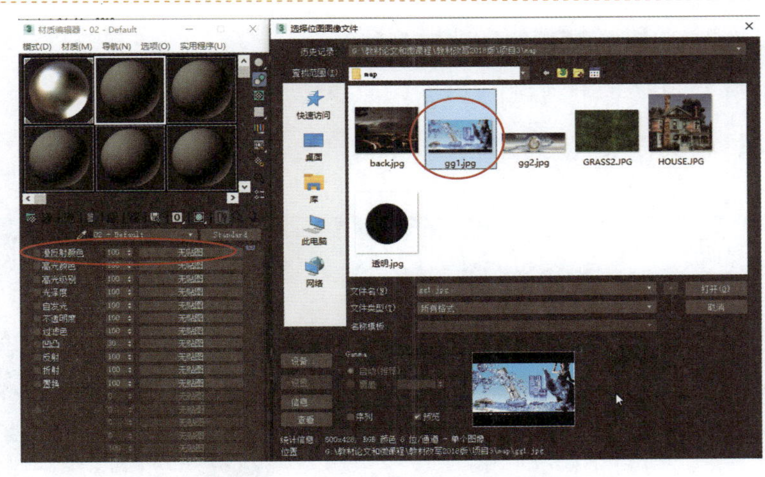

图 3-2-5　添加【漫反射颜色】贴图

STEP 09 单击【转到父对象】按钮，返回上一级。

STEP 10 按住鼠标左键将【漫反射颜色】通道的贴图按钮拖动并复制到【自发光】通道的贴图按钮上，在弹出的对话框中保持默认设置，单击【确定】按钮，如图 3-2-6 所示。

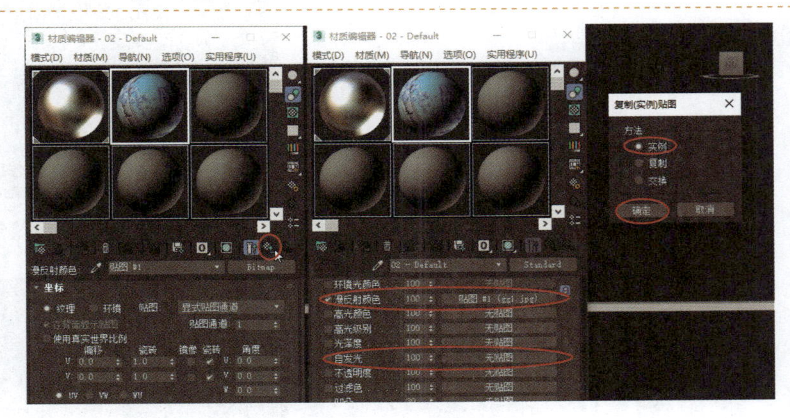

图 3-2-6　复制贴图

STEP 11 单击【将材质指定给选定对象】按钮，将【左灯箱】材质赋予左灯箱的【屏幕】对象。

STEP 12 在【材质编辑器】窗口中，按住鼠标左键将【左灯箱】材质球拖到一个没有用过的材质球上，并将其命名为【右灯箱】。

STEP 13 将【右灯箱】材质的【自发光】和【漫反射颜色】贴图更改为 gg2.jpg 文件（见图 3-2-5）。

STEP 14 单击【将材质指定给选定对象】按钮，将【右灯箱】材质赋予右灯箱的【屏幕】对象，如图 3-2-7 所示。

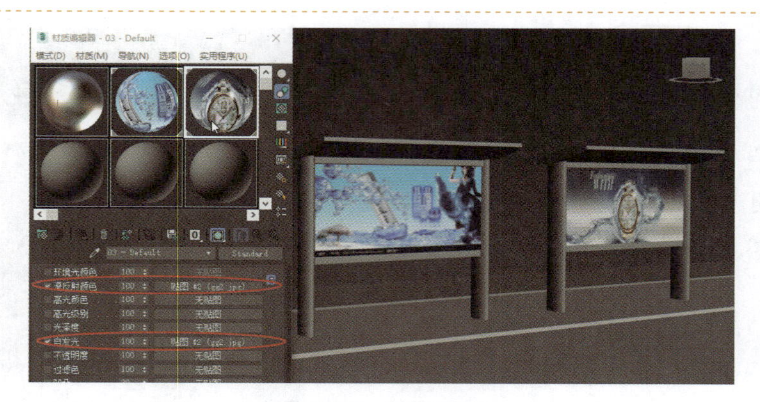

图 3-2-7　更改贴图

3.3　座椅模型的创建

STEP 01 单击【线】按钮，在【左】视图中依照图 3-3-1 绘制座椅表面的截面图形，并将所绘制的图形命名为【椅子表面】。

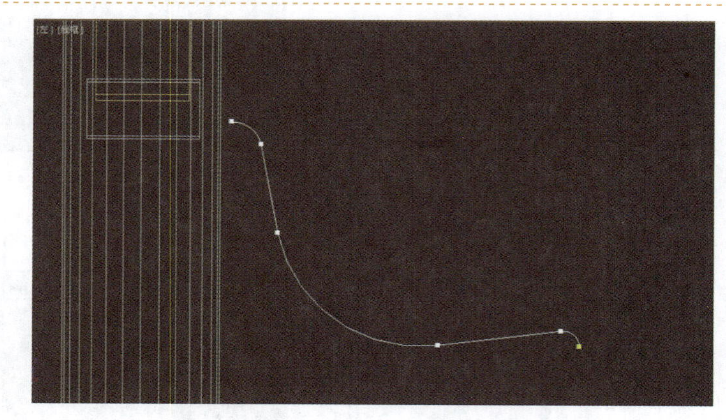

图 3-3-1　绘制【椅子表面】截面图形

STEP 02 进入【修改】面板，单击 Line 左侧的按钮，在堆栈中选择【样条线】子对象，选中【椅子表面】截面图形，单击【几何体】卷展栏中的【轮廓】按钮，在其右侧的文本框中输入 1.5mm，并按 Enter 键，如图 3-3-2 所示，这样座椅表面就有了厚度。

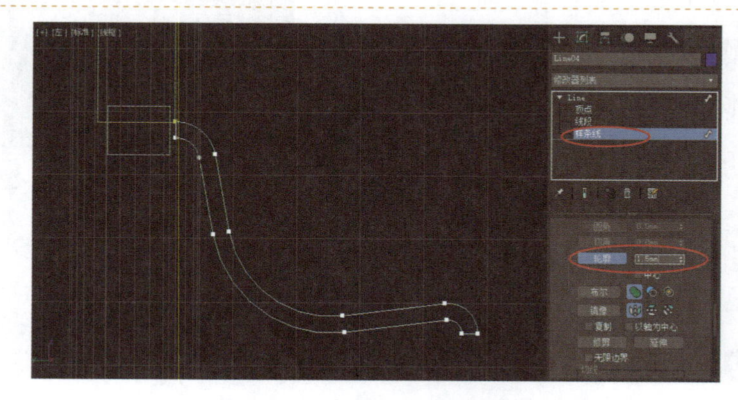

图 3-3-2　修改座椅表面的厚度

STEP 03 选中【椅子表面】对象，进入【修改】面板，选择修改器下拉列表中的【挤出】修改器，将【数量】设置为 75.5，如图 3-3-3 所示。

图 3-3-3　为【椅子表面】对象应用【挤出】修改器

STEP 04 单击【线】按钮，勾选【在渲染中启用】和【在视口中启用】两个复选框，将【厚度】设置为 3.0，在任意一个视图中绘制椅子框架，在其他视图中将其调整至如图 3-3-4 所示的位置，并将其命名为【椅子框架】。

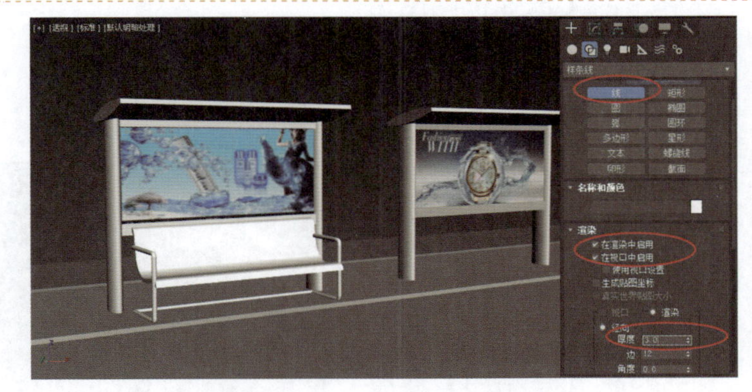

图 3-3-4　创建【椅子框架】对象

3.4　座椅材质的设置

STEP 01 选中【椅子表面】对象，按 M 键，弹出【材质编辑器】窗口，选择一个空白材质球，并将其命名为【透明】。

STEP 02 在【明暗器基本参数】卷展栏中使用默认的阴影模式 Blinn。

STEP 03 在【Blinn 基本参数】卷展栏中，将锁定的【环境光】和【漫反射】的值均设为【红 =237、绿 =237、蓝 =237】，如图 3-4-1 所示。

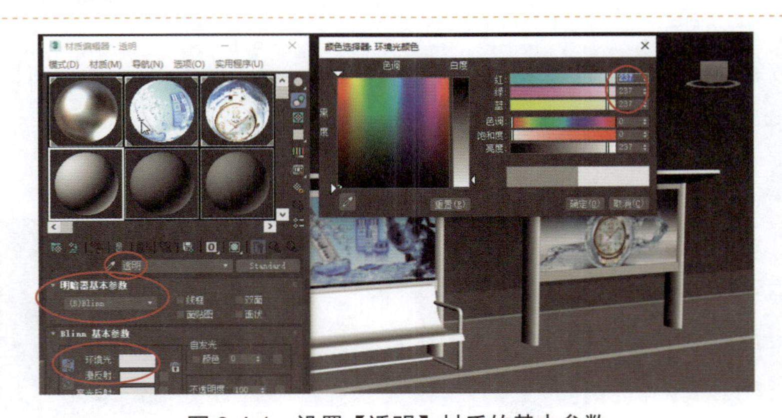

图 3-4-1　设置【透明】材质的基本参数

STEP 04 单击【确定】按钮，返回【材质编辑器】窗口，勾选【双面】复选框，单击【不透明度】文本框右侧的贴图按钮。

STEP 05 在弹出的【材质/贴图浏览器】对话框中选择【位图】选项，单击【确定】按钮，在弹出的【选择位图图像文件】对话框中选择【透明.jpg】文件，如图 3-4-2 所示。

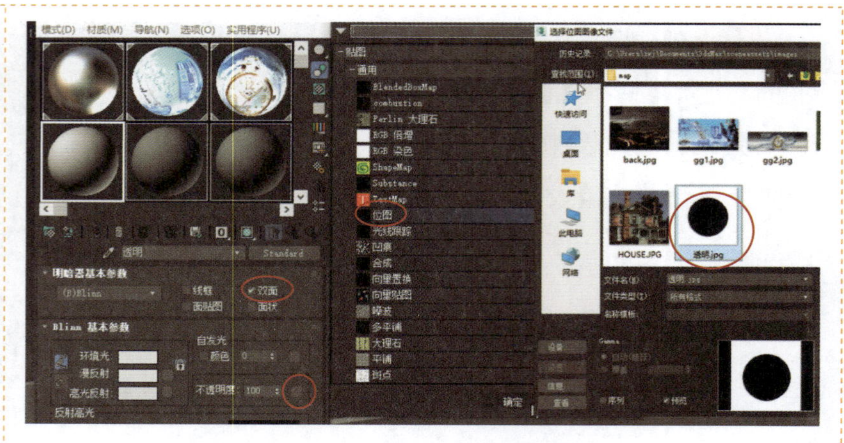

图 3-4-2　添加不透明度贴图

STEP 06 在【坐标】卷展栏中，将【瓷砖】的 U、V 值均设置为 12.0，如图 3-4-3 所示。

STEP 07 在【贴图】卷展栏中，将【不透明度】通道中的贴图按钮拖到【高光级别】通道的贴图按钮上，并在弹出的对话框中选中【实例】单选按钮，单击【确定】按钮，如图 3-4-3 所示。

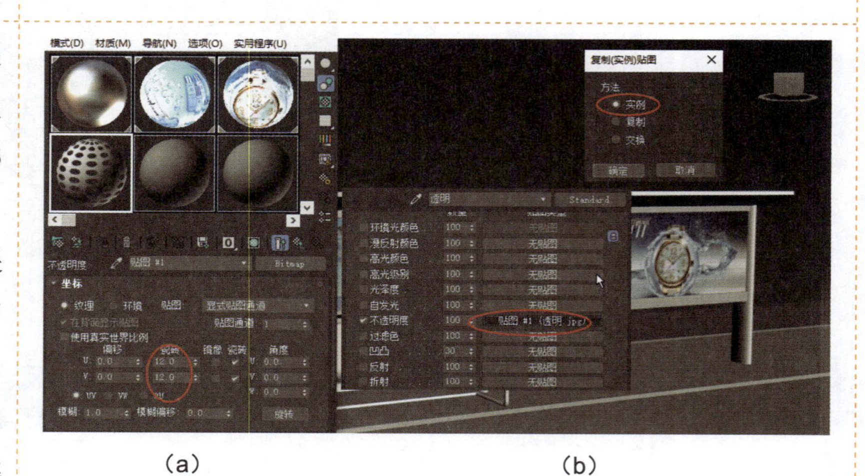

（a）　　（b）

图 3-4-3　设置贴图

STEP 08 使用上面的方法将【不透明度】通道中的贴图按钮复制到【凹凸】通道的贴图按钮上，并将【凹凸】通道的【数量】设置为 300，如图 3-4-4 所示。

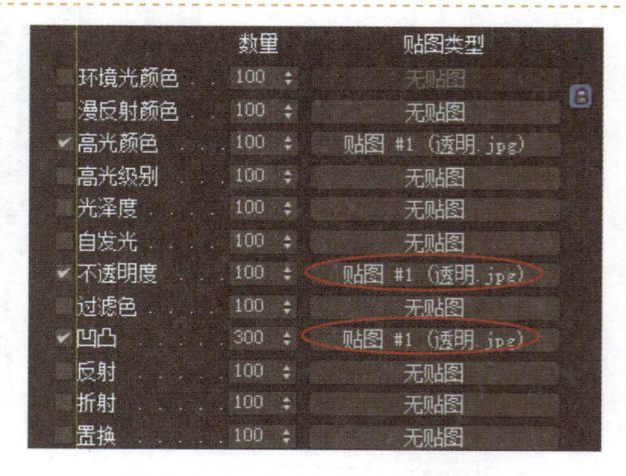

图 3-4-4　设置 Alpha 的参数

STEP 09 单击【将材质指定给选定对象】按钮，将【透明】材质赋予【椅子表面】对象。

STEP 10 选择【金属】材质球，将材质赋予【椅子框架】对象，如图 3-4-5 所示。

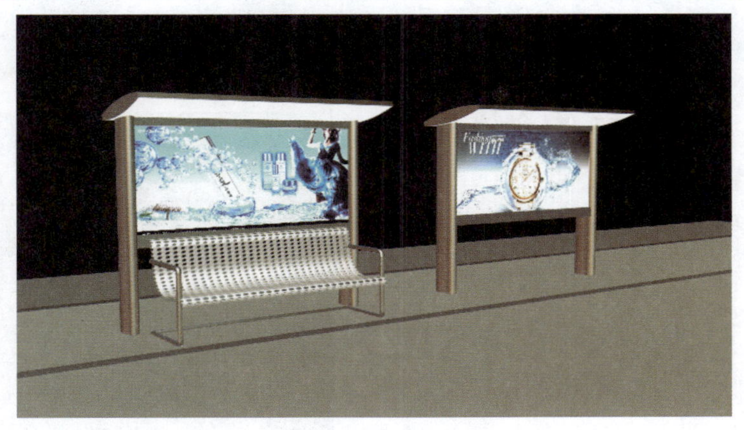

图 3-4-5　赋予材质

STEP 11 按住 Ctrl 键，分别选中【椅子表面】对象和【椅子框架】对象，执行【组】→【组】命令，在弹出的【组】对话框中将【组名】设置为【椅子】，如图 3-4-6 所示。

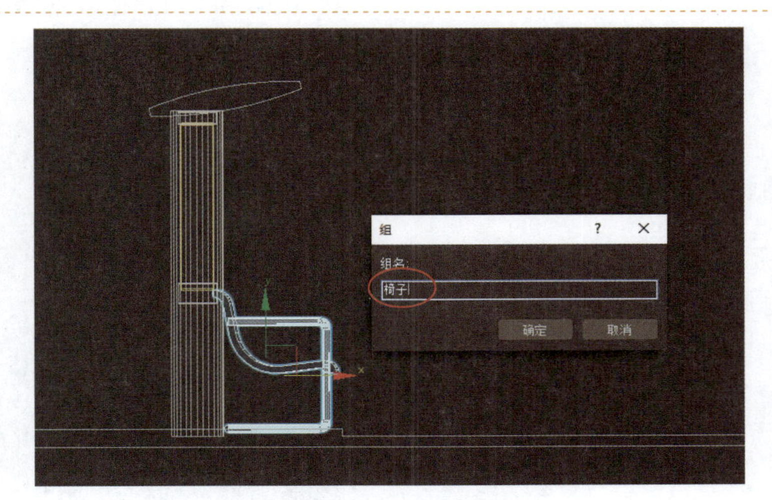

图 3-4-6　组合【椅子】对象

STEP 12 选中【椅子】对象，在【前】视图中单击【选择并移动】按钮，按住 Shift 键，同时将【椅子】对象沿 X 轴移动适当的距离。释放鼠标左键后会弹出【克隆选项】对话框中，在【对象】选项组选中默认的【实例】单选按钮，将【副本数】设置为 1，单击【确定】按钮，如图 3-4-7 所示。

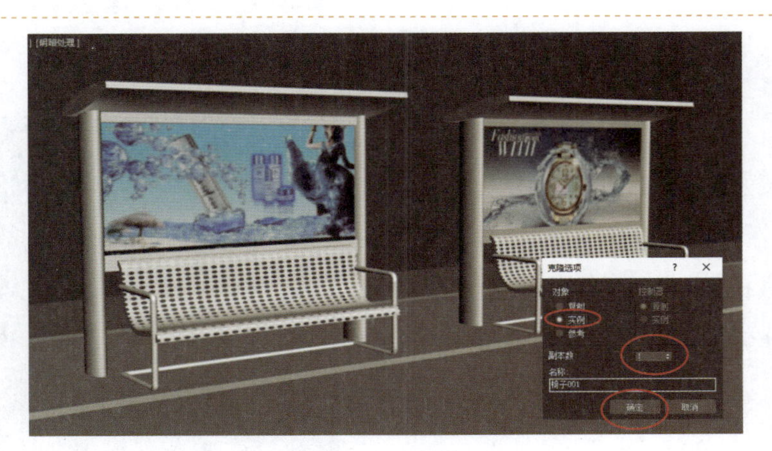

图 3-4-7　复制椅子

3.5 路灯模型的创建

STEP 01 在【创建】+面板的【几何体】类别中单击【圆锥体】按钮，在【顶】视图中创建一个【半径 1】为 2.5、【半径 2】为 1.8、【高度】为 140.0 的圆锥体，其他参数均保持默认设置，并将其命名为【柱子】，如图 3-5-1 所示。

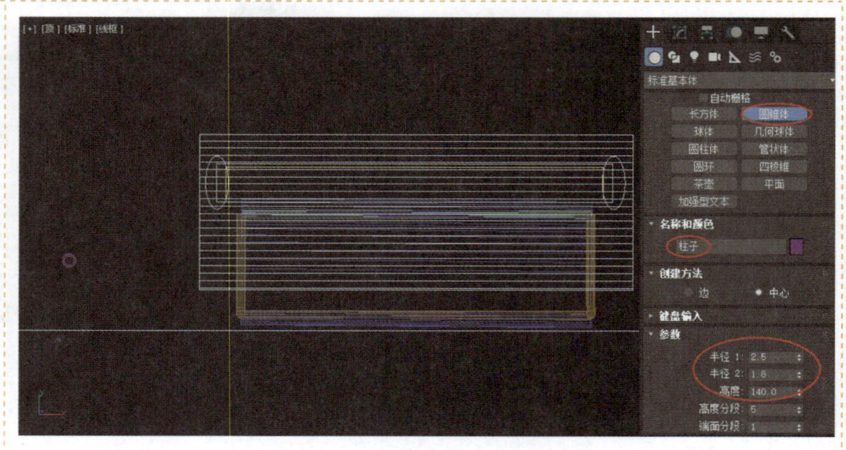

图 3-5-1 创建【柱子】对象

STEP 02 将【柱子】对象调整至如图 3-5-2 所示的位置。

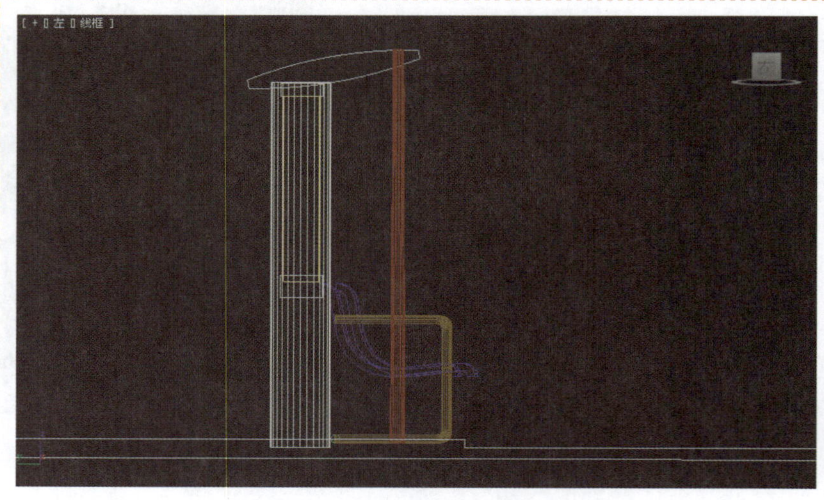

图 3-5-2 调整【柱子】对象的位置

STEP 03 在【几何体】类别中单击【球体】按钮，在【左】视图的如图 3-5-3 所示的位置创建一个【半径】为 2.6 的球体，并将其命名为【小球】。

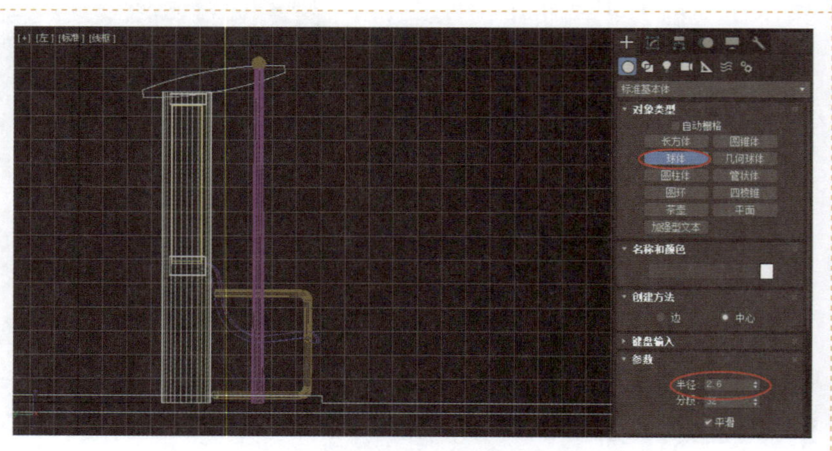

图 3-5-3 创建【小球】对象

STEP 04 单击【线】按钮，勾选【在渲染中启用】和【在视口中启用】两个复选框，将【厚度】设置为 1.5，在【左】视图中依照图 3-5-4 绘制路灯的装饰线。

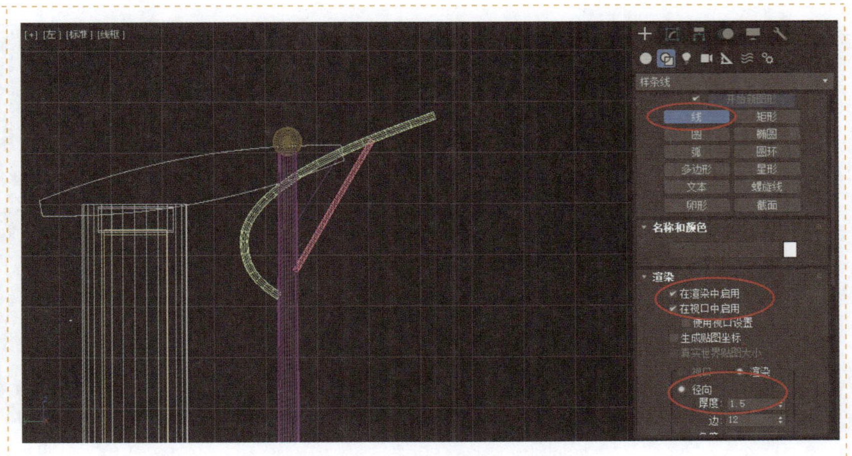

图 3-5-4　绘制路灯的装饰线

STEP 05 单击【球体】按钮，在如图 3-5-5 所示的位置创建一个【半径】为 9.0 的球体，并将其命名为【灯泡】。

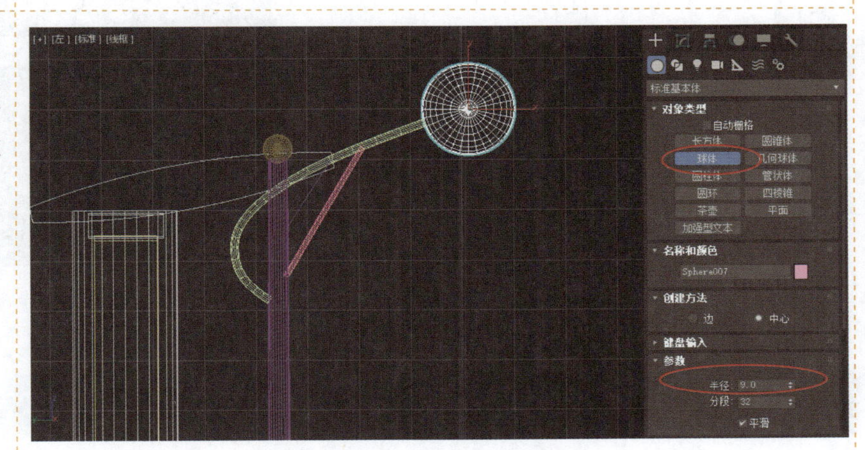

图 3-5-5　创建【灯泡】对象

STEP 06 单击【选择并均匀缩放】按钮，在【前】视图中沿 *X* 轴和 *Y* 轴方向同时缩放该对象，当状态栏中 X 和 Y 文本框显示的值均为 70 时释放鼠标左键，如图 3-5-6 所示。

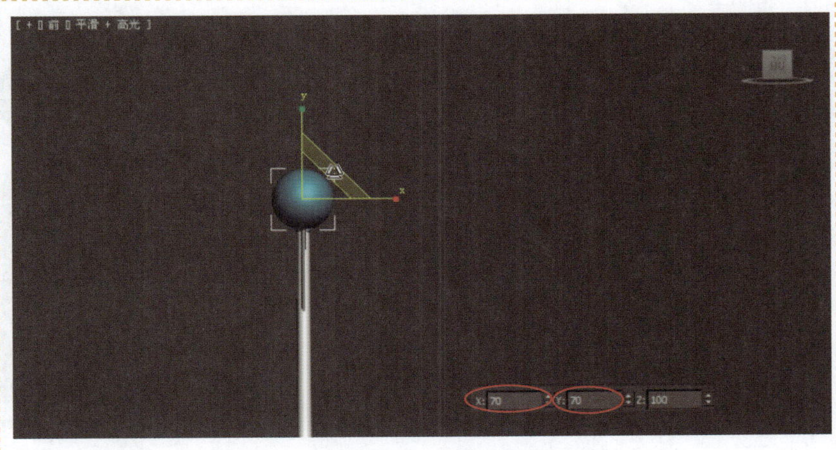

图 3-5-6　调整【灯泡】对象的形状

STEP 07 在【左】视图中，调整【灯泡】对象的角度，如图 3-5-7 所示。

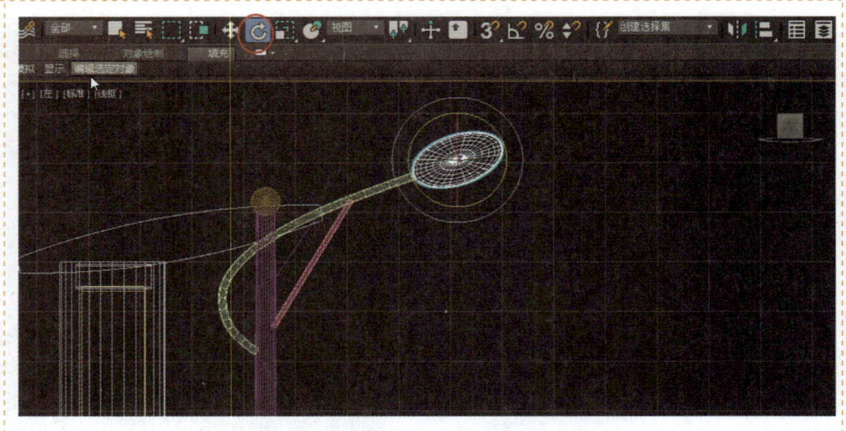

图 3-5-7 调整【灯泡】对象的角度

STEP 08 框选【柱子】对象、【小球】对象和路灯的装饰线，执行【组】→【组】命令，在弹出的【组】对话框中将【组名】设置为【灯架】，如图 3-5-8 所示。

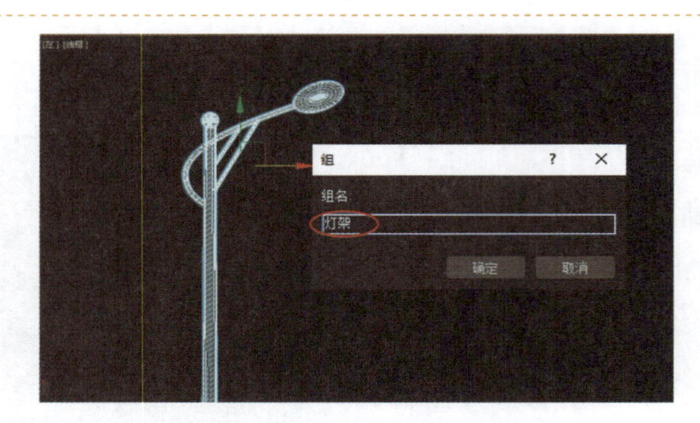

图 3-5-8 组合【灯架】对象

3.6 路灯材质的设置

STEP 01 按 M 键，弹出【材质编辑器】窗口，选择一个未使用过的材质球并将其命名为【灯泡】。

STEP 02 在【明暗器基本参数】卷展栏中将【环境光】和【漫反射】的值设置为【红=255、绿=255、蓝=255】，将【自发光】选项组中的【颜色】设置为 100，如图 3-6-1 所示。

STEP 03 单击【材质效果通道】[0]按钮，在弹出的下拉列表中选择【2】选项，如图 3-6-1 所示。

这里设置为多少无要求，目的是为后面添加特殊效果做准备。

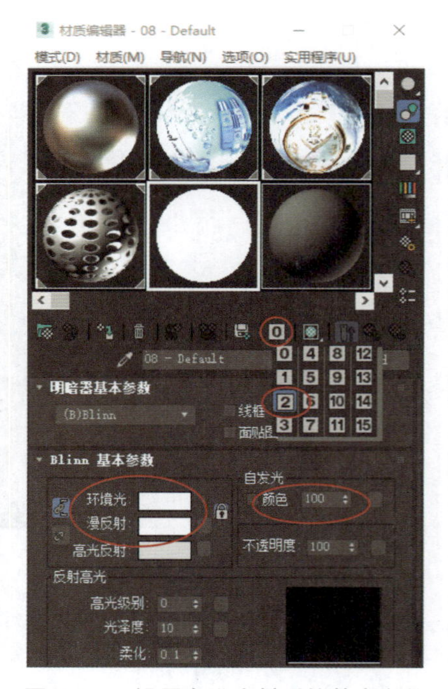

图 3-6-1 设置自发光材质的基本参数

STEP 04 将【灯泡】材质赋予【灯泡】对象，将【金属】材质赋予【灯架】对象，其预览效果如图 3-6-2 所示。

发亮的灯泡会在四周产生光芒，因此还需要为灯泡添加光晕效果。

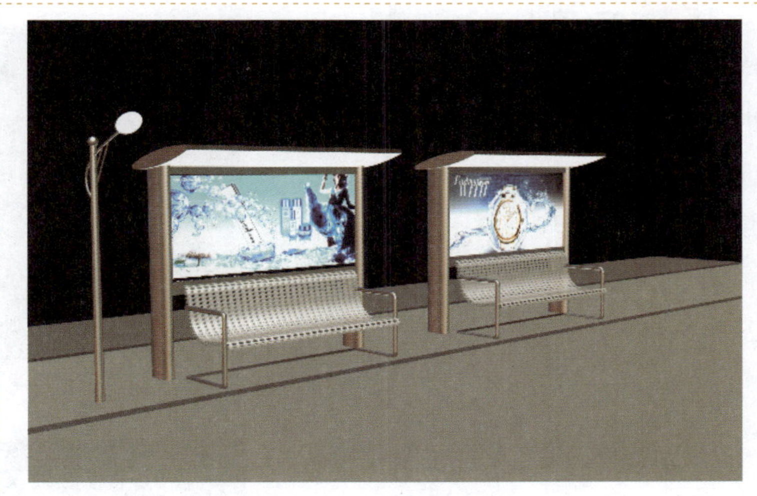

图 3-6-2　路灯的预览效果

STEP 05 执行【渲染】→【效果】命令，如图 3-6-3 所示。

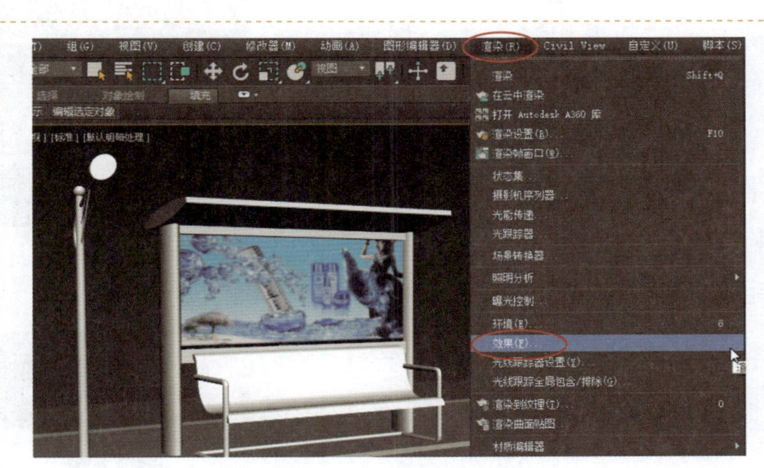

图 3-6-3　添加效果

STEP 06 在弹出的【环境和效果】窗口中，单击【添加】按钮；在弹出的【添加效果】对话框中选择【镜头效果】选项，单击【确定】按钮，返回【环境和效果】窗口。在【镜头效果参数】卷展栏中，双击【光晕】选项，Glow 会出现在右侧的效果列表框中，如图 3-6-4 所示。

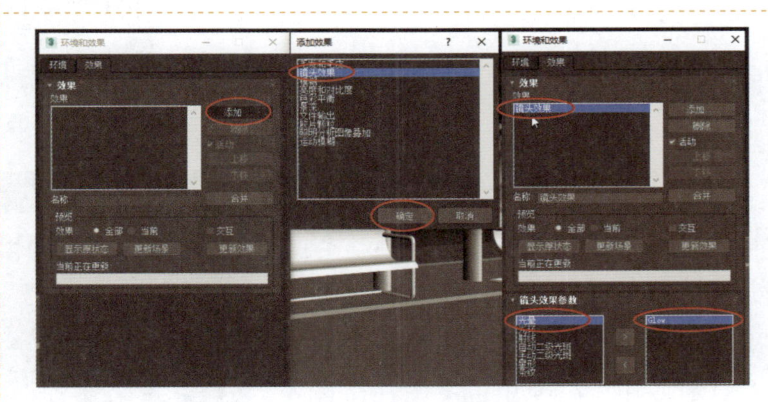

图 3-6-4　添加光晕效果

STEP 07 在【光晕元素】卷展栏中，将【参数】选项卡中的【大小】设置为 5.0；选择【选项】选项卡，勾选【材质 ID】复选框，并将其设置为 2（该设置对应前面【灯泡】材质的 ID 设置），如图 3-6-5 所示。

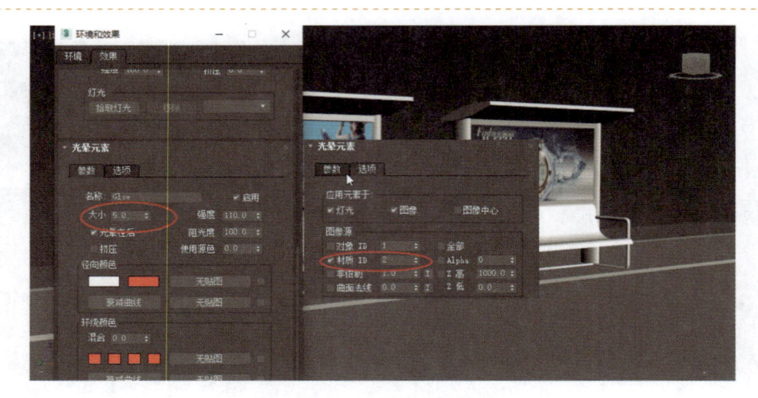

图 3-6-5　设置光晕参数

STEP 08 框选【灯架】对象和【灯泡】对象，在【前】视图中单击【选择并移动】按钮，按住 Shift 键，同时将其沿 X 轴移动适当距离。释放鼠标左键后会弹出【克隆选项】对话框，在【对象】选项组中选中默认的【实例】单选按钮，将【副本数】设置为 2，单击【确定】按钮，如图 3-6-6 所示。

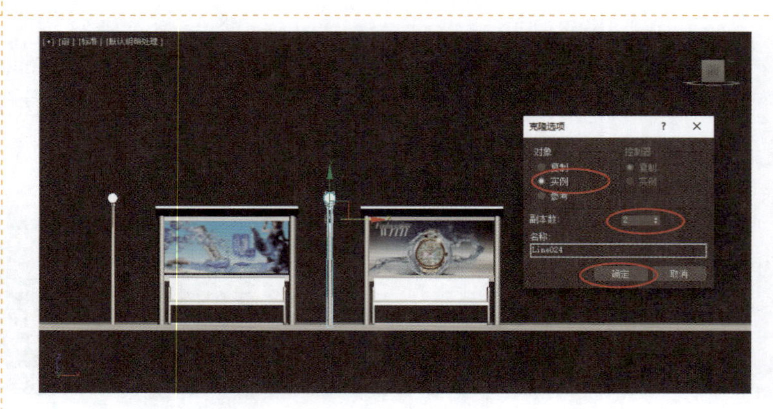

图 3-6-6　复制路灯

STEP 09 按 F9 键进行渲染，渲染后的效果如图 3-6-7 所示。

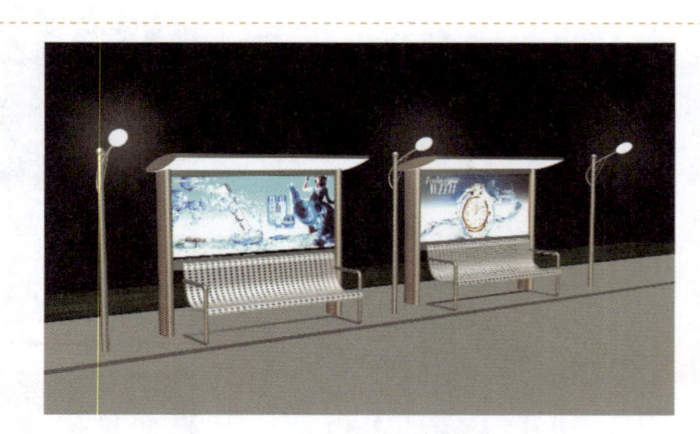

图 3-6-7　渲染后的效果

STEP 10 执行菜单栏中的【渲染】→【环境】命令，弹出【环境和效果】窗口，在【公用参数】卷展栏中单击【环境贴图】选项下方的贴图按钮，在弹出的【选择位图图像文件】对话框中选择 back.jpg 文件，如图 3-6-8 所示。

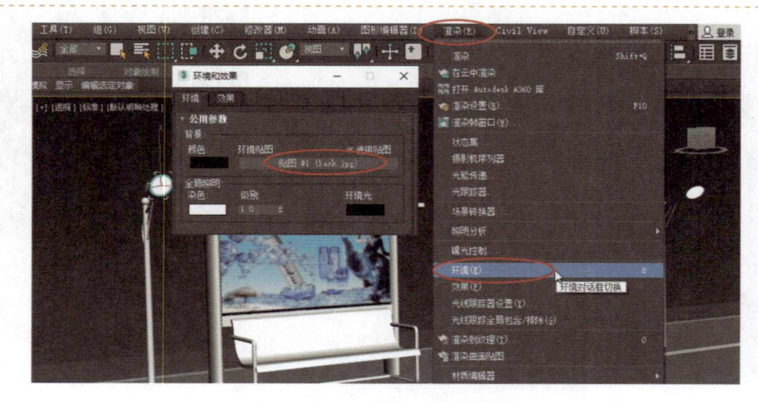

图 3-6-8　添加环境贴图

STEP 11　按住鼠标左键不放，将【环境贴图】选项下方的贴图按钮拖到一个空白的材质球上，释放鼠标左键后会弹出【实例（副本）贴图】对话框，选中【实例】单选按钮，单击【确定】按钮；返回【材质编辑器】窗口，在【坐标】卷展栏中选中【环境】单选按钮，将【贴图】设置为【屏幕】，如图 3-6-9 所示。

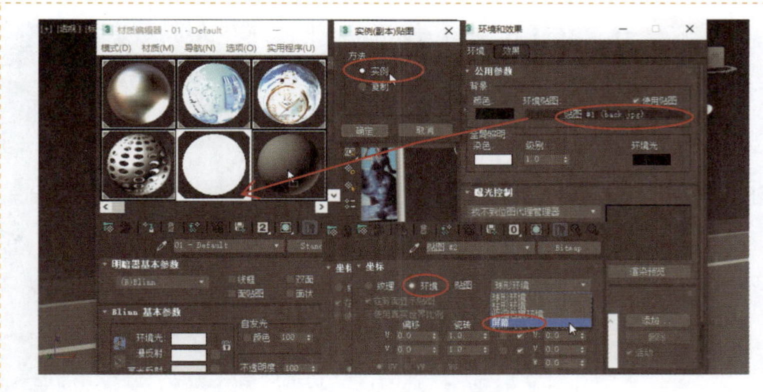

图 3-6-9　设置环境贴图

STEP 12　按 M 键，弹出【材质编辑器】窗口，选择一个未使用过的材质球，并将其命名为【草地】。

STEP 13　在【贴图】卷展栏中，将【漫反射颜色】通道的贴图设置为 GRASS2.JPG。

STEP 14　将【漫反射颜色】通道中的贴图拖到【凹凸】通道的贴图按钮上，将【凹凸】通道的【数量】设置为 30，并在弹出的对话框中选中【实例】单选按钮，单击【确定】按钮，如图 3-6-10 所示。

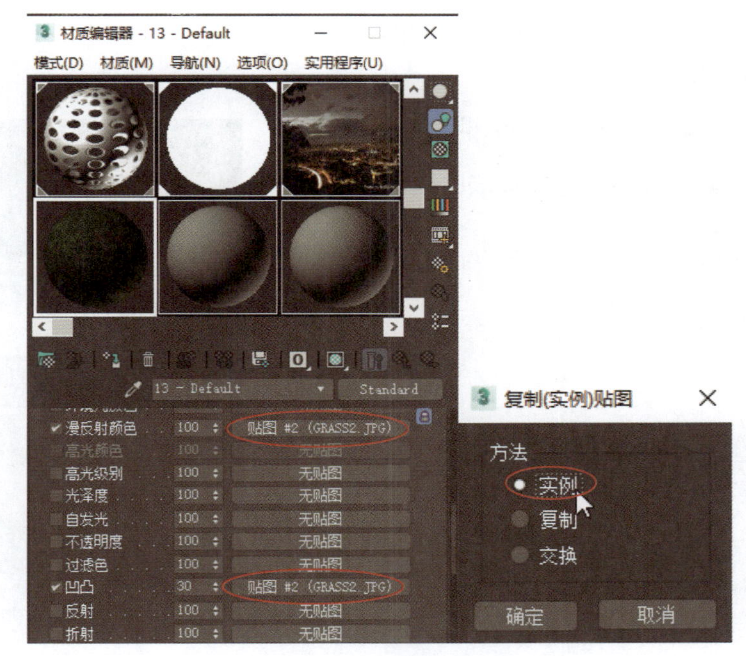

图 3-6-10　设置草地贴图

STEP 15　在【创建】面板的【几何体】类别中，单击下拉按钮，选择【AEC 扩展】选项，在【对象类型】卷展栏中单击【植物】按钮，在【收藏的植物】卷展栏中选择【美洲榆】选项，在【参数】卷展栏中将【高度】设置为 118.0，【密度】设置为 0.9，如图 3-6-11 所示。

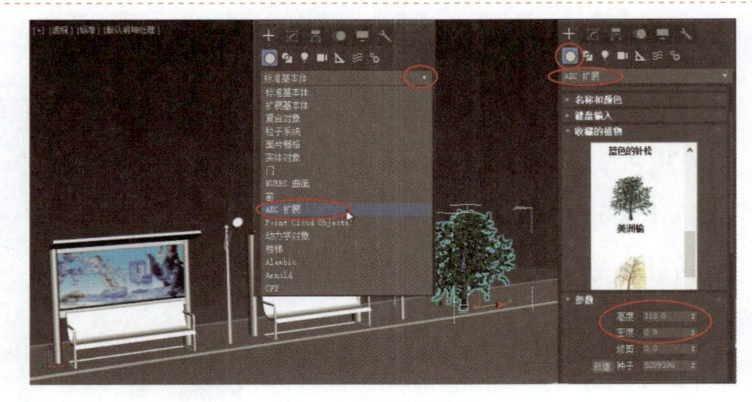

图 3-6-11　添加植物

STEP 16 在【创建】面板的【摄像机】类别中，单击【目标】按钮，在【顶】视图中创建一架目标摄像机。

STEP 17 在【透视】视图中，按C键将【透视】视图转换为摄像机视图。

STEP 18 在【参数】卷展栏中将【镜头】设置为43，并在其他视图中调整摄像机的位置，如图3-6-12所示。

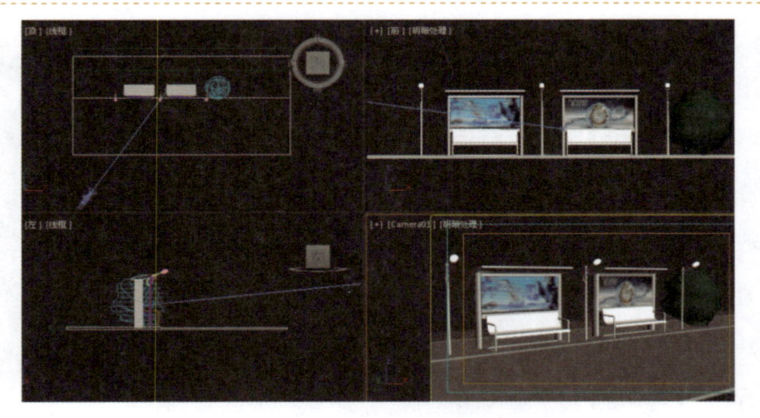

图3-6-12　添加摄像机并调整其位置

STEP 19 按F9键进行渲染，效果如图3-6-13所示。

图3-6-13　渲染效果

3.7　添加灯光系统

STEP 01 在【创建】面板的【灯光】类别中单击下拉按钮，选择【标准】选项，单击【目标聚光灯】按钮，在【左】视图中按住鼠标左键进行拖动，绘制出一个目标聚光灯的图标，目标点要落在地面上，释放鼠标左键，在如图3-7-1所示的位置创建一盏目标聚光灯。

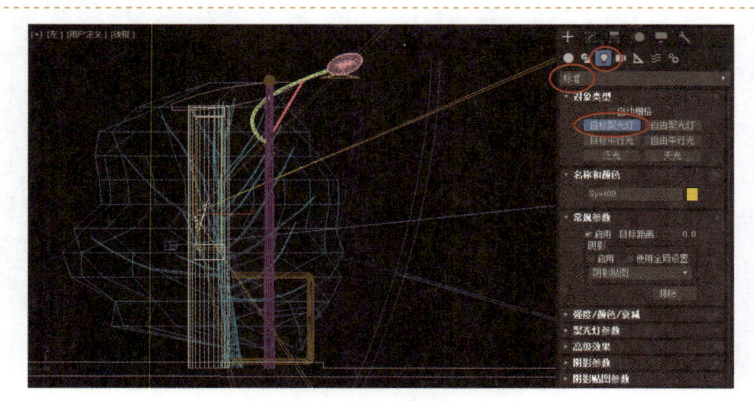

图3-7-1　创建目标聚光灯

STEP 02 在【强度/颜色/衰减】卷展栏中，将【倍增】设置为 2.0，在【远距衰减】选项组中，勾选【使用】复选框，将【开始】设置为 150.0，【结束】设置为 220.0，如图 3-7-2 所示。

STEP 03 在【聚光灯参数】卷展栏中，将【聚光区/光束】设置为 80.0，【衰减区/区域】设置为 122.0，选中【矩形】单选按钮，如图 3-7-2 所示。

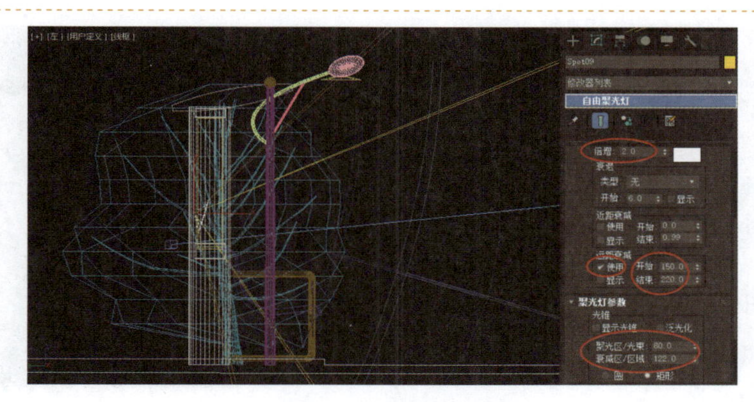

图 3-7-2　设置聚光灯参数

STEP 04 使用同样的方法在灯箱的后方也创建一盏目标聚光灯，将【倍增】设置为 3.0，其他参数设置同上，如图 3-7-3 所示。

STEP 05 在【前】视图中将这两盏聚光灯拖到左灯箱的中间，分别照亮灯箱的前、后方。

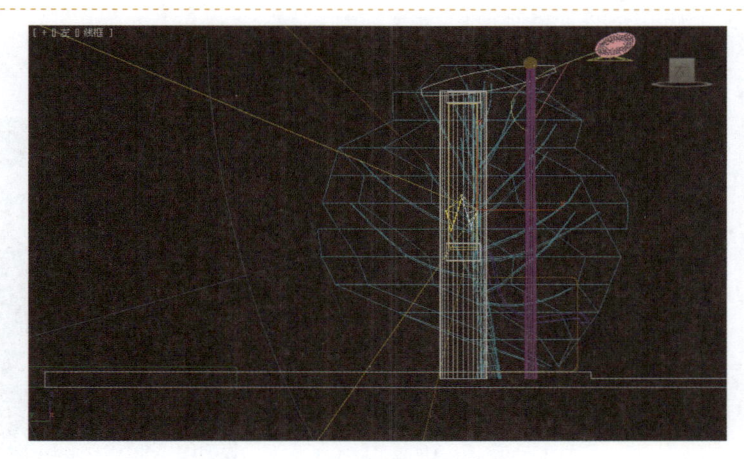

图 3-7-3　创建灯箱后方的聚光灯

STEP 06 选中这两盏聚光灯，在【前】视图中单击【选择并移动】按钮，按住 Shift 键，同时将其沿 *X* 轴拖到右灯箱的中间。释放鼠标左键后会弹出【克隆选项】对话框，在【对象】选项组中选中默认的【复制】单选按钮，将【副本数】设置为 1，单击【确定】按钮，如图 3-7-4 所示。

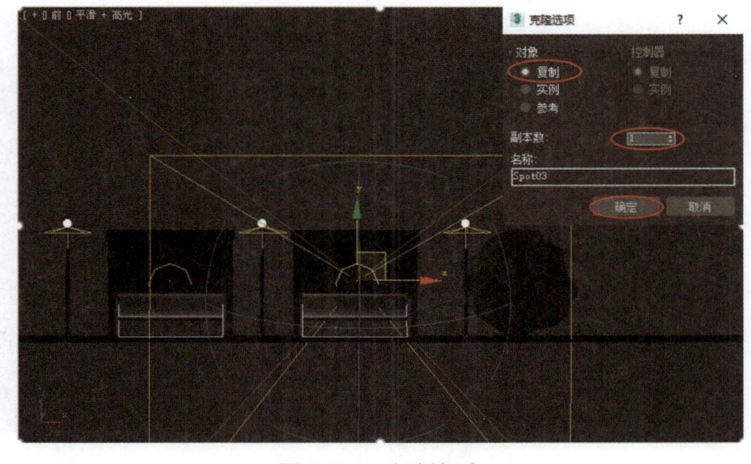

图 3-7-4　复制灯光

STEP 07 单击【自由聚光灯】按钮，在【左】视图的灯泡位置创建一盏自由聚光灯，将【倍增】设置为 1.2。

STEP 08 在【远距衰减】选项组中，勾选【使用】复选框，将【开始】设置为 12.0，【结束】设置为 300.0。

STEP 09 在【聚光灯参数】卷展栏中将【聚光区/光束】设置为 0.5，【衰减区/区域】设置为 152.0，选中【圆】单选按钮，如图 3-7-5 所示。

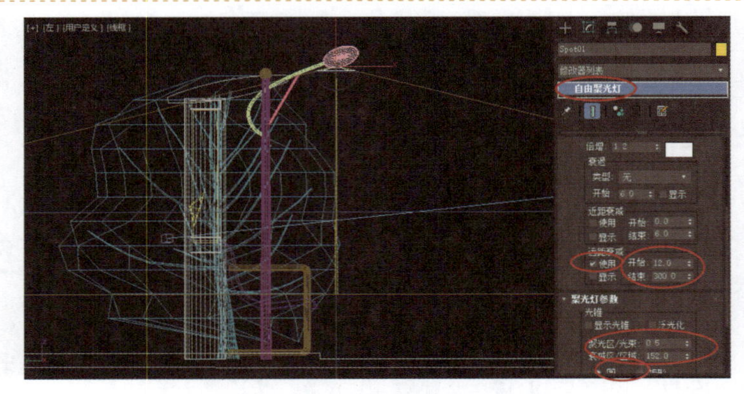

图 3-7-5 创建自由聚光灯

STEP 10 在【前】视图中，将灯泡位置的聚光灯再复制两个，并分别拖到如图 3-7-6 所示的位置。

图 3-7-6 复制聚光灯

STEP 11 单击【灯光】类别中的【泛光】按钮，在如图 3-7-7 所示的位置创建 3 个泛光灯，在【强度/颜色/衰减】卷展栏中，将【倍增】设置为 0.6。

图 3-7-7 创建泛光灯

STEP 12 按 F9 键进行渲染，渲染后的最终效果如图 3-7-8 所示。

图 3-7-8　渲染后的最终效果

3.8　相关知识

1. 材质编辑器基本介绍

1）示例窗

示例窗用于显示材质的调节效果及调节参数，其效果会立刻反映到示例窗的材质球上，我们可以通过材质球来观看材质的效果，如图 3-8-1 所示。

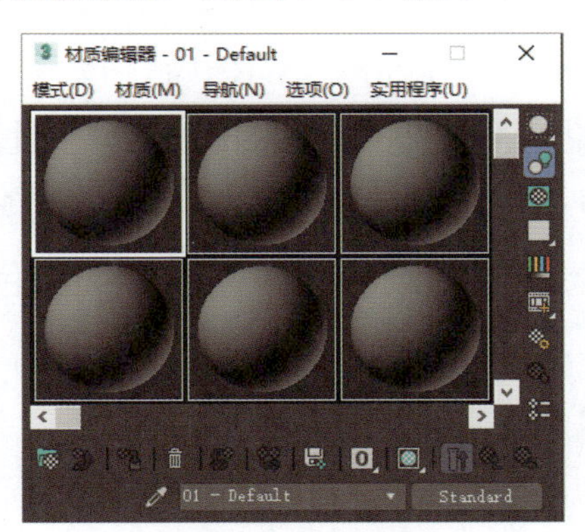

图 3-8-1　示例窗

2）常用的工具按钮

- 【采样类型】按钮：用来设置材质球的表现形式。单击该按钮不放会弹出 3 个按钮，分别表示球体、圆柱体和立方体。用户可以根据场景中对象的不同选择不同的采样类型。
- 【背光】按钮：设置是否在材质球后使用背景灯。
- 【背景】按钮：单击该按钮便于观察透明材质，其背景显示为棋盘格式。
- 【将材质指定给选定对象】按钮：把材质赋予场景中被选中的对象。
- 【重置贴图/材质为默认设置】按钮：将当前示例窗中的材质或贴图恢复到默认状态。

- 【材质效果通道】按钮：设置最终效果的 ID 通道。
- 【视口中显示明暗处理材质】按钮：在视图对象中显示贴图。
- 【转到父对象】按钮：转到上一级材质。

2.【贴图】卷展栏

在标准材质中，通过【贴图】卷展栏可以设置 12 种贴图方式，如图 3-8-2 所示。

贴图	数量	贴图类型
环境光颜色	100	无
漫反射颜色	100	无
高光颜色	100	无
高光级别	100	无
光泽度	100	无
自发光	100	无
不透明度	100	无
过滤色	100	无
凹凸	30	无
反射	100	无
折射	100	无
置换	100	无

图 3-8-2　【贴图】卷展栏

下面介绍几种常用的贴图方式。

【漫反射颜色】贴图方式：主要用于表现材质的纹理效果。当将它设置为 100%时，会完全覆盖漫反射的颜色。

【高光颜色】贴图方式：在对象的高光处显示出贴图效果。

【光泽度】贴图方式：在对象的反光处显示贴图效果，并且贴图的颜色会影响反光的强度。

【自发光】贴图方式：将贴图以一种自发光的形式贴在对象表面，图像中纯黑色的区域不会对材质产生任何影响，非纯黑色的区域将会根据自身的颜色产生发光效果，发光的地方不受灯光和投影的影响。

【不透明度】贴图方式：利用图像明暗度在对象表面产生透明的效果，纯黑色的区域完全透明，纯白色的区域完全不透明。

【凹凸】贴图方式：通过图像的明暗强度来影响材质表面的光滑程度，从而产生凹凸的表面效果。白色图像产生凸起效果，黑色图像产生凹陷效果，中间色产生过渡效果。

【反射】贴图方式：通过图像来表现出反射对象的图案，该值越大，反射效果越强烈。它与【漫反射颜色】贴图方式相配合，会得到比较真实的效果。

【折射】贴图方式：用于模拟空气和水等介质的折射效果，在对象表面产生对周围景物的折射效果。与【反射】贴图方式不同的是，【折射】贴图方式表现出一种穿透效果。

3. 灯光介绍

在默认状态下，3ds Max 2018 系统提供了两盏灯光来照亮场景，如果用户创建了新的灯光，则系统中的默认灯光会自动关闭。

3ds Max 2018 系统提供了以下 6 种灯光，如图 3-8-3 所示。

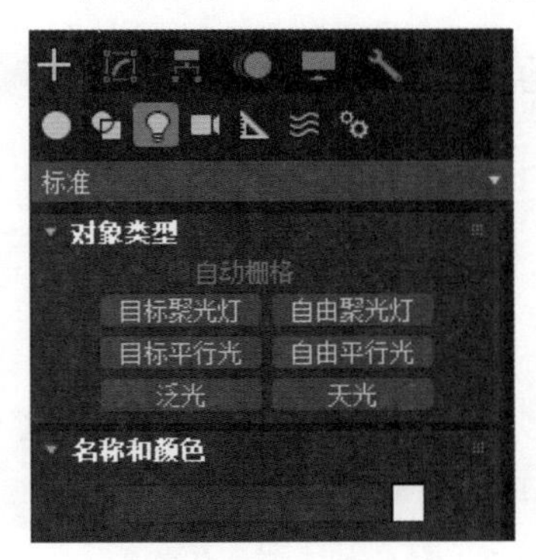

图 3-8-3　灯光类别

1）目标聚光灯

目标聚光灯产生的是一个锥形的照射区域，可以影响光束内被照射的对象，产生一种逼真的投影阴影。目标聚光灯包含两部分：一是投射点，即场景中的圆锥体图形；二是目标点，即场景中的小立方体图形。我们可以通过调整这两个图形的位置来改变对象的投影状态，从而产生逼真的效果。目标聚光灯有矩形和圆形两种投影区域，其中矩形适合制作电影投影图像、窗户投影等；圆形适合制作路灯、车灯、台灯等感光的照射效果。

2）自由聚光灯

自由聚光灯产生锥形照射区域。它实际上是一种受限制的目标聚光灯，相当于一种无法通过改变目标点和投射点来改变投射范围的目标聚光灯。但是，我们可以通过单击主工具栏中的【选择并旋转】按钮来改变其投射方向。

3）目标平行光

目标平行光会产生一个圆柱状的平行照射区域，其他功能与目标聚光灯基本相似。目标平行光主要用于模拟阳光、探照灯、激光光束等效果。

4）自由平行光

自由平行光是一种与自由聚光灯相似的平行光束，其照射范围是柱形的。

5）泛光

泛光是一种可以向四面八方均匀照射的点光源，其照射范围可以任意调整，在场景中表现为一个放射形的图标。泛光是在效果图制作过程中应用最为广泛的一种光源，标准泛光用来照亮整个场景。场景中可以使用多盏泛光灯，以产生较好的效果。但需要注意的是，不能过多地建立泛光灯，否则效果图可能会显得平淡而呆板。

6）天光

天光在 3ds Max 2018 中作为高级灯光使用，在进行渲染时需要在【渲染】卷展栏中单击【高级灯光】按钮才能使用。同样，在 Mental Ray 中要配合其他的配置才能使用，需要在【渲染】卷展栏中对【间接照明】选项组的【最终聚集】进行设置，才能产生效果。天光具有方向性，而且是从各个角度均匀照射整个场景的，因此对建立天光的位置没有特殊要求。

4. 灯光常用参数解释

因为所有灯光的属性都大体相同，所以下面以目标聚光灯为例，介绍灯光的常用参数。

1）【常规参数】卷展栏（见图 3-8-4）

【启用】复选框：用于控制灯光的开关，如果暂时不需要此灯光的照射，则可以先将它关闭。

【阴影】选项组：设置阴影的计算方式。

• 【启用】复选框：勾选此复选框，使灯光产生阴影。其下的区域是阴影类型选择区。

【排除】按钮：允许指定对象不受灯光照射的影响。

2）【强度/颜色/衰减】卷展栏（见图 3-8-5）

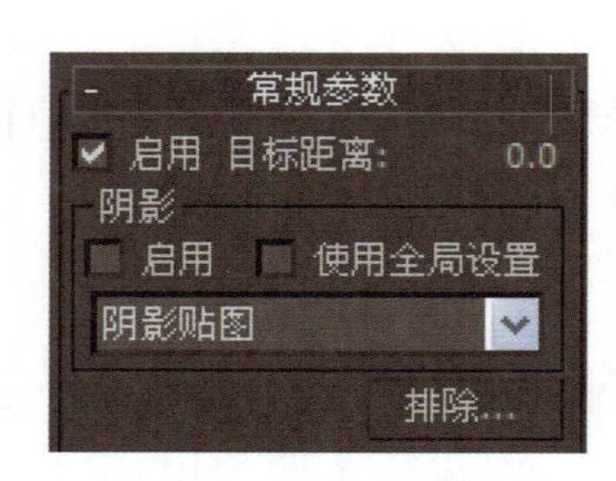

图 3-8-4 【常规参数】卷展栏

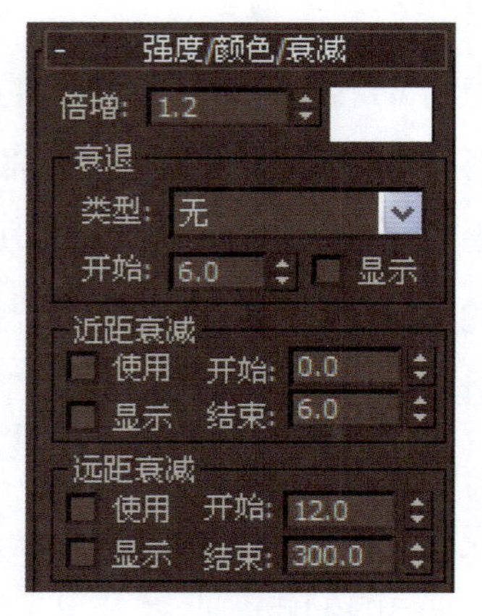

图 3-8-5 【强度/颜色/衰减】卷展栏

【倍增】文本框：控制灯光的照射强度，值越大，照射强度越大。

【色块】按钮：用于调整灯光的颜色。

【衰退】选项组：设置灯光由强变弱的衰减类型，其类型包括【无】（这是系统的默认方式）、【倒数】和【平方反比】3 种。

• 【倒数】选项：灯光的强度与距离成反比例关系变化，即灯光强度=1/距离。

• 【平方反比】选项：灯光的强度与距离成反比例平方关系变化，即灯光强度=1/距离^2。

【近距衰减】选项组：设置灯光从开始发散到发散最强的区域。

• 【使用】复选框：勾选此复选框，产生衰减效果。

• 【显示】复选框：该灯光在未被选择的情况下，在视图中仍以线框方式显示衰减范围。

• 【开始】/【结束】文本框：分别用于设置近距衰减范围的起始距离和终止距离。

【远距衰减】选项组：设置灯光从开始衰减到全部消失的区域。

• 【开始】/【结束】文本框：分别用于设置远距衰减范围的起始距离和终止距离。

3）【聚光灯参数】卷展栏（见 3-8-6）

【泛光化】复选框：勾选此复选框，使聚光灯兼有泛光灯的功能，可以向四面八方投射光线，照亮整个场景，但仍会保留聚光灯的特性。

【聚光区/光束】文本框：设置光线完全照射的范围，在此范围内对象受到全部光线的照射，默认值为 43.0。

【衰减区/区域】文本框：调节灯光的衰减区域，在此范围外的对象将不受该灯光的影响，与【聚光区/光束】文本框配合使用，可产生光线由强向弱衰减变化的效果，默认值为 45.0。

【圆】/【矩形】单选按钮：设置是产生圆形灯光还是矩形灯光，默认为圆形灯光。

【纵横比】文本框：设置矩形长宽比例。

4）【高级效果】卷展栏（见图 3-8-7）

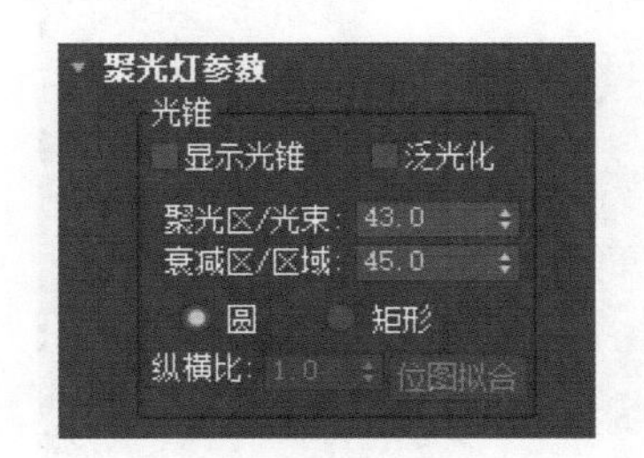

图 3-8-6　【聚光灯参数】卷展栏

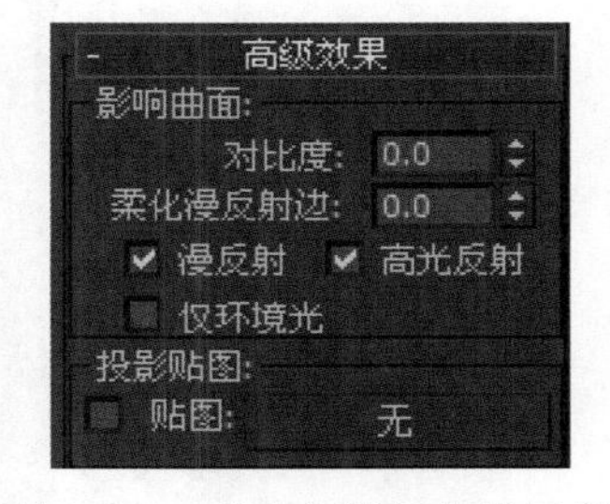

图 3-8-7　【高级效果】卷展栏

【高级效果】卷展栏用来设置灯光控制对象表面的情况。

【对比度】文本框：调节对象高光区与过渡区之间表面的对比度。

【柔化漫反射边】文本框：柔化过渡区与阴影区表面之间的边缘，避免产生清晰的明暗分界。

【漫反射】/【高光反射】/【仅环境光】复选框：允许灯光单独对漫反射区、高光区和环境色进行照射。

【投影贴图】选项组：勾选【贴图】复选框后，单击右侧的贴图按钮，可以选择一张图像作为投影图，使灯光投影出图片效果。

5）【阴影参数】卷展栏（见图 3-8-8）

【阴影参数】卷展栏用于调整阴影贴图的颜色及效果。

【颜色】选项：用于改变阴影的颜色。

【贴图】复选框：勾选此复选框，可以在其右侧的贴图按钮中贴入一张图像，为阴影指定一张贴图。

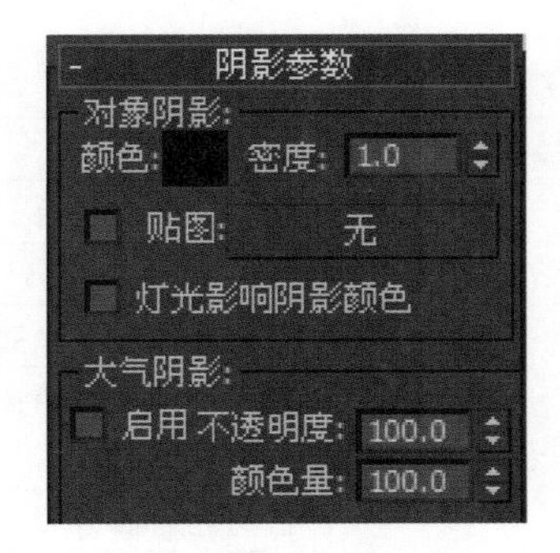

图 3-8-8　【阴影参数】卷展栏

3.9 实战演练

运用所学知识，完成如图 3-9-1 所示的餐厅贴图的设置。

图 3-9-1 餐厅贴图的设置

制作要求

（1）木制材质表现正确。

（2）地面有反射效果。

（3）将柜子中的酒瓶设置为不同颜色。

制作提示

（1）应用【UVW 贴图】调整纹理。

（2）为地面添加反射效果。

（3）使用【多维/子对象】材质的方法设置酒瓶的颜色。

项目评价

项目实训评价表

项　目	内　容		评定等级			
	学习目标	评价项目	4	3	2	1
职业能力	能熟练使用【材质编辑器】窗口	熟悉【材质编辑器】窗口的界面				
		能使用【材质编辑器】窗口的常用工具				
		能设置贴图				
		能设置金属材质				
		能设置透明材质				

续表

项目实训评价表						
项　目	内　容		评定等级			
	学习目标	评价项目	4	3	2	1
职业能力		能设置自发光材质				
	能布置和调节灯光	掌握灯光的使用效果				
		能设置灯光的常用参数				
		能设置灯光阴影				
		能设置体积光				
		能添加光晕镜头效果				
	能设置摄像机	能添加和调整摄像机				
	能使用【AEC 扩展】添加对象	能使用【AEC 扩展】添加对象				
通用能力	交流表达能力					
	与人合作能力					
	沟通能力					
	组织能力					
	活动能力					
	解决问题的能力					
	自我提高的能力					
	革新、创新的能力					
综合评价						

评定等级说明表	
等　级	说　明
4	能高质、高效地完成项目实训评价表中学习目标的全部内容，并能解决遇到的特殊问题
3	能高质、高效地完成项目实训评价表中学习目标的全部内容
2	能圆满完成项目实训评价表中学习目标的全部内容，不需要任何帮助和指导
1	能圆满完成项目实训评价表中学习目标的全部内容，但偶尔需要帮助和指导

最终等级说明表	
等　级	说　明
优秀	80%的项目达到 3 级水平
良好	60%的项目达到 2 级水平
合格	全部项目都达到 1 级水平
不合格	不能达到 1 级水平

项目 4　质感表现

项目描述

在 3ds Max 2018 中创建的三维物体本身不具备任何表面特征，要让模型具有真实的表面材料效果，必须给模型设置相应的材质，这样才可以使制作的物体看上去像是真实世界中的东西。只有将场景中的物体都赋予合适的材质才能使场景中的对象呈现出具有真实质感的视觉特征。设定材质的标准就是，以真实世界的物体为依据，真实表现出物体材质的属性，如物体的表面纹理、反射、折射属性等。本项目的最终效果如图 4-0-1 所示。

图 4-0-1　项目效果

学习目标

- 【UVW 展开】修改器的使用。
- 玻璃材质表现。
- 陶瓷与金属材质表现。
- 背景贴图设置。

项目分析

本项目的材质可以分成几类：有的材质只有简单的表面纹理，如食品包装盒；有的材质表面有反射效果，如玻璃、陶瓷、金属等；有的材质除了有反射属性，还有折射效果，如玻璃材质；有的材质表面有凹凸纹理，如橙皮，因此在制作橙皮材质时，需要使用【凹凸】通道中的贴图来表现。本项目主要需要完成以下 5 个环节。

（1）木板、纸盒贴图。

（2）玻璃材质。

（3）陶瓷、金属材质。

（4）橙子材质。

（5）背景贴图与渲染。

4.1 木板、纸盒贴图

STEP 01 执行菜单栏中的【自定义】→【首选项】命令，在弹出的【首选项设置】对话框中选择【视口】选项卡，单击下方的【选择驱动程序】按钮，在弹出的【显示驱动程序选择】对话框中选择【Nitrous Direct 3D 11（推荐）】选项，如图 4-1-1 所示。单击【确定】按钮退出对话框，关闭 3ds Max 2018，重新启动 3ds Max 2018。

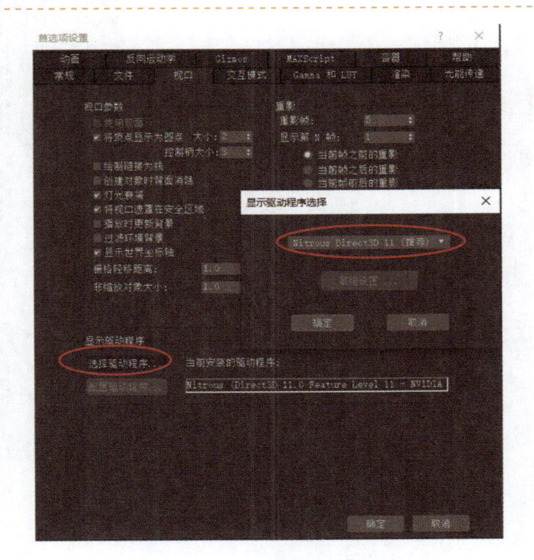

图 4-1-1 设置驱动程序

STEP 02 执行菜单栏中的【视图】→【视口配置】命令，在弹出的【视口配置】对话框中选择【显示性能】选项卡，将【烘焙程序贴图】设置为 2048 像素，【纹理贴图】设置为 2048 像素，【视口背景/环境】设置为 2048 像素，如图 4-1-2 所示。

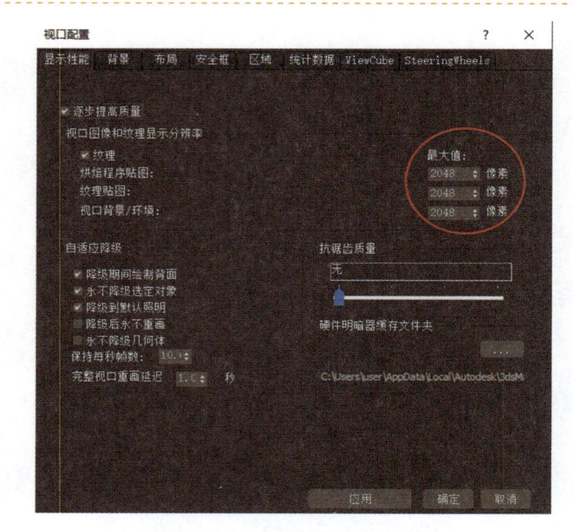

图 4-1-2　设置显示性能

STEP 03 打开提供的模型文件，发现模型表面只有简单的颜色效果，如图 4-1-3 所示。

图 4-1-3　模型效果

STEP 04 单击主工具栏中的【材质编辑器】按钮，弹出【材质编辑器】窗口，默认的材质球已经设置了颜色，而且这些材质已经指定给了场景中的相关模型，如图 4-1-4 所示。我们需要在这个基础上完成接下来的制作。

注意：材质被使用后，材质球四周有 4 个灰色的小三角。如果视图中的模型被选中，则相关材质的灰色三角会变成白色。

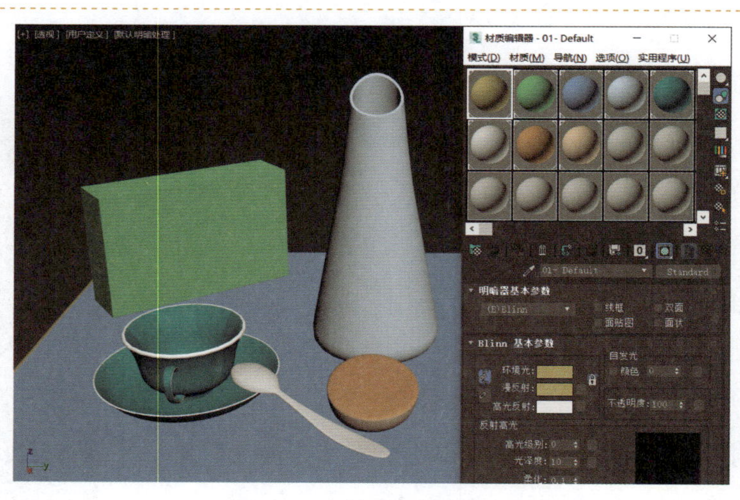
图 4-1-4　材质的基本颜色

STEP 05 选择场景最下方的物体，选择对应的材质球，在【漫反射颜色】通道上设置木纹贴图，单击【视口中显示明暗处理材质】按钮，如图 4-1-5 所示。

图 4-1-5　木板材质

STEP 06 选择场景中的纸盒模型，选中对应的材质球，设置【漫反射贴图】，单击【视口中显示明暗处理材质】按钮，如图 4-1-6 所示。

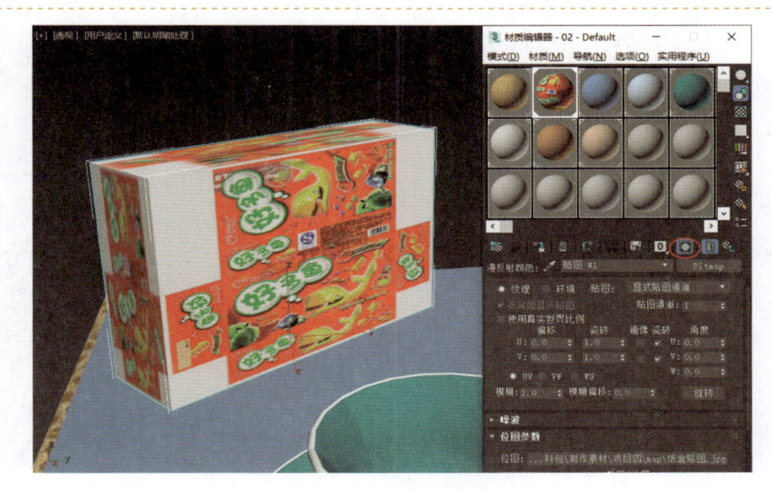

图 4-1-6　漫反射贴图

STEP 07 进入【修改】面板，给模型添加【UVW 展开】修改器，如图 4-1-7 所示。

图 4-1-7　添加【UVW 展开】修改器

STEP 08 单击【UVW 展开】左侧的▶按钮，选择堆栈中的【多边形】子对象，单击【编辑 UV】卷展栏中的【打开 UV 编辑器】按钮，弹出【编辑 UVW】窗口，如图 4-1-8 所示。

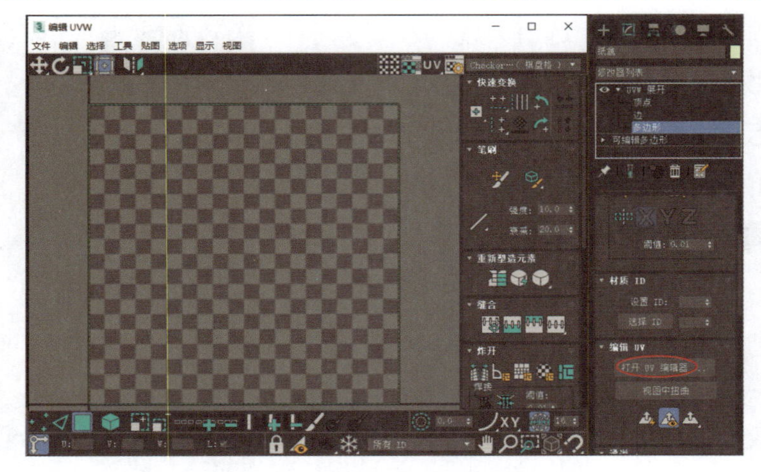

图 4-1-8　设置【UVW 展开】修改器

STEP 09 在弹出的【编辑 UVW】窗口中单击列表框右侧的下拉按钮，选择纸盒贴图，即可在窗口的预览区中显示贴图，如图 4-1-9 所示。

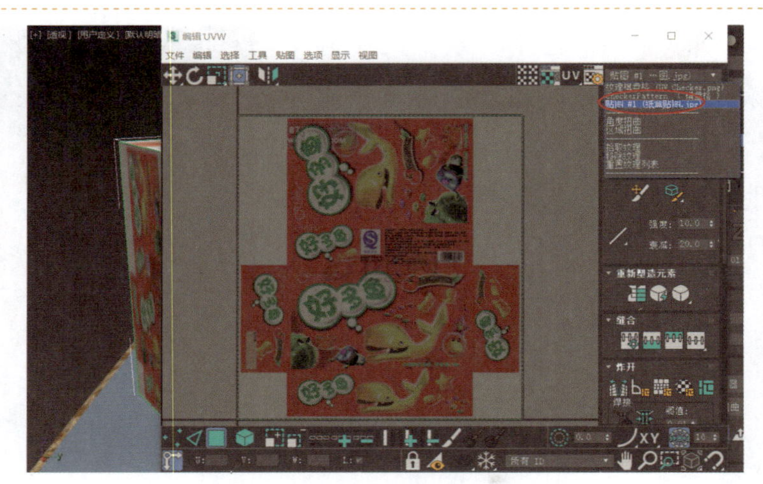

图 4-1-9　显示贴图

STEP 10 在视图中选择模型的正面，并在【编辑 UVW】窗口中单击【自由形式模式】按钮，调整贴图的区域和大小，如图 4-1-10 所示。

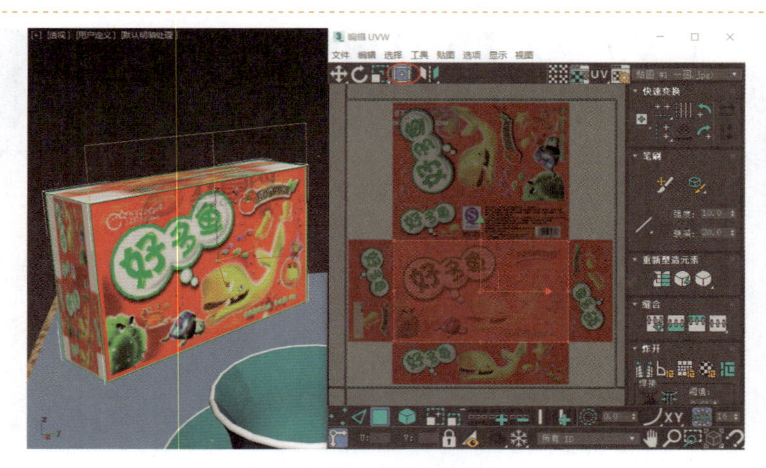

图 4-1-10　调整正面贴图

STEP 11　在视图中选择模型其中的一个侧面，并在【编辑UVW】窗口中单击【自由形式模式】按钮，调整贴图的区域和大小，如图 4-1-11 所示。

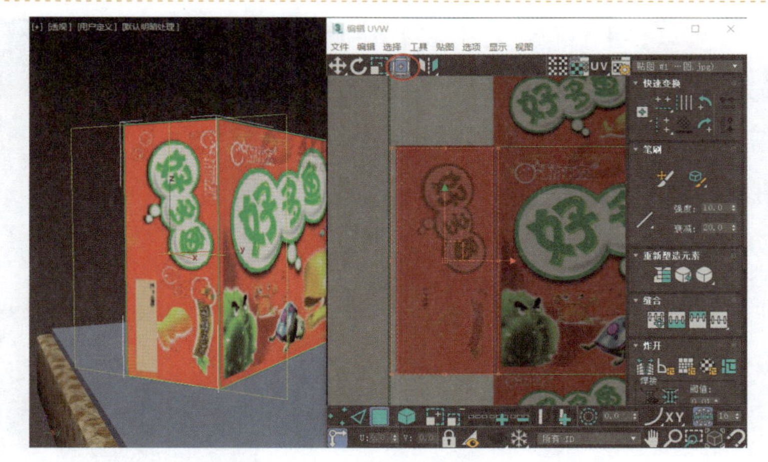

图 4-1-11　调整侧面贴图

STEP 12　在视图中选择模型的顶面，并在【编辑 UVW】窗口中单击【自由形式模式】按钮，调整贴图的区域和大小，如图 4-1-12 所示。

图 4-1-12　调整顶面贴图

STEP 13　使用同样的方法，完成其余 3 个面的贴图调整，如图 4-1-13 所示。

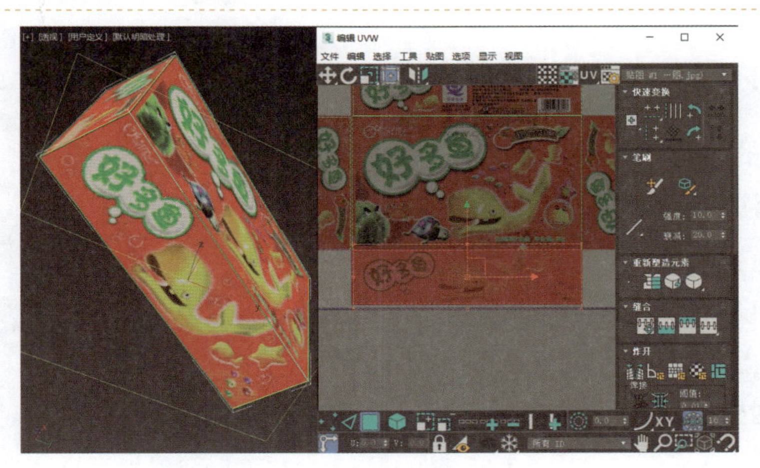

图 4-1-13　完成贴图调整

STEP 14 单击主工具栏中的【渲染产品】按钮，设置完成的盒子贴图后的效果如图 4-1-14 所示。

图 4-1-14　盒子贴图后的效果

4.2　玻璃材质

STEP 01 选择第三个材质球，在【明暗器基本参数】卷展栏中单击列表框右侧的下拉按钮，选择【Phong】选项，如图 4-2-1 所示，并勾选【双面】复选框。

图 4-2-1　选择材质类型

STEP 02 单击【漫反射】右侧的颜色按钮，弹出【颜色选择器-漫反射颜色】对话框，将【红】设置为 120、【绿】设置为 145、【蓝】设置为 255，单击【确定】按钮退出对话框，将【不透明度】设置为 25，如图 4-2-2 所示。

图 4-2-2　设置参数（1）

STEP 03 先将【高光级别】设置为 160，【光泽度】设置为 90，再将视图旋转至合适的角度，单击主工具栏中的【渲染产品】按钮，查看高光效果，如图 4-2-3 所示。

图 4-2-3 调整高光

STEP 04 在【贴图】卷展栏中，单击【反射】右侧的贴图按钮，在弹出的【材质/贴图浏览器】对话框中选择【光线跟踪】选项，如图 4-2-4 所示。

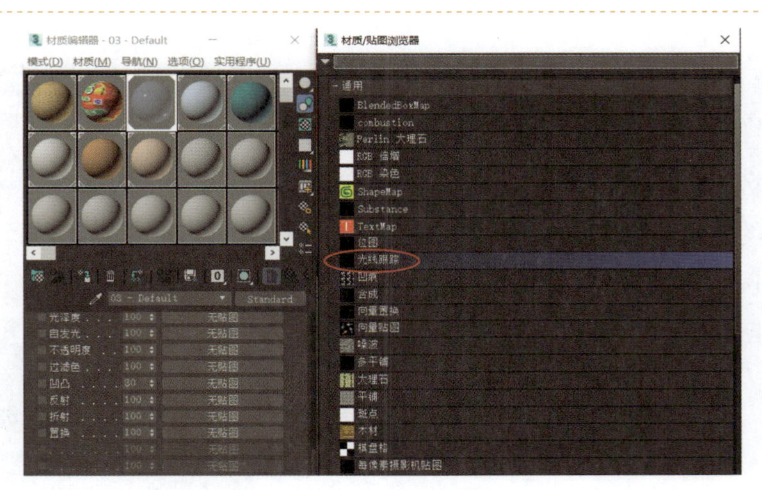

图 4-2-4 设置反射

STEP 05 将视图切换至【Camera01】视图，单击主工具栏中的【渲染产品】按钮，查看玻璃的反射效果，如图 4-2-5 所示。

图 4-2-5 反射效果

STEP 06 在【光纤跟踪器参数】卷展栏的【背景】选项组中，单击【无】按钮，如图 4-2-6 所示。

注意：单击【材质编辑器】窗口中的【材质/贴图导航器】按钮，可以快速地浏览材质的设置情况并访问相关通道。

图 4-2-6　设置反射贴图

STEP 07 在弹出的【材质/贴图浏览器】对话框中选择【位图】选项，单击【确定】按钮，在弹出的【选择位图图像文件】对话框中选择【背景.jpg】文件，如图 4-2-7 所示。

图 4-2-7　选择【背景.jpg】文件

STEP 08 单击主工具栏中的【渲染产品】按钮，查看玻璃反射背景图片的效果，如图 4-2-8 所示。

图 4-2-8　玻璃反射背景图片的效果

STEP 09 单击【材质编辑器】窗口中的【转到父对象】按钮，返回材质顶层，在【贴图】卷展栏中，将【反射】设置为 35，如图 4-2-9 所示。

图 4-2-9　设置反射强度

STEP 10 单击主工具栏中的【渲染产品】按钮，查看调整后的玻璃效果，如图 4-2-10 所示。

图 4-2-10　调整后的玻璃效果

STEP 11 选择第四个材质球，将材质类型设置为 Phong，勾选【双面】复选框，单击【漫反射】右侧的颜色按钮，在弹出的【颜色选择器-漫反射颜色】对话框中，将【红】设置为 120，【绿】设置为 145，【蓝】设置为 255，如图 4-2-11 所示。

图 4-2-11　设置参数（2）

STEP 12 将【高光级别】设置为 160，【光泽度】设置为 65，如图 4-2-12 所示。

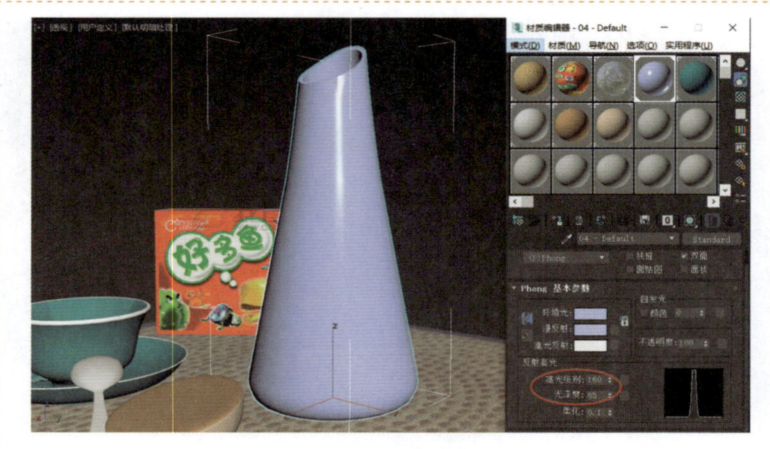

图 4-2-12　设置高光

STEP 13 在【贴图】卷展栏中单击【折射】右侧的贴图按钮，在弹出的【材质/贴图浏览器】对话框中选择【光线跟踪】选项，单击【确定】按钮，如图 4-2-13 所示。

图 4-2-13　设置折射

STEP 14 单击主工具栏中的【渲染产品】按钮，查看玻璃瓶的折射效果，如图 4-2-14 所示。

图 4-2-14　玻璃瓶的折射效果

STEP 15 在【光线跟踪器参数】卷展栏的【背景】选项组中，单击【无】按钮，在弹出的【材质/贴图浏览器】对话框中选择【位图】选项，单击【确定】按钮，在弹出的【选择位图图像文件】对话框中选择【背景.jpg】文件，单击【确定】按钮，返回窗口，如图 4-2-15 所示。

图 4-2-15 设置折射背景

STEP 16 单击【材质编辑器】窗口中的【转到父对象】按钮，返回材质顶层，在【贴图】卷展栏中右击【折射】通道，在弹出的快捷菜单中执行【复制】命令，如图 4-2-16 所示。

图 4-2-16 复制折射设置

STEP 17 右击【反射】通道，在弹出的快捷菜单中执行【粘贴（复制）】命令，如图 4-2-17 所示。

图 4-2-17 执行【粘贴（复制）】命令

STEP 18 将【反射】设置为10，【折射】设置为95，单击主工具栏中的【渲染产品】按钮，查看玻璃瓶的最终效果，如图4-2-18所示。

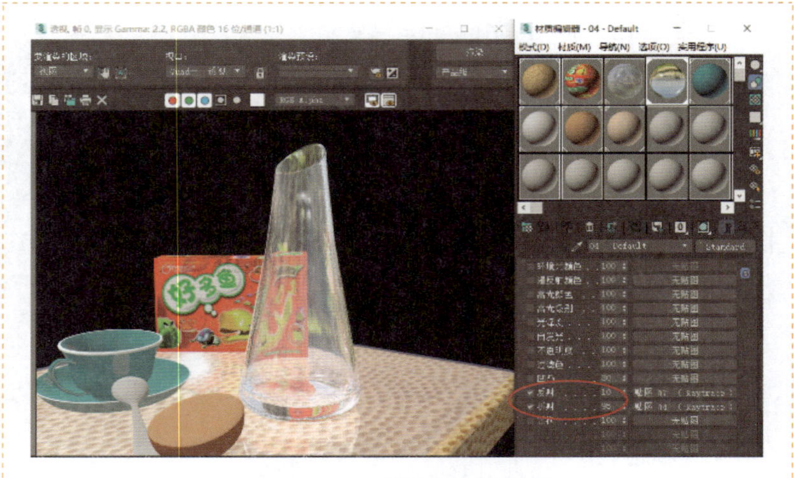

图 4-2-18　玻璃瓶的最终效果

4.3　陶瓷、金属材质

STEP 01 选择第五个材质球，将材质类型设置为Phong，如图4-3-1所示。

图 4-3-1　选择材质类型

STEP 02 将【高光级别】设置为170，【光泽度】设置为70，如图4-3-2所示。

图 4-3-2　设置高光（1）

STEP 03 设置漫反射贴图，单击【视口中显示明暗处理材质】按钮，如图 4-3-3 所示。

图 4-3-3　设置漫反射贴图

STEP 04 在【贴图】卷展栏中单击【反射】右侧的贴图按钮，在弹出的【材质/贴图浏览器】对话框中选择【光线跟踪】选项，单击【确定】按钮，返回窗口，将【反射】设置为 20，如图 4-3-4 所示。

图 4-3-4　设置反射

STEP 05 单击主工具栏中的【渲染产品】按钮，查看茶杯的反射效果，如图 4-3-5 所示。

图 4-3-5　茶杯的反射效果

STEP 06 选择场景中瓷器的白色部位，在【材质编辑器】窗口中设置一个纯白色的材质，并将该材质赋予物体，如图 4-3-6 所示。

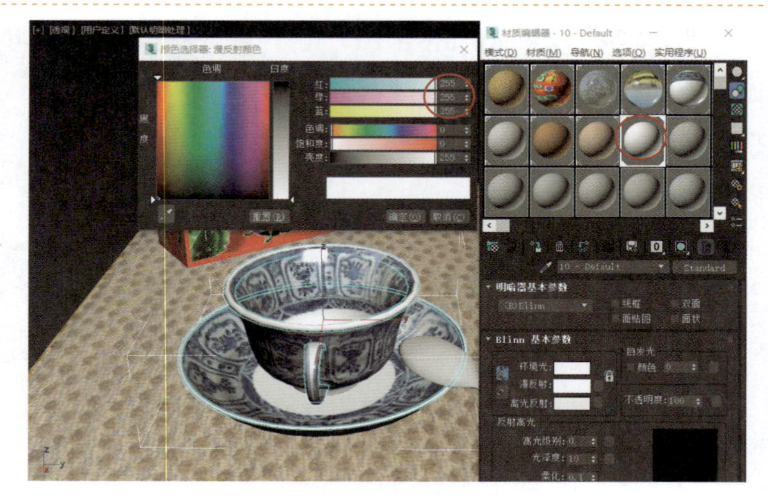

图 4-3-6 设置颜色（1）

STEP 07 选择场景中的勺子，选中【材质编辑器】窗口中对应的材质球，将材质类型设置为【金属】，如图 4-3-7 所示。

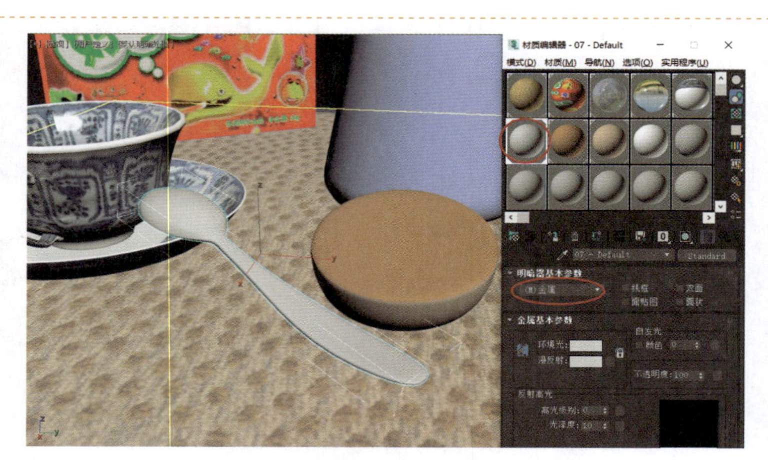

图 4-3-7 选择材质类型

STEP 08 将【漫反射】的颜色设置为【红=225、绿=225、蓝=230】，如图 4-3-8 所示。

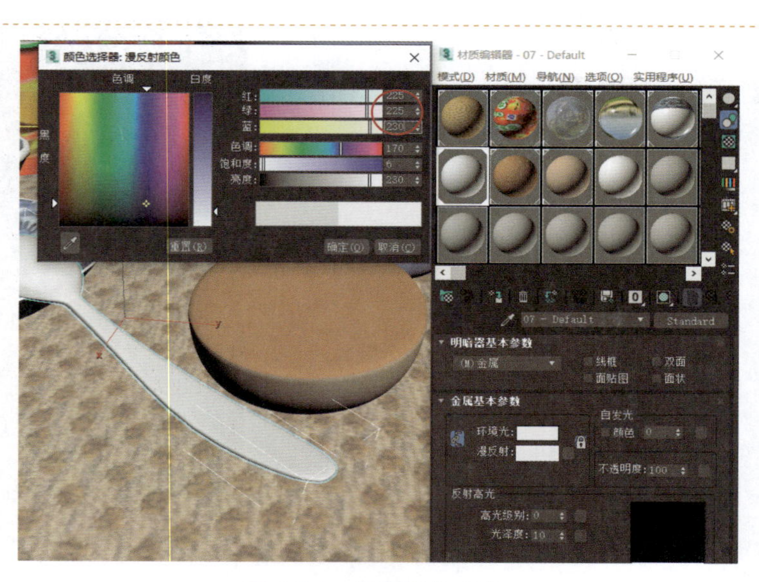

图 4-3-8 设置颜色（2）

STEP 09　将【高光级别】设置为 140，【光泽度】设置为 80，如图 4-3-9 所示。

图 4-3-9　设置高光（2）

STEP 10　在【贴图】卷展栏中单击【反射】右侧的贴图按钮，在弹出的【材质/贴图浏览器】对话框中选择【位图】选项，如图 4-3-10 所示，单击【确定】按钮。

图 4-3-10　选择【位图】选项

STEP 11　在弹出的【选择位图图像文件】对话框中选择【金属贴图.JPG】文件，如图 4-3-11 所示。

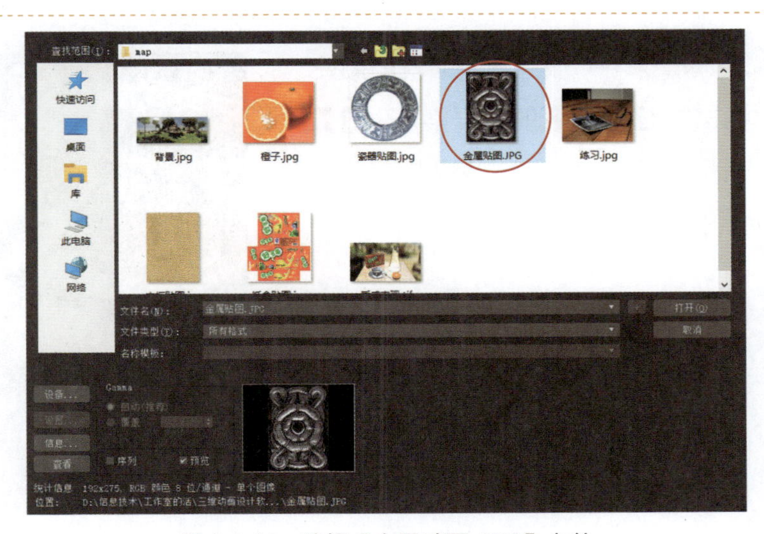

图 4-3-11　选择【金属贴图.JPG】文件

STEP 12 在【位图参数】卷展栏中勾选【应用】复选框，单击【查看图像】按钮，在弹出的【指定裁剪/放置】窗口中修改贴图的应用贴图区域大小，如图 4-3-12 所示。

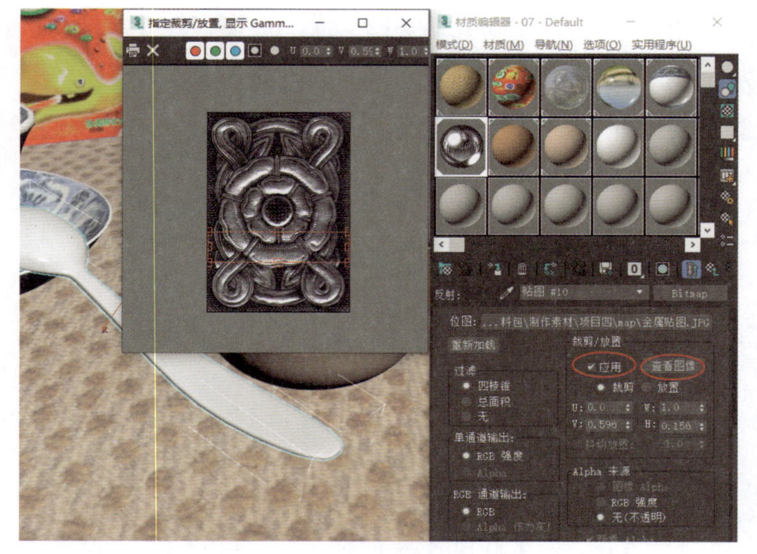

图 4-3-12　调整贴图区域

STEP 13 单击【材质编辑器】窗口中的【转到父对象】按钮，返回材质顶层，在【贴图】卷展栏中将【反射】设置为 75，如图 4-3-13 所示。

图 4-3-13　设置反射强度

STEP 14 放大勺子所在视图，单击主工具栏中的【渲染产品】按钮，查看勺子的金属材质效果，如图 4-3-14 所示。

图 4-3-14　勺子的金属材质效果

4.4　橙子材质

STEP 01 选择橙子表面，选中对应的材质球，设置【漫反射】贴图，单击【视口中显示明暗处理材质】按钮，如图 4-4-1 所示。

图 4-4-1　设置贴图

STEP 02 进入【修改】面板，给模型添加【UVW 展开】修改器，如图 4-4-2 所示。

图 4-4-2　添加【UVW 展开】修改器

STEP 03 单击【UVW 展开】修改器左侧的按钮，选择堆栈中的【面】子对象，单击【编辑 UV】卷展栏中的【打开 UV 编辑器】按钮，弹出【编辑 UVW】窗口，如图 4-4-3 所示。

图 4-4-3　【编辑 UVW】窗口

STEP 04 在【编辑 UVW】窗口中，单击【自由形式模式】按钮，调整贴图的区域和大小，如图 4-4-4 所示。

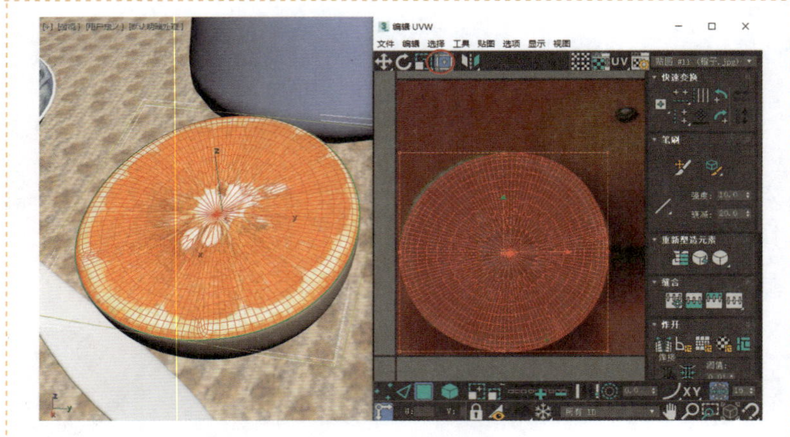

图 4-4-4 调整贴图大小

STEP 05 单击主工具栏中的【渲染产品】按钮，在预览区中按住鼠标右键，在图片上移动鼠标指针，即可获取颜色信息，在最接近橙皮颜色的地方单击鼠标左键，如图 4-4-5 所示。

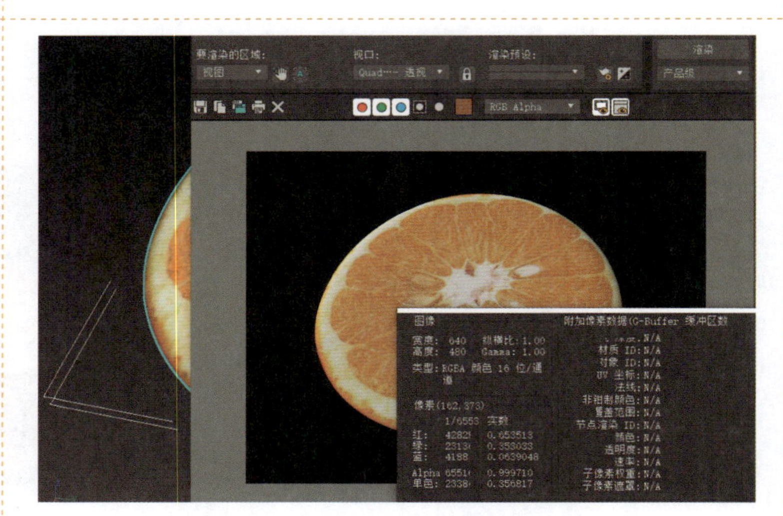

图 4-4-5 获取图像颜色

STEP 06 在窗口的工具栏中右击颜色按钮，在弹出的快捷菜单中执行【复制】命令，如图 4-4-6 所示。

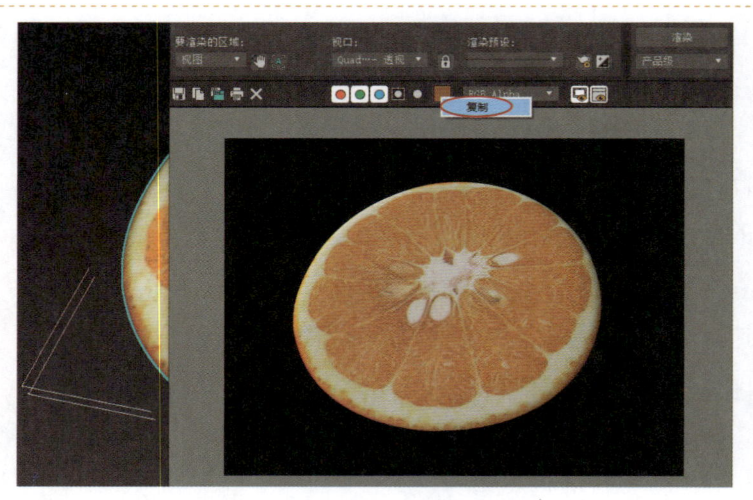

图 4-4-6 复制颜色

STEP 07 打开【材质编辑器】窗口，在【漫反射】右侧的颜色按钮上右击，在弹出的快捷菜单中执行【粘贴】命令，如图 4-4-7 所示。

图 4-4-7　粘贴颜色

STEP 08 将【高光级别】设置为 95，【光泽度】设置为 18，如图 4-4-8 所示。

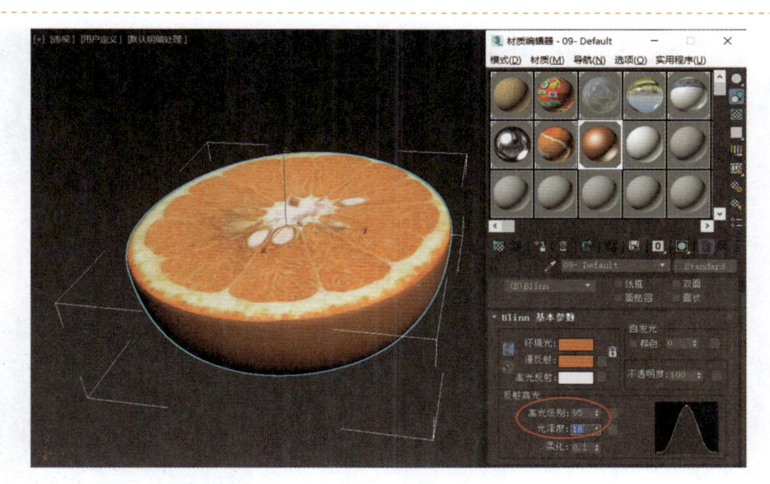

图 4-4-8　设置高光

STEP 09 单击主工具栏中的【渲染产品】按钮，查看橙皮的高光效果，如图 4-4-9 所示。

图 4-4-9　橙皮的高光效果

STEP 10 在【贴图】卷展栏中单击【凹凸】右侧的贴图按钮，在弹出的【材质/贴图浏览器】对话框中选择【细胞】选项，如图 4-4-10 所示。

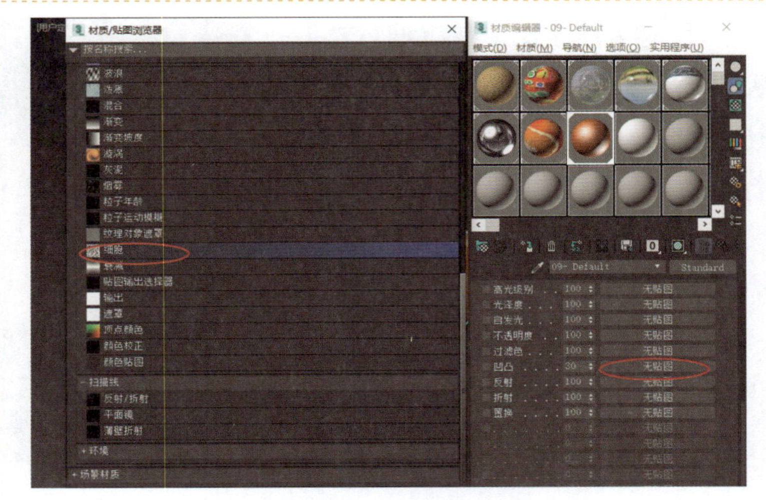

图 4-4-10　设置凹凸贴图

STEP 11 单击主工具栏中的【渲染产品】按钮，查看橙皮的凹凸效果，如图 4-4-11 所示。

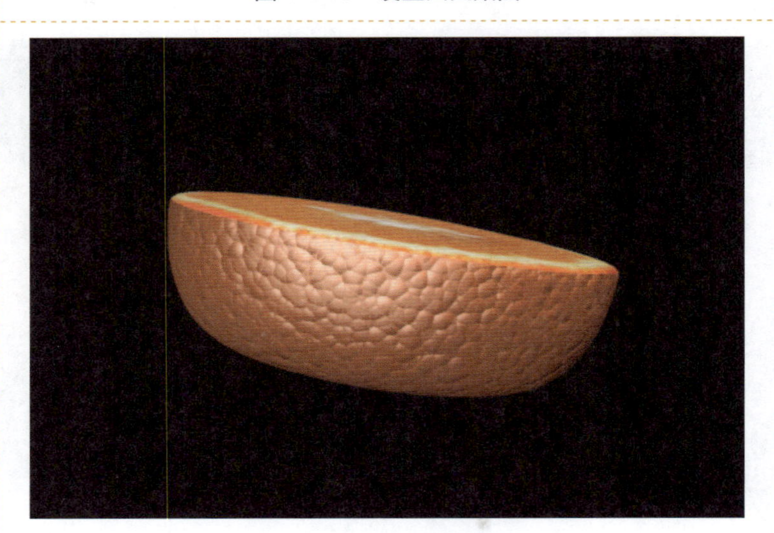

图 4-4-11　橙皮的凹凸效果

STEP 12 在【材质编辑器】窗口的【细胞特性】选项组中，将【大小】设置为 2.0，如图 4-4-12 所示。

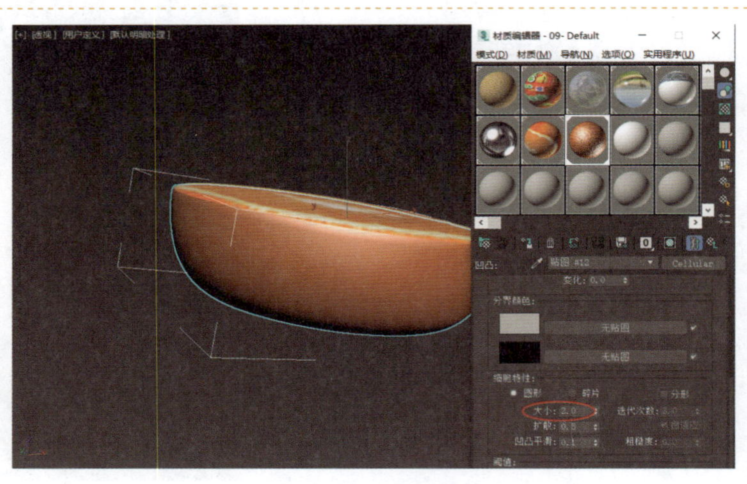

图 4-4-12　调整参数

STEP 13 单击主工具栏中的【渲染产品】按钮，查看橙皮的材质效果，如图 4-4-13 所示。

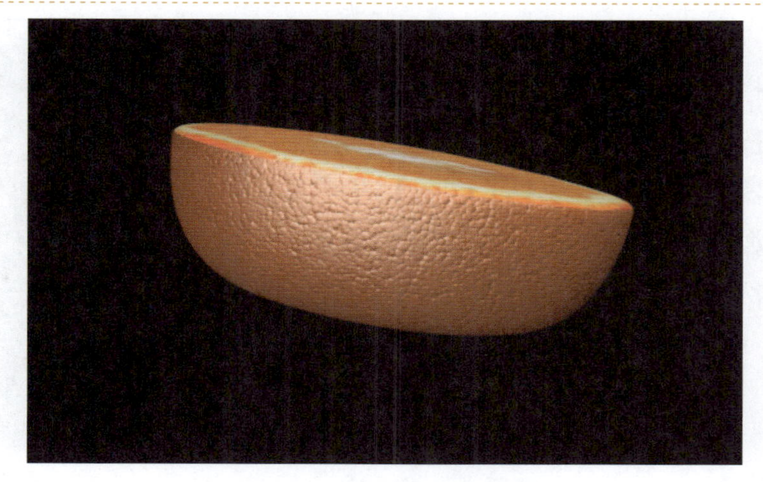

图 4-4-13　橙皮的材质效果

STEP 14 切换至【Camera01】视图，单击主工具栏中的【渲染产品】按钮，查看场景中橙子的效果，如图 4-4-14 所示。

图 4-4-14　橙子的效果

4.5　背景贴图与渲染

STEP 01 执行菜单栏中的【渲染】→【环境】命令，弹出【环境和效果】窗口，如图 4-5-1 所示。

图 4-5-1　【环境和效果】窗口

STEP 02 在【公用参数】卷展栏的【背景】选项组中，单击【无】按钮，在弹出的【材质/贴图浏览器】对话框中选择【位图】选项，如图 4-5-2 所示，单击【确定】按钮。

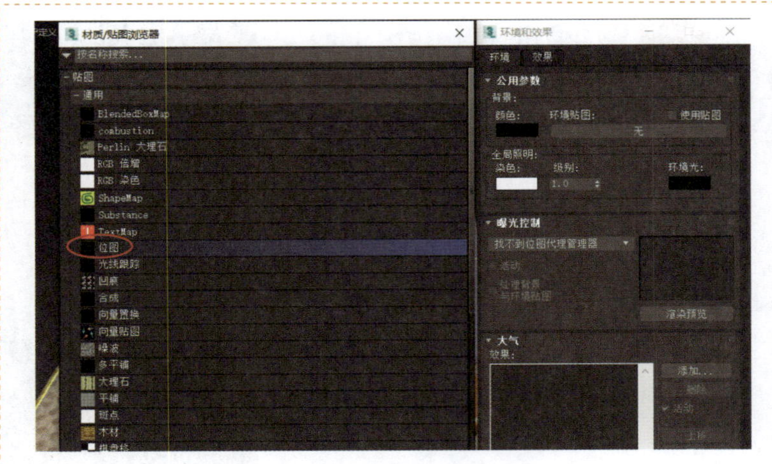

图 4-5-2 选择【位图】选项

STEP 03 在弹出的【选择位图图像文件】对话框中，选择【背景.jpg】文件，如图 4-5-3 所示。

图 4-5-3 选择【背景.jpg】文件

STEP 04 单击主工具栏中的【渲染产品】按钮，查看背景效果，如图 4-5-4 所示。

图 4-5-4 背景效果

STEP 05 在【环境和效果】窗口的贴图按钮上按住鼠标左键，将贴图拖到【材质编辑器】窗口的一个新材质球上，在弹出的【实例（副本）贴图】对话框中选中【实例】单选按钮，如图 4-5-5 所示。

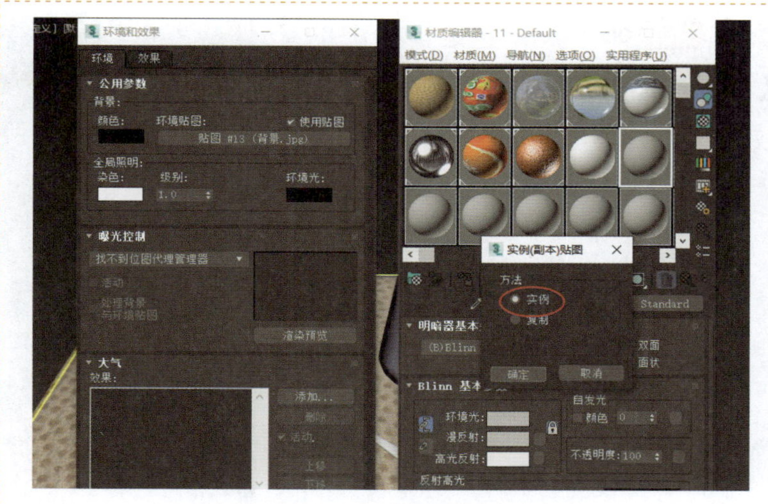

图 4-5-5　拖到材质球上

STEP 06 在【坐标】卷展栏中单击【贴图】右侧的下拉按钮，选择【柱形环境】选项，如图 4-5-6 所示。

图 4-5-6　调整贴图

STEP 07 将【模糊偏移】设置为 0.008，如图 4-5-7 所示。

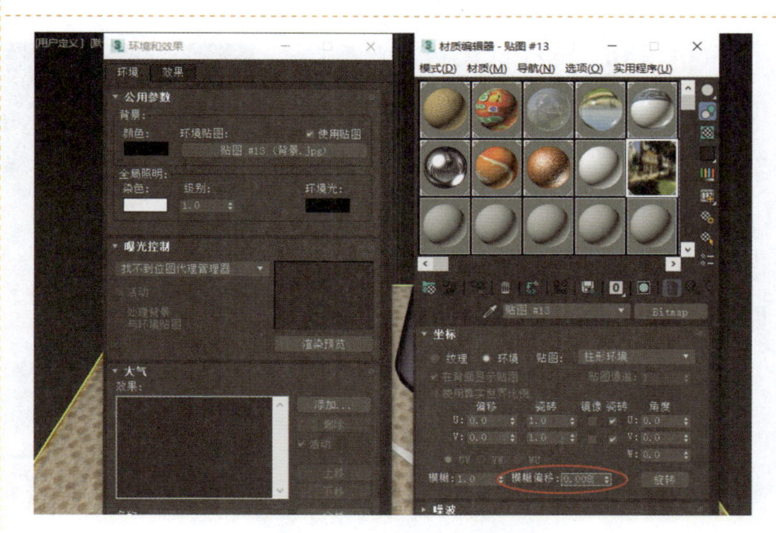

图 4-5-7　设置模糊偏移

STEP 08 单击主工具栏中的【渲染产品】按钮，设置后的背景效果如图 4-5-8 所示。

图 4-5-8　设置后的背景效果

STEP 09 在【环境和效果】窗口中，单击【环境光】下方的颜色按钮，将【白度】旁边的三角形滑块往下方移动，增加环境光的亮度，如图 4-5-9 所示。

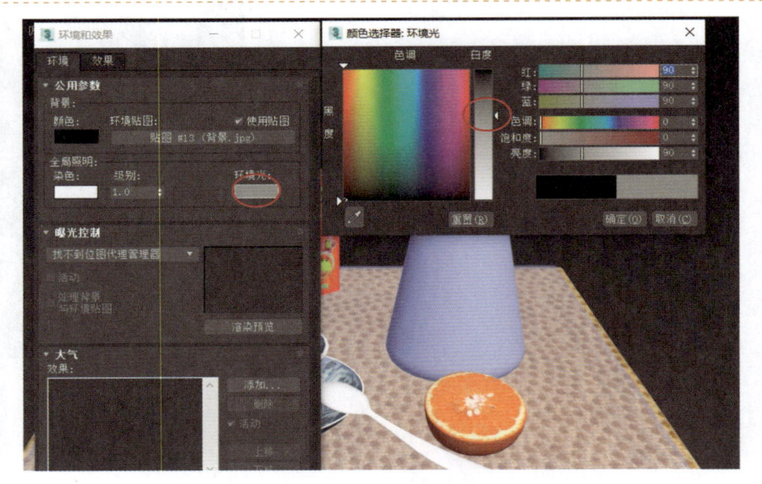

图 4-5-9　调整环境光

STEP 10 执行菜单栏中的【渲染】→【渲染设置】命令，弹出【渲染设置：扫描线渲染器】窗口，在【输出大小】选项组中将【宽度】设置为 900，【高度】设置为 500，如图 4-5-10 所示。

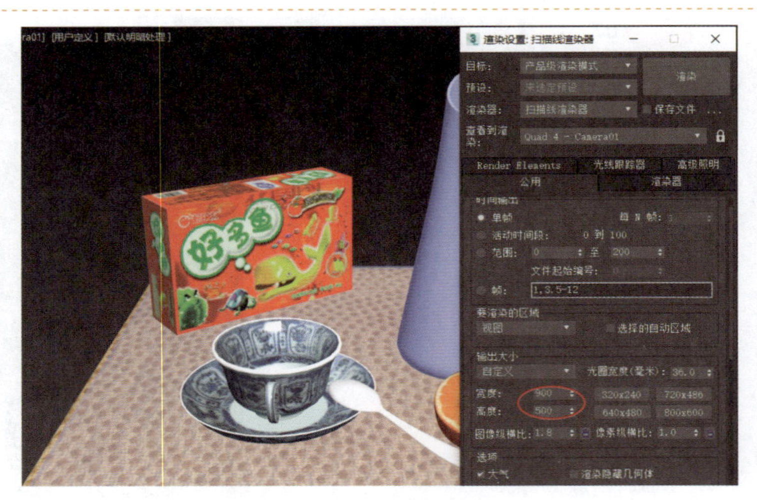

图 4-5-10　设置渲染尺寸

STEP 11　在左上角的【Camera01】视图上右击，在弹出的快捷菜单中执行【显示安全框】命令，如图 4-5-11 所示。

图 4-5-11　显示安全框

STEP 12　使用视图调整工具调整场景中的视图，如图 4-5-12 所示。

注意：使用安全框可以查看图像输出的区域。

图 4-5-12　安全框效果

STEP 13　单击主工具栏中的【渲染产品】按钮，设置完所有材质后，场景的最终效果如图 4-5-13 所示。

图 4-5-13　场景的最终效果

4.6 相关知识

1. 复制材质

在【材质编辑器】窗口中，材质可以通过将一个设置好的材质球（见图 4-6-1）拖到另一个材质球上，即可完成复制（见图 4-6-2）。

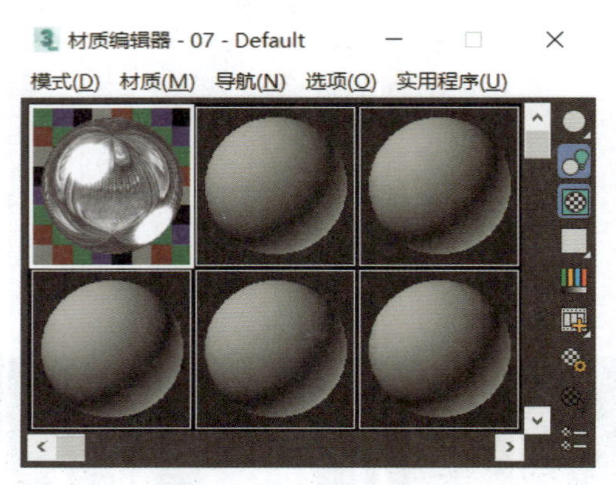

图 4-6-1 设置好的材质球

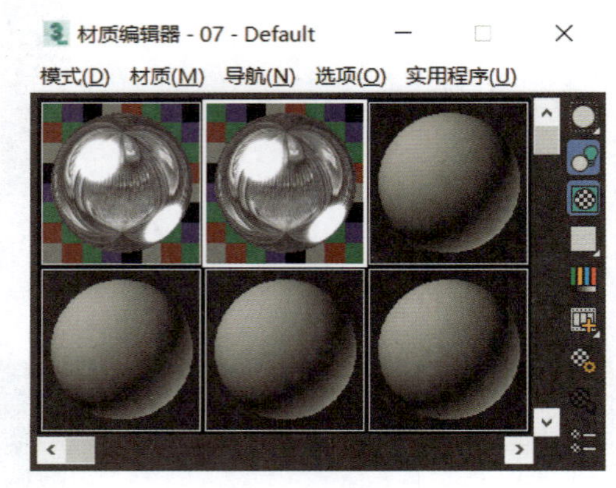

图 4-6-2 完成复制

2. 赋予材质

方法一：选择场景中的物体，单击【材质编辑器】窗口中的【将材质指定给选定对象】按钮。

方法二：直接将设置好材质的材质球拖到场景中的模型上。

3. 拾取材质

单击【从对象拾取材质】按钮，在视图中拾取对象上的材质，如图 4-6-3 所示，将对象上的材质拾取到选定的材质球上，如图 4-6-4 所示。

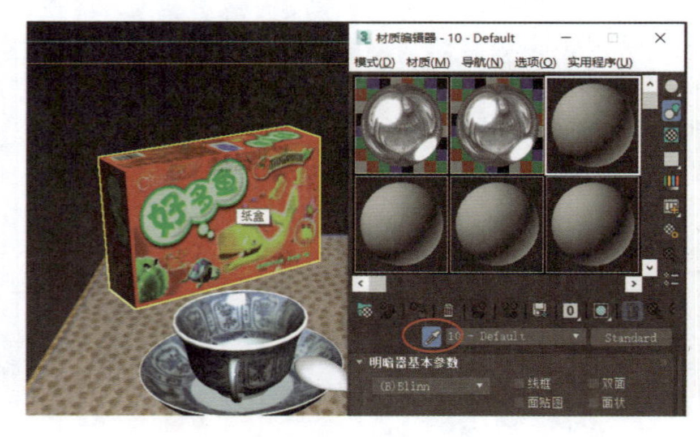

图 4-6-3 拾取材质

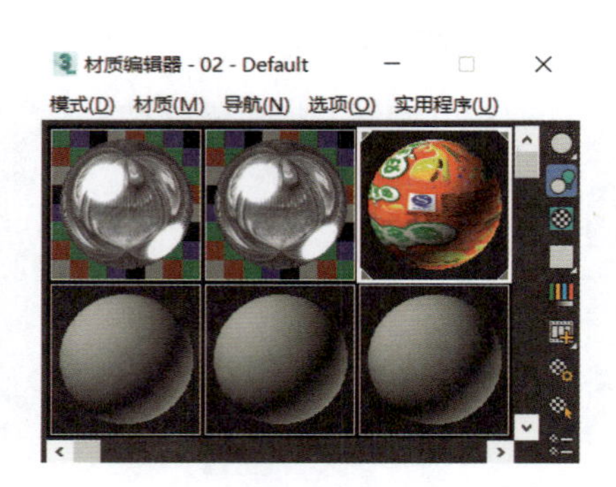

图 4-6-4 拾取材质后的材质球

4. 保存材质

用户可以通过保存各种材质来累积自己的材质库，从而弥补软件提供材质不足的问题。

选择需要保存的材质，单击【材质编辑器】窗口中的【放入库】按钮，在弹出的【放置到库】对话框中输入材质名称，单击【确定】按钮，完成材质的保存，如图 4-6-5 所示。

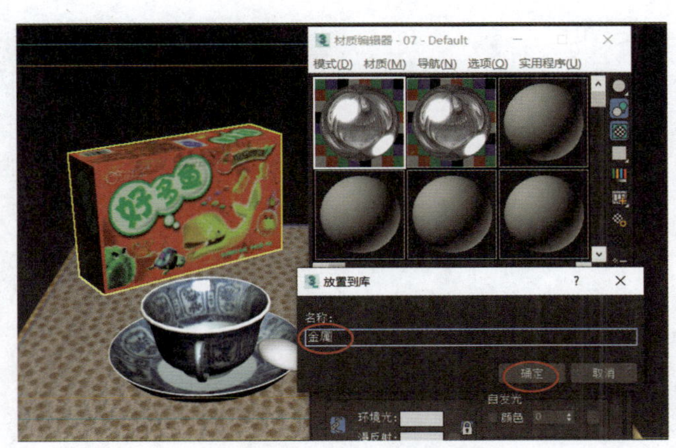

图 4-6-5　材质的保存

5. 删除材质

当不需要某种材质时，可以删除【材质编辑器】窗口和场景中的材质，也可以仅删除【材质编辑器】中的材质，而保留场景中对象的材质。在【材质编辑器】窗口中单击【重置贴图/材质为默认设置】按钮，当删除冷材质时，将弹出【材质编辑器】提示对话框，单击【是】按钮，即可将【材质编辑器】窗口中的材质删除，如图 4-6-6 所示；当删除热材质时，将弹出【重置材质/贴图参数】对话框，用户可以根据情况选择不同的选项，如图 4-6-7 所示。

冷材质是指设置的材质球未被场景中的物体使用。

热材质是指设置的材质已被场景中的物体使用。

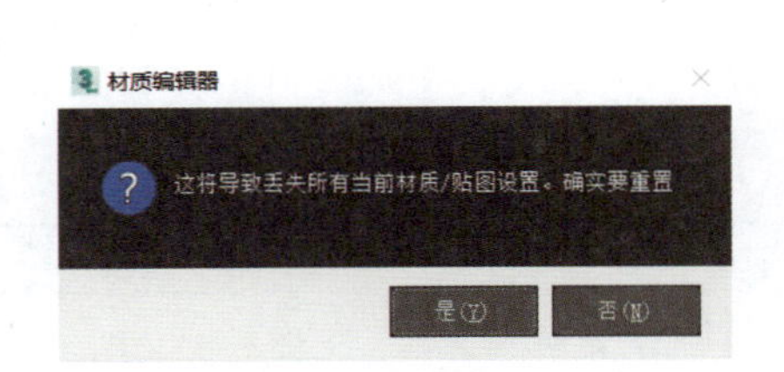

图 4-6-6　删除冷材质

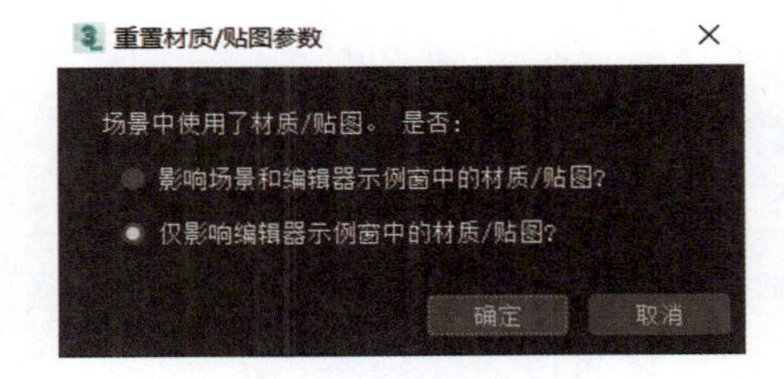

图 4-6-7　删除热材质

4.7　实战演练

金属边框的近视眼镜被放在一张风景照片的上面，透过玻璃镜片可以看到变形的纹理，如图 4-7-1 所示。读者可以根据本项目所学内容，完成该场景的制作。

图 4-7-1　眼镜和照片

制作要求

（1）打开提供的素材文件。

（2）能正确设置木地板、照片贴图。

（3）能正确设置金属材质效果、玻璃材质效果。

（4）能进行渲染输出。

制作提示

（1）为金属边框和木地板添加反射效果。

（2）为玻璃镜片添加折射效果。

（3）调整反射和折射参数。

项目评价

项目实训评价表

项　目	内　容		评　价			
	学习目标	评价项目	4	3	2	1
职业能力	能熟练掌握【UVW 展开】修改器	能给物体不同面设置不同贴图				
		能正确调整贴图区域大小				
	能熟练使用【材质编辑器】窗口	能熟练对材质球进行各种操作				
		能熟练调整材质的常见参数				
	能熟练设置场景中的材质效果	能设置金属材质				
		能设置玻璃材质				
		能设置陶瓷材质				
	能熟练设置场景背景和环境	能设置场景背景				
		能设置场景环境				

续表

项目实训评价表						
项　　目	内　　容		评　　价			
	学 习 目 标	评 价 项 目	4	3	2	1
通用能力	交流表达能力					
	与人合作能力					
	沟通能力					
	组织能力					
	活动能力					
	解决问题的能力					
	自我提高的能力					
	革新、创新的能力					
综合评价						

评定等级说明表	
等　　级	说　　明
4	能高质、高效地完成项目实训评价表中学习目标的全部内容，并能解决遇到的特殊问题
3	能高质、高效地完成项目实训评价表中学习目标的全部内容
2	能圆满完成项目实训评价表中学习目标的全部内容，不需要任何帮助和指导
1	能圆满完成项目实训评价表中学习目标的全部内容，但偶尔需要帮助和指导

最终等级说明表	
等　　级	说　　明
优秀	80%项目达到 3 级水平
良好	60%项目达到 2 级水平
合格	全部项目都达到 1 级水平
不合格	不能达到 1 级水平

项目 5　建筑效果图

随着计算机技术的发展，使用三维软件制作建筑效果图变得越来越方便。建筑效果图被大量应用是因为它能把施工后的实际效果用真实和直观的视图表现出来，使人们能够一目了然地看到施工后的实际效果。本项目将完成一幅建筑效果图的制作，着重讲解制作建筑模型的快捷方法，其中建筑贴图、使用 Photoshop 进行后期处理不是本项目的重点，只对其进行简单介绍。本项目的最终效果如图 5-0-1 所示。

图 5-0-1　项目效果

学习目标

- 房屋建筑的建模过程。
- 二维图形的编辑方法。
- 三维物体的编辑方法。
- 捕捉功能的设置与使用。

项目分析

从创建基本体着手，使用相关工具调整物体的子对象，从而得到所需的模型结构。为了精确制作物体模型，在建模过程中应灵活开启角度捕捉、三维捕捉等功能。本模型主要涉及二维图形、三维物体的编辑方法，需要灵活使用可编辑样条线和可编辑的多边形。本项目主要需要完成以下 6 个环节。

（1）一楼外墙的制作。

（2）飘窗的制作。

（3）公共楼墙的制作。

（4）整体楼墙的制作。

（5）房顶的制作。

（6）灯光的设置。

实现步骤

5.1　一楼外墙的制作

STEP 01 单击【图形】按钮，在【对象类型】卷展栏中单击【矩形】按钮，在【前】视图中绘制一个矩形，如图 5-1-1 所示。

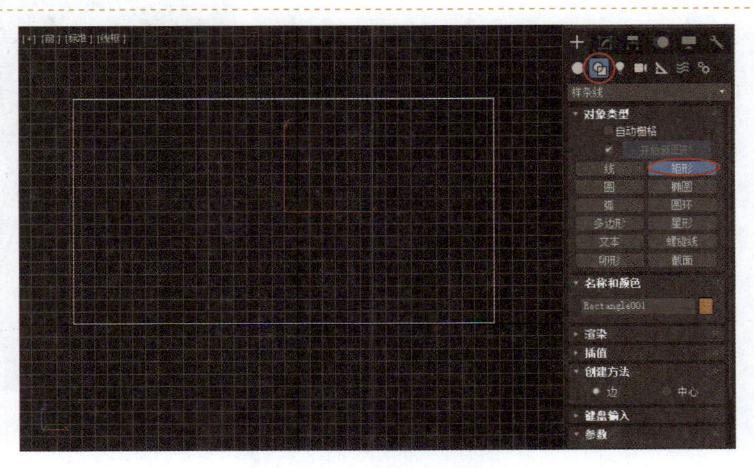

图 5-1-1　绘制一个矩形

STEP 02 取消勾选【开始新图形】复选框，继续在【前】视图中绘制两个矩形，如图 5-1-2 所示。

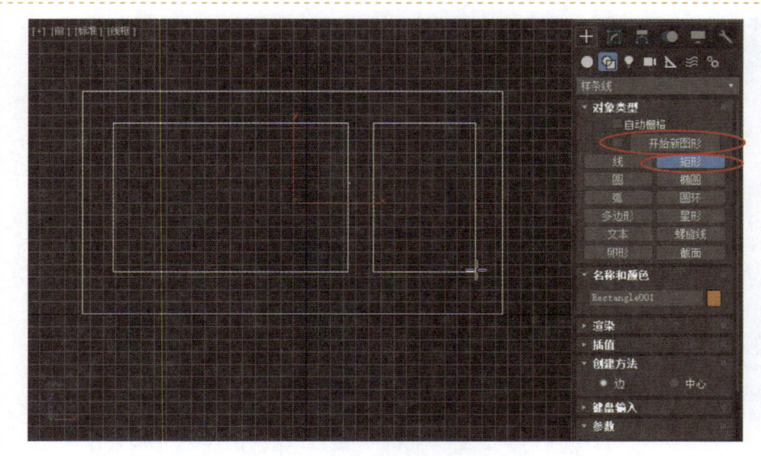

图 5-1-2　绘制两个矩形

STEP 03 选中图形，进入【修改】面板，添加【挤出】修改器，将【数量】设置为 20.0，按 P 键可以切换至【透视】视图查看效果，如图 5-1-3 所示。

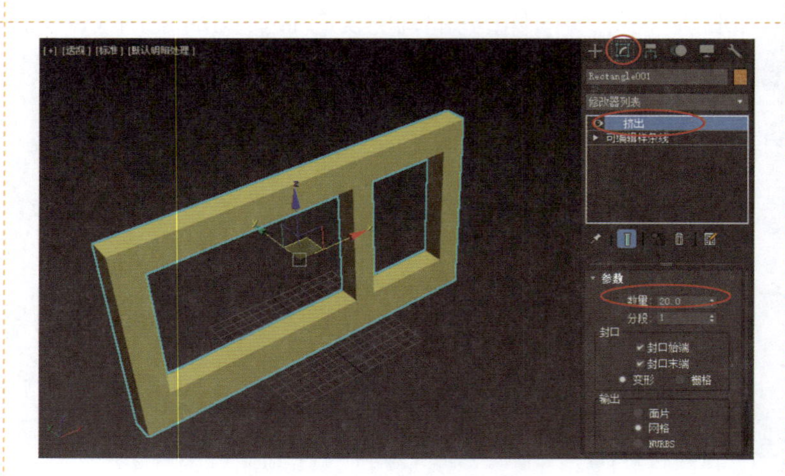

图 5-1-3　设置【挤出】修改器

STEP 04 在【修改】面板中，选择【可编辑样条线】堆栈中的【样条线】子对象，在【透视】视图中选择右侧的小矩形，在【修改】面板中勾选【复制】复选框，单击【分离】按钮，在弹出的【分离】对话框中输入【窗框】，如图 5-1-4 所示单击【确定】按钮，退出对话框。

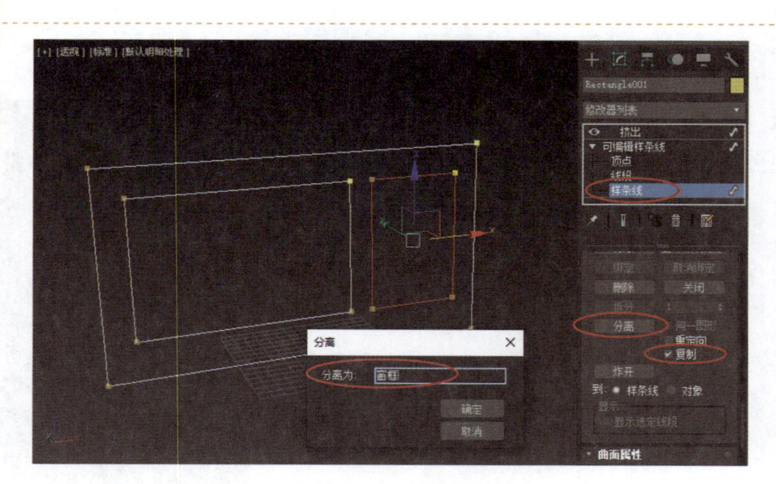

图 5-1-4　分离复制

STEP 05 再次选择【样条线】子对象，退出【样条线】子对象层。选择【窗框】对象，单击【层次】按钮，进入【层次】面板，依次单击【仅影响轴】按钮和【居中到对象】按钮，如图 5-1-5 所示。

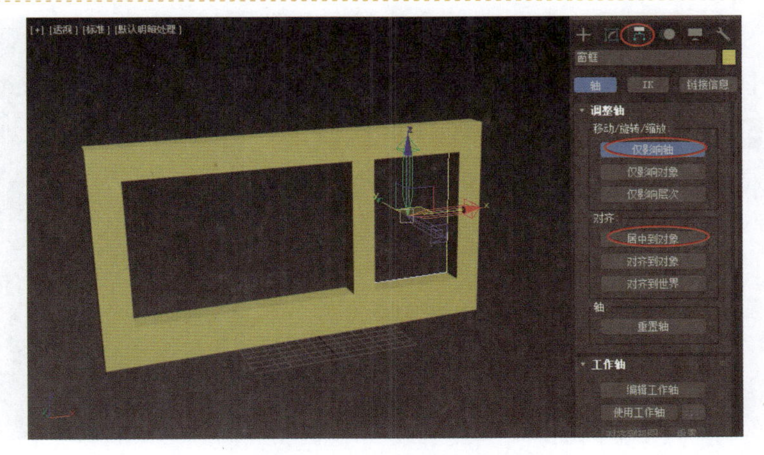

图 5-1-5 设置轴心位置

STEP 06 进入【修改】面板，在【渲染】卷展栏中勾选【在渲染中启用】和【在视口中启用】两个复选框，选中【矩形】单选按钮，将【长度】设置为 4.0，【宽度】设置为 7.0，给【窗框】对象设置一个不同的颜色，如图 5-1-6 所示。

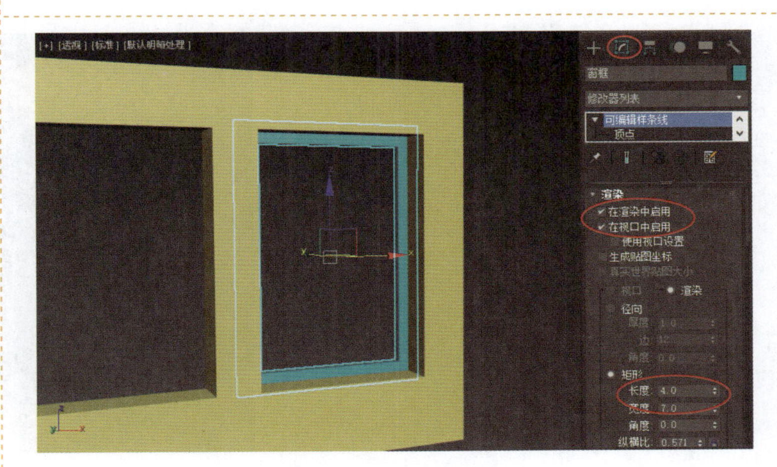

图 5-1-6 设置渲染

STEP 07 进入【线段】子对象层，选择上面的线段，按住 Shift 键，使用【选择并移动】工具沿 *Z* 轴向下复制一条线段，位置如图 5-1-7 所示。

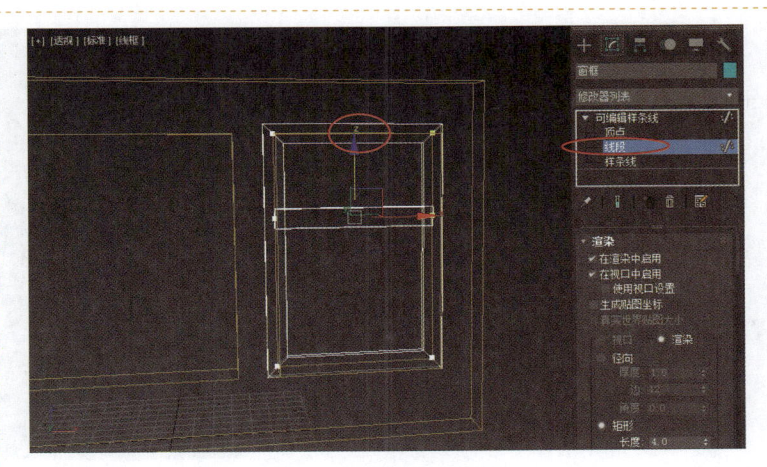

图 5-1-7 复制线段（1）

STEP 08 选择右侧的线段，按住 Shift 键，使用【选择并移动】工具沿 X 轴向左复制一条线段，位置如图 5-1-8 所示。

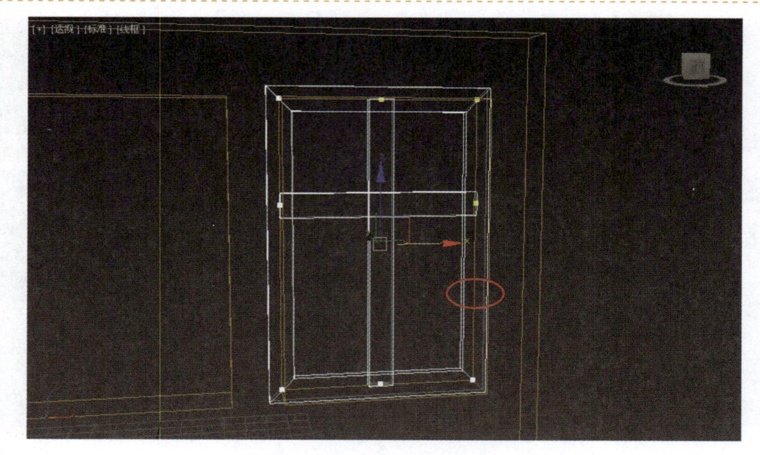

图 5-1-8 复制线段（2）

STEP 09 进入【顶点】子对象层，选择中间线段上面的顶点，将其沿 Z 轴向下移动，位置如图 5-1-9 所示。

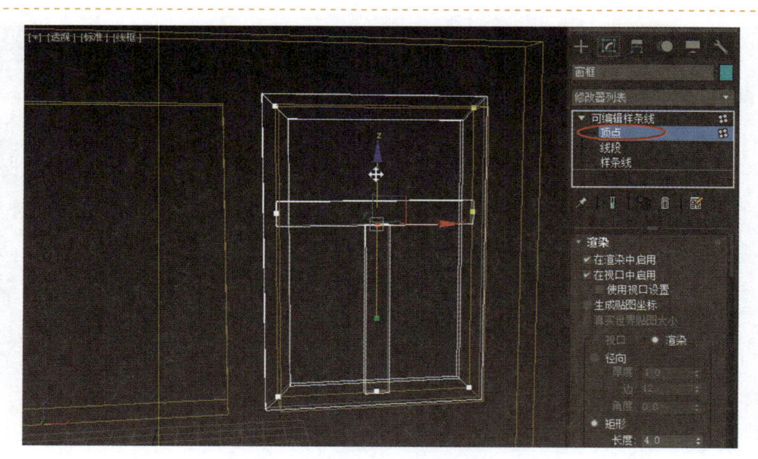

图 5-1-9 调整顶点位置

STEP 10 单击【创建】按钮，单击【平面】按钮，将【长度分段】设置为 1，【宽度分段】设置为 1，在【前】视图中创建一个平面，如图 5-1-10 所示。

注意：按 G 键去除网格。

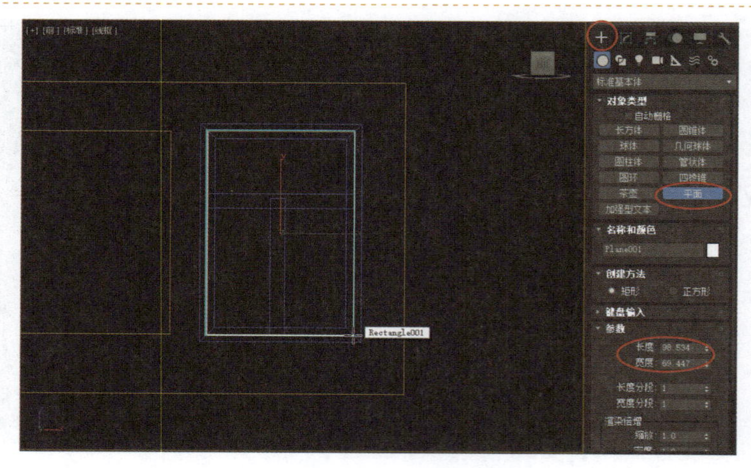

图 5-1-10 创建平面

STEP 11 切换至【顶】视图，使用【选择并移动】工具将平面沿 *Y* 轴移动，调整窗框和平面的位置，如图 5-1-11 所示。

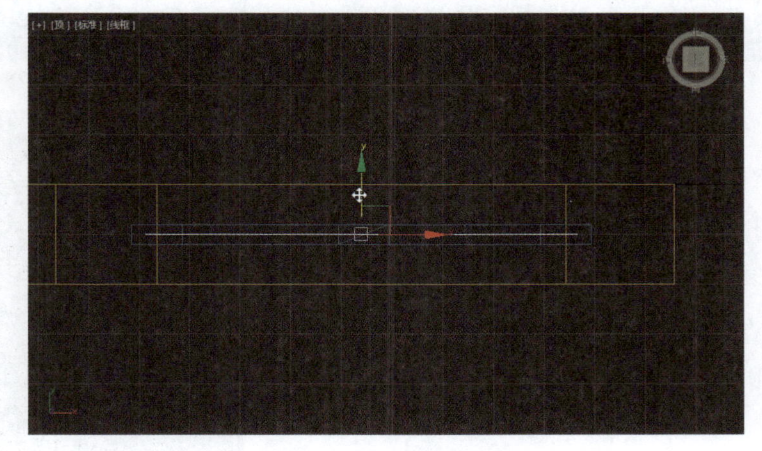

图 5-1-11　调整位置

STEP 12 切换至【前】视图，选择【窗框】对象，选择【可编辑样条线】堆栈中的【顶点】子对象，进入【顶点】子对象层，使用【选择并移动】工具调整窗框位置，使四周大小刚好和窗洞大小一致，如图 5-1-12 所示。

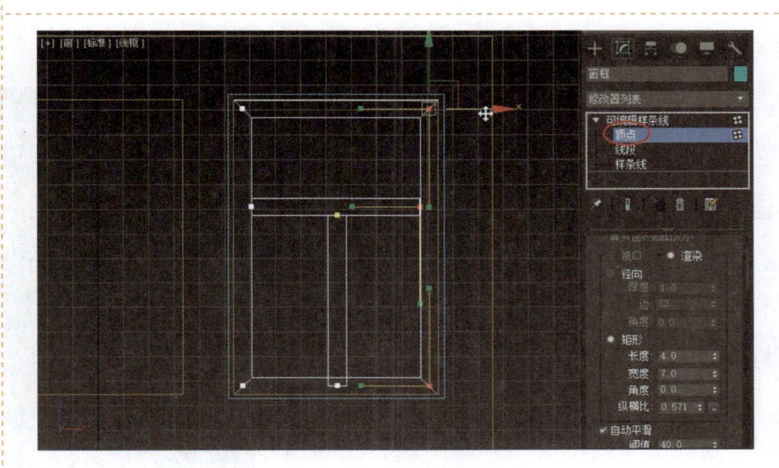

图 5-1-12　调整窗框大小

STEP 13 按 M 键，弹出【材质编辑器】窗口，选择一个材质球，将【漫反射】的颜色设置为淡蓝色，【不透明度】设置为 65，如图 5-1-13 所示，将材质指定给平面，同时设置墙体和窗框的材质。

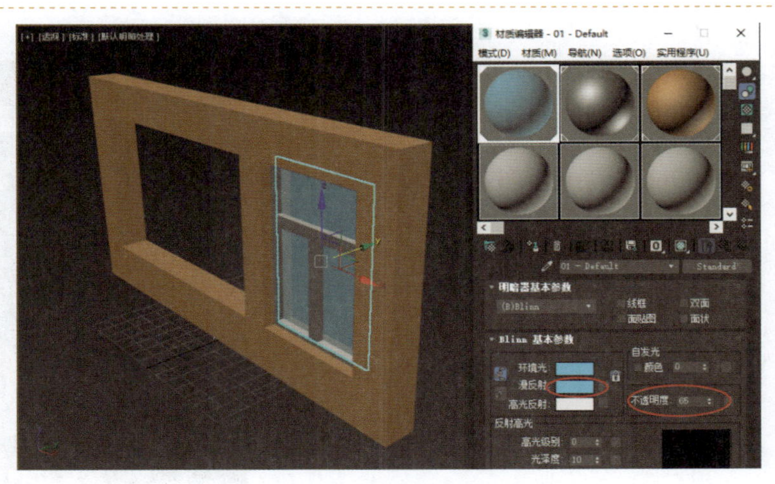

图 5-1-13　设置材质

5.2 飘窗的制作

STEP 01 单击【图形】按钮，在【对象类型】卷展栏中单击【线】按钮，取消勾选【在渲染中启用】复选框和【在视口中启用】复选框，在【顶】视图中绘制一个图形，如图 5-2-1 所示。

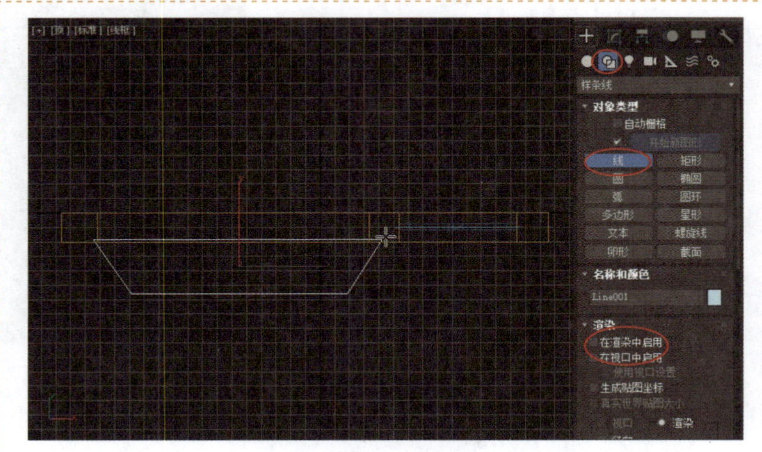

图 5-2-1　绘制图形

STEP 02 将视图切换至【透视】视图，选中图形，进入【修改】面板，选择【挤出】修改器，将【数量】设置为 8，使用【选择并移动】工具调整物体的位置，如图 5-2-2 所示。

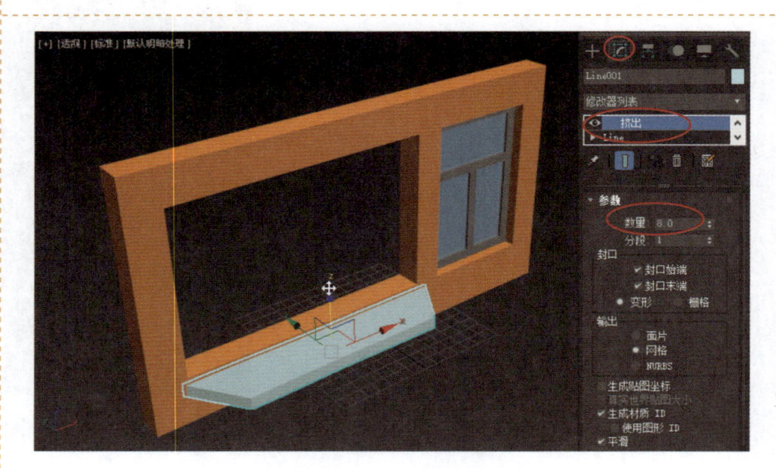

图 5-2-2　挤出并调整

STEP 03 按住 Shift 键，使用【选择并移动】工具沿 *Z* 轴向上复制物体，如图 5-2-3 所示。

注意：按 Ctrl 键，加选物体；按 Alt 键，减选物体；按键盘上的 1、2、3 键分别对应堆栈中的【顶点】子对象、【线段】子对象、【样条线】子对象。

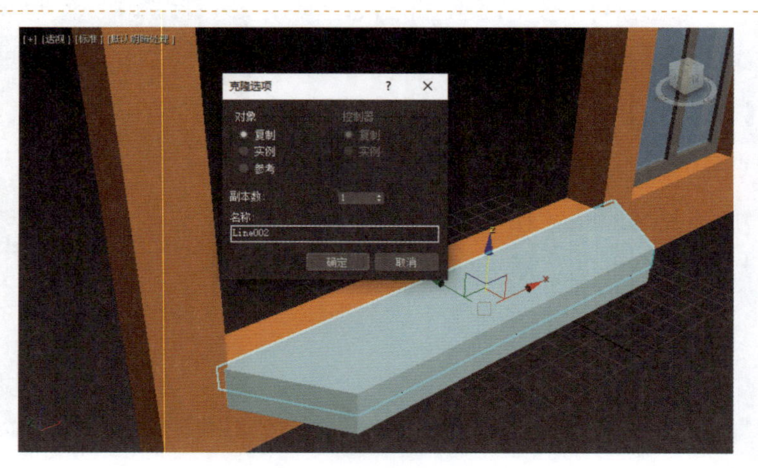

图 5-2-3　复制

STEP 04 选择复制生成的物体，进入【修改】面板，将【数量】设置为 125.0，如图 5-2-4 所示。这里的挤出数量只作为参考，读者可以根据自己模型的实际情况进行设置。

注意：按组合键 Alt+X 可以将选择的物体透明显示。

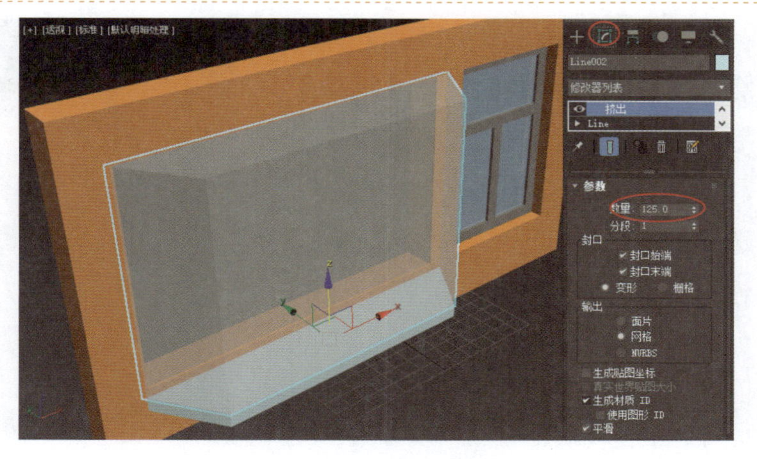

图 5-2-4　设置挤出数量

STEP 05 在视图中右击，在弹出的快捷菜单中执行【转换为】→【转换为可编辑多边形】命令，将物体转换为可编辑的多边形。进入【修改】面板，选择【多边形】子对象，选择视图中的多边形，按 Delete 键将其删除，如图 5-2-5 所示。

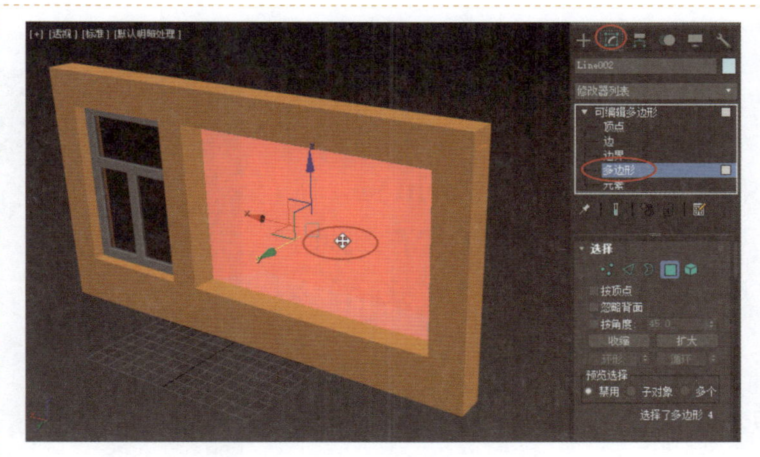

图 5-2-5　删除多边形

STEP 06 选择【边】子对象，进入【边】子对象层，选择物体的所有边并右击，在弹出的快捷菜单中执行【创建图形】命令，在弹出的【创建图形】对话框中将【曲线名】设置为【飘窗框】，选中【线性】单选按钮，如图 5-2-6 所示。

注意：单击视图下方的【孤立当前选择切换】按钮或按组合键 Alt+Q，可以使选择的物体从当前场景中孤立显示。

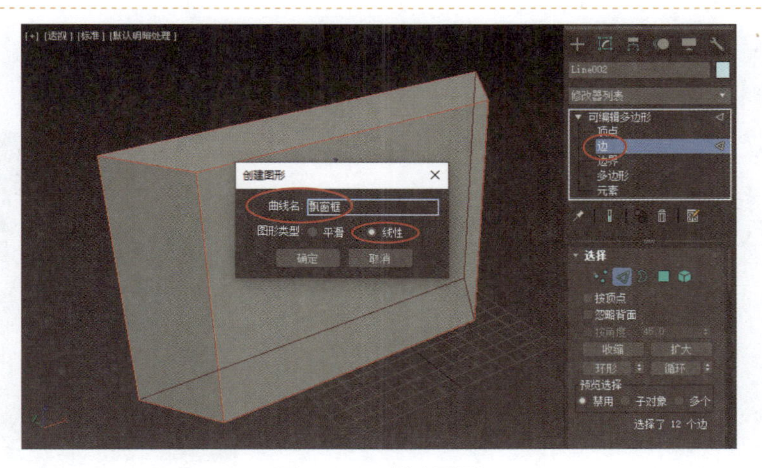

图 5-2-6　创建图形

STEP 07 选择【飘窗框】对象，进入【修改】面板，在【渲染】卷展栏中，勾选【在渲染中启用】和【在视口中启用】两个复选框，选中【矩形】单选按钮，将【长度】设置为 4.0，【宽度】设置为 5.0，如图 5-2-7 所示。

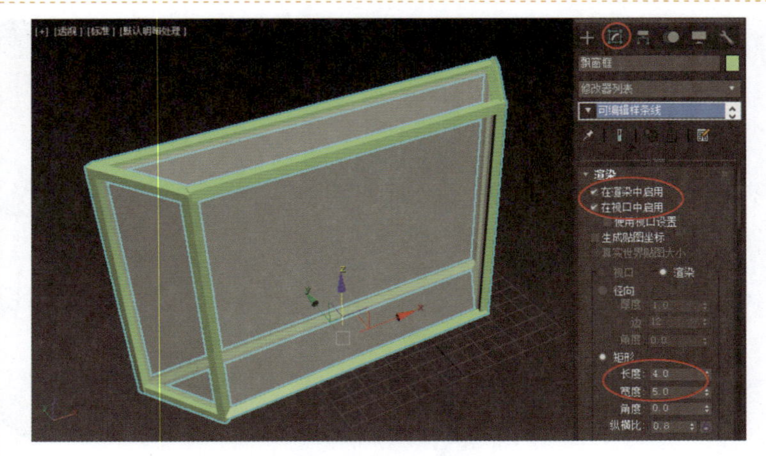

图 5-2-7　设置参数

STEP 08 选择【线段】子对象，进入【线段】子对象层，选择视图中的 3 条线段，按住 Shift 键，使用【选择并移动】工具沿 *Z* 轴向下复制线段，如图 5-2-8 所示。

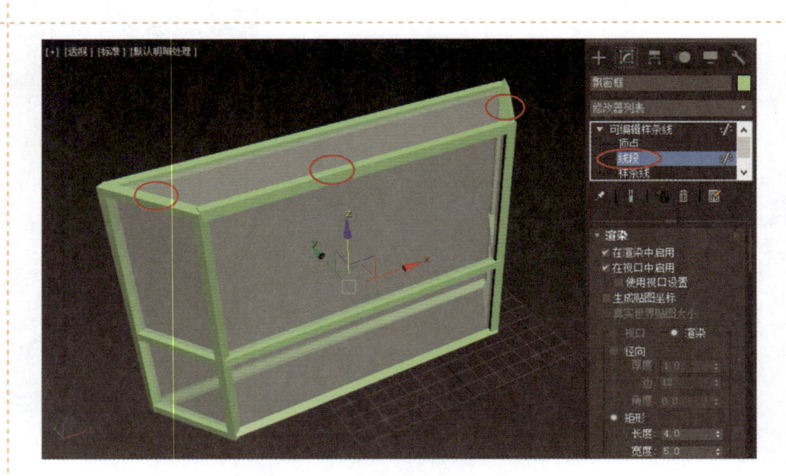

图 5-2-8　选择并复制线段（1）

STEP 09 选择视图中的两条线段，按住 Shift 键，使用【选择并移动】工具沿 *X* 轴向右复制两条线段，如图 5-2-9 所示。

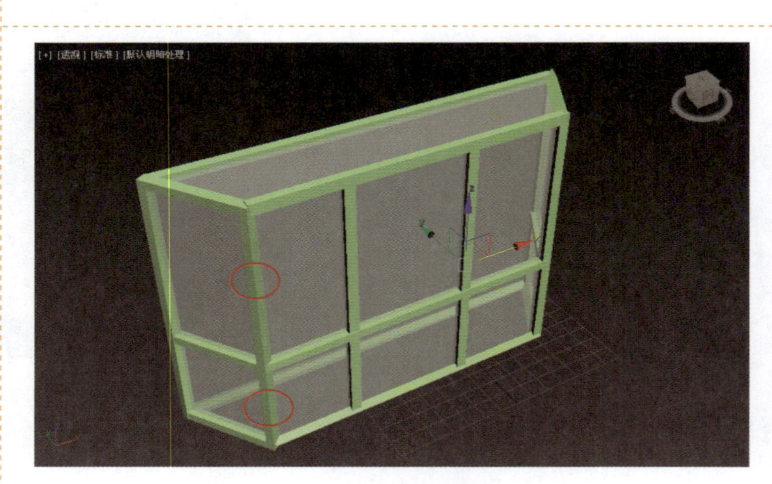

图 5-2-9　选择并复制线段（2）

STEP 10 单击【孤立当前选择切换】按钮，选择窗台板物体，进入【修改】面板，选择 Line 堆栈中的【顶点】子对象，单击【显示最终结果开/关切换】按钮，使用【选择并移动】工具沿 *XY* 平面调整窗台板大小，如图 5-2-10 所示。

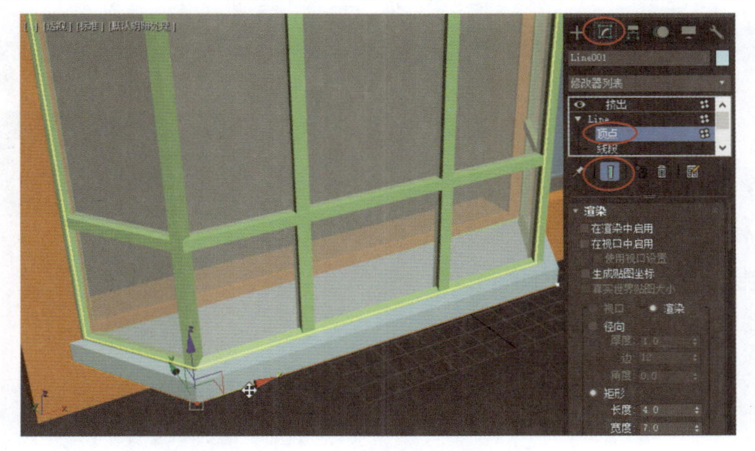

图 5-2-10 调整窗台板大小

STEP 11 按住 Shift 键，使用【选择并移动】工具沿 *Z* 轴向上复制一个窗台板物体，如图 5-2-11 所示。

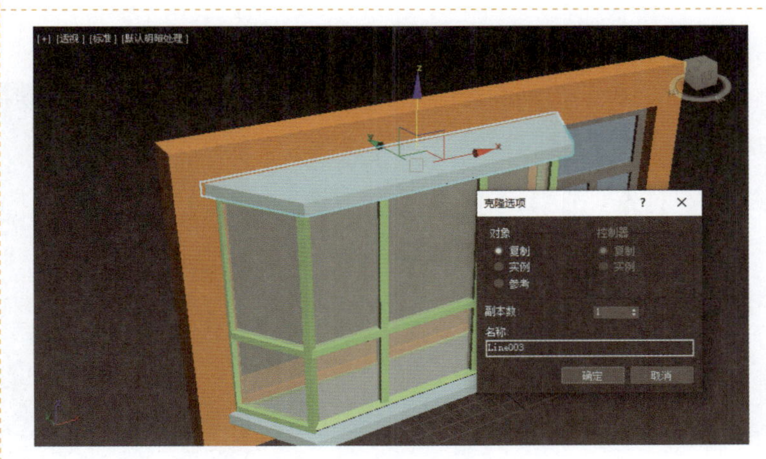

图 5-2-11 复制窗台板物体

STEP 12 按 M 键，弹出【材质编辑器】窗口，选择一个材质球，将【漫反射】的颜色设置为白色，将材质指定给窗台板物体，如图 5-2-12 所示。同时，使用相同的方法指定飘窗框的材质。

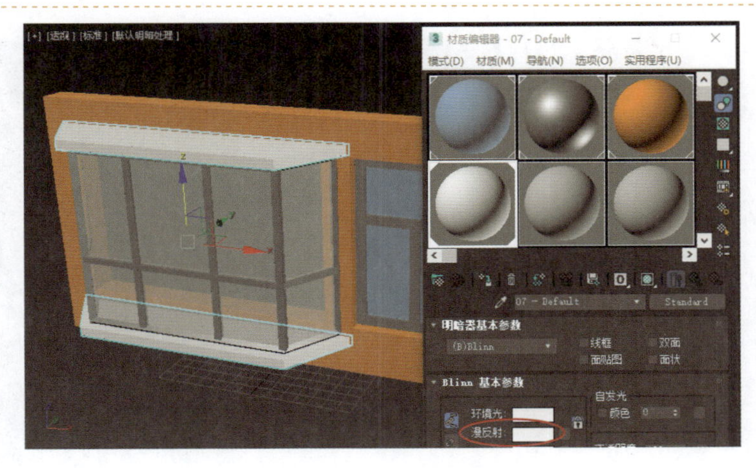

图 5-2-12 设置材质

5.3 公共楼墙的制作

STEP 01 选择墙面和墙内窗户，按住 Shift 键，使用【选择并移动】工具沿 *X* 轴对其进行复制，如图 5-3-1 所示。

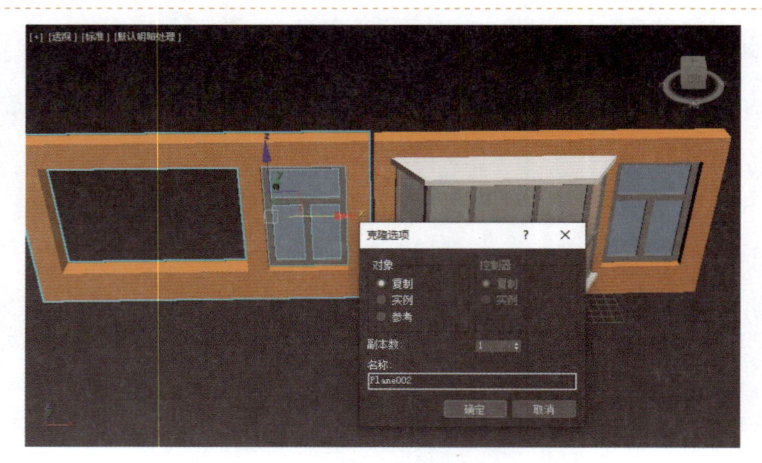

图 5-3-1　复制墙面和墙内窗户

STEP 02 选择复制后的墙体，进入【修改】面板，选择【样条线】子对象，在【透视】视图中选择墙体左侧的样条线，按 Delete 键将其删除，如图 5-3-2 所示。

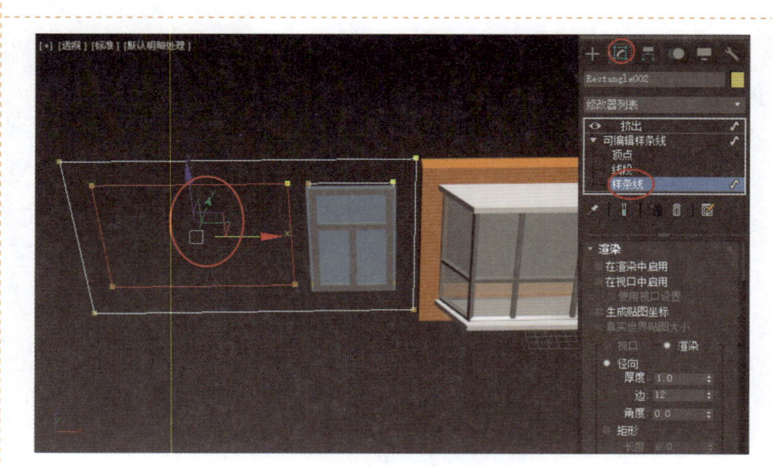

图 5-3-2　删除样条线

STEP 03 选择【线段】子对象，在【透视】视图中选择墙体的左侧线段，使用【选择并移动】工具沿 *X* 轴移动，如图 5-3-3 所示。

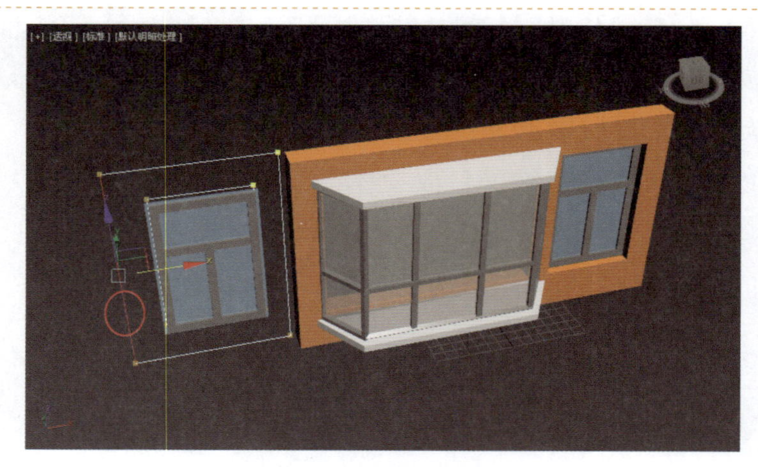

图 5-3-3　移动线段

STEP 04 再次选择【线段】子对象，退出【线段】子对象层，使用【选择并移动】工具调整物体的位置，如图 5-3-4 所示。

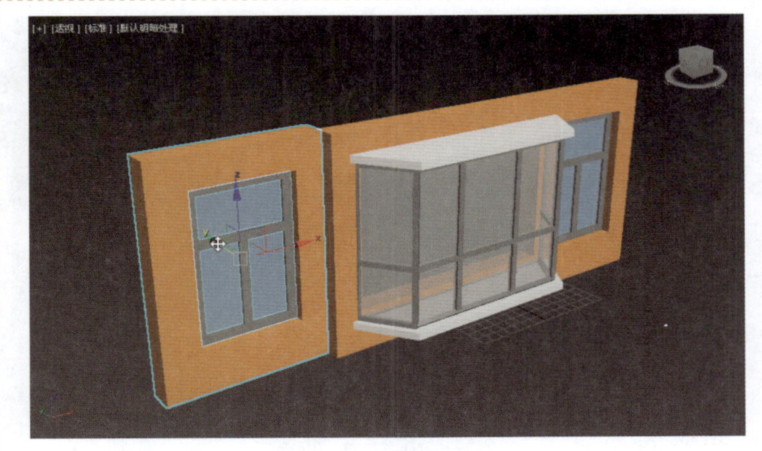

图 5-3-4　调整位置

STEP 05 选择【窗框】对象，进入【修改】面板，选择【线段】子对象，删除窗框中的一条线段，再使用【选择并移动】工具移动另一条线段，修改后的窗框效果如图 5-3-5 所示。

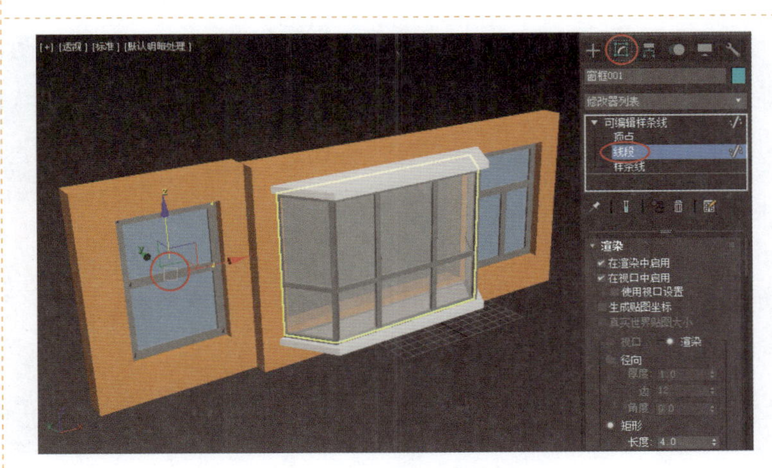

图 5-3-5　修改后的窗框效果

STEP 06 右击主工具栏中的【捕捉开关（三维）】按钮，弹出【栅格和捕捉设置】窗口，在【捕捉】选项卡中勾选【顶点】复选框，在【选项】选项卡中勾选【启用轴约束】复选框，并取消勾选【显示橡皮筋】复选框，如图 5-3-6 所示。

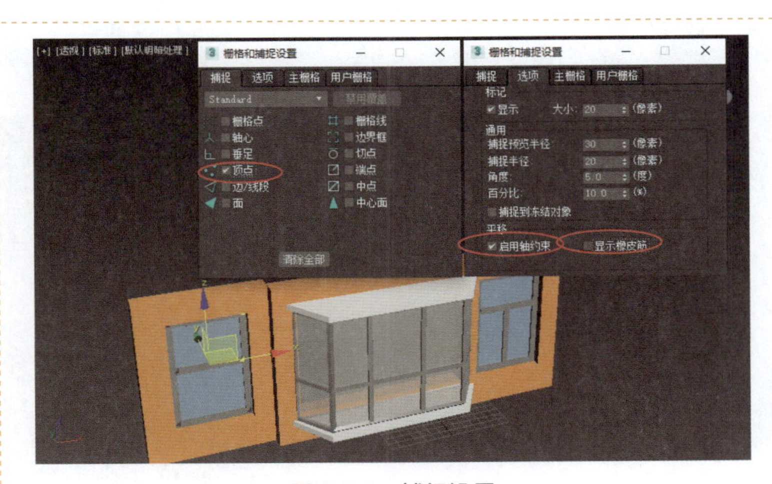

图 5-3-6　捕捉设置

STEP 07 选择场景中的所有物体，单击【捕捉开关（三维）】按钮，开启三维捕捉功能，按住Shift键，使用【选择并移动】工具沿 X 轴复制物体，在弹出的【克隆选项】对话框中将【副本数】设置为3，如图5-3-7所示。

注意：移动复制物体时要捕捉物体的顶点，这样能精确复制物体。

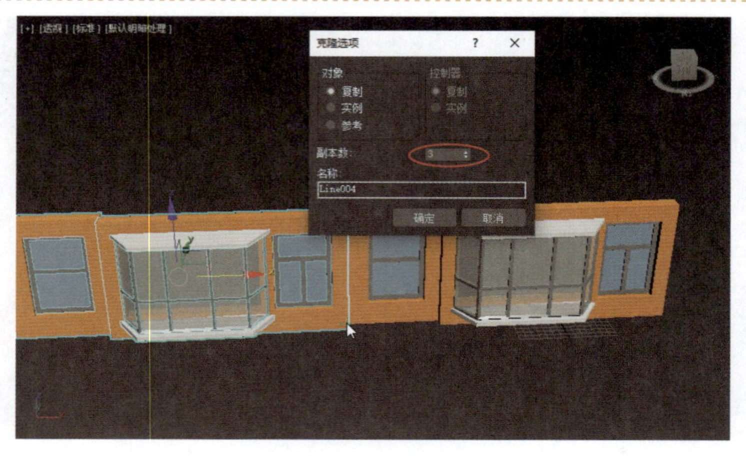

图 5-3-7　复制（1）

STEP 08 选择场景中的所有物体，按住Shift键，使用【选择并移动】工具沿 Z 轴向上复制物体，在弹出的【克隆选项】对话框中将【副本数】设置为3，如图5-3-8所示。

注意：按组合键Ctrl+A可以快速选中场景中的所有物体。

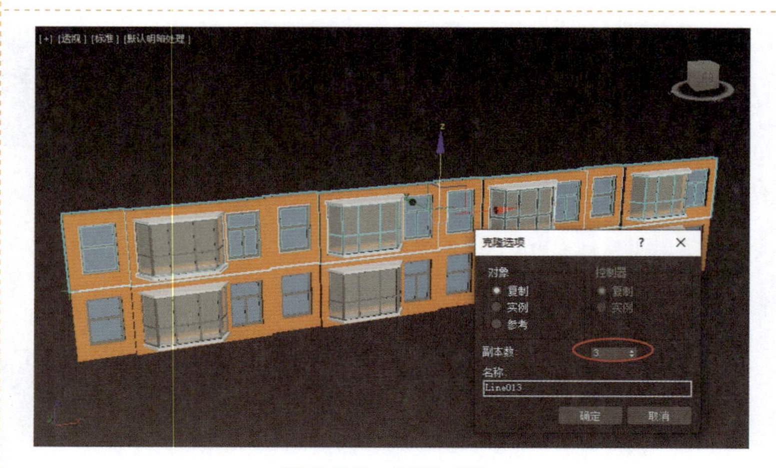

图 5-3-8　复制（2）

5.4　整体楼墙的制作

STEP 01 选择视图左侧的一排物体，如图5-4-1所示。

图 5-4-1　选择物体

STEP 02 单击主工具栏中的【角度捕捉切换】按钮，开启角度捕捉功能，按住 Shift 键，使用【选择并旋转】工具沿 *Z* 轴旋转 90° 并复制物体，如图 5-4-2 所示。

注意：按 S 键可以开启/关闭三维捕捉功能，按 A 键可以开启/关闭角度捕捉功能。

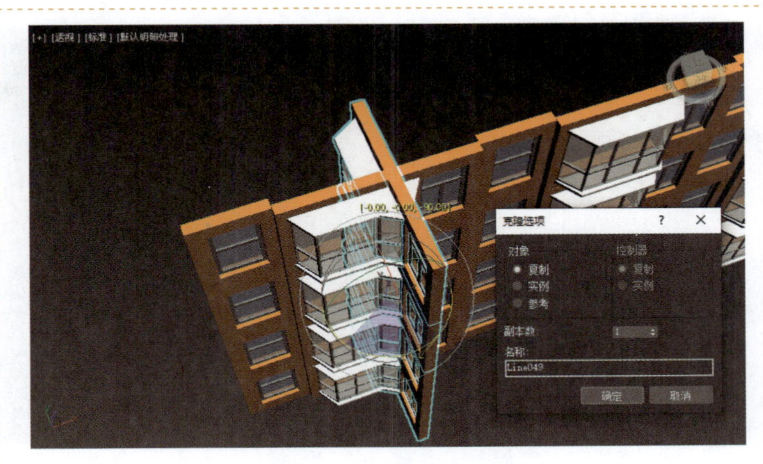

图 5-4-2　旋转并复制物体

STEP 03 按 T 键，将视图切换至【顶】视图，使用【选择并移动】工具调整物体的位置，如图 5-4-3 所示。

图 5-4-3　调整位置（1）

STEP 04 将墙体底部的视图放大，在【创建】面板的【几何体】类别中单击【长方体】按钮，在墙体下创建一个长方体，给长方体指定白色材质，如图 5-4-4 所示。

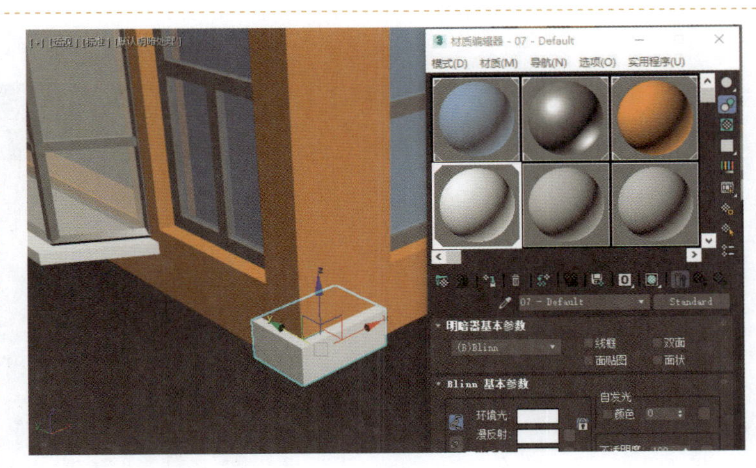

图 5-4-4　创建长方体

STEP 05 在长方体上再创建一个小一些的长方体，如图 5-4-5 所示，并调整其大小和位置。

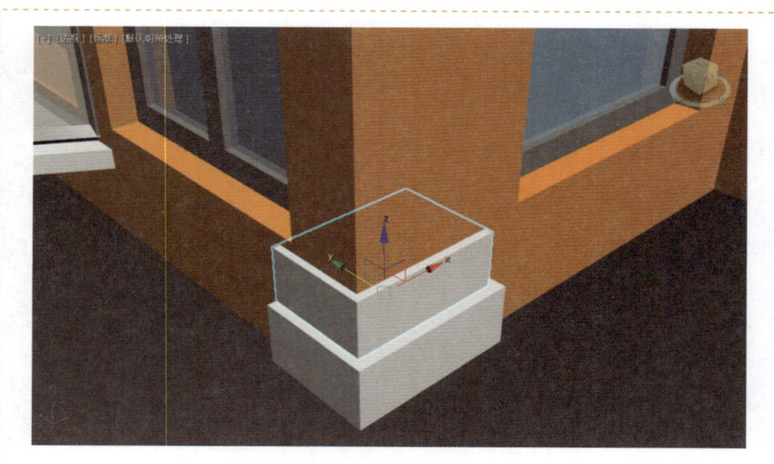

图 5-4-5　再次创建长方体

STEP 06 单击【捕捉开关（三维）】按钮，将视图切换至【前】视图，选择刚创建的两个长方体，按住 Shift 键，使用【选择并移动】工具沿 Z 轴向上复制物体，在弹出的【克隆选项】对话框中将【副本数】设置为 30，如图 5-4-6 所示。

注意：这里设置的【副本数】只是参考数量，读者可以根据自己创建的物体大小自行调整副本数量。

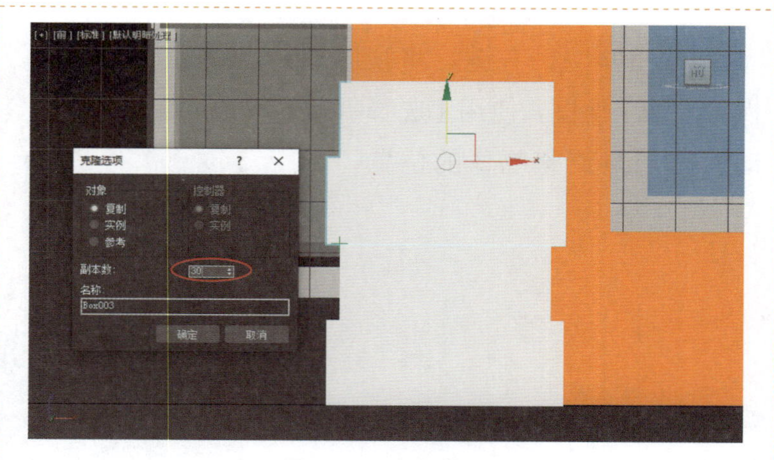

图 5-4-6　复制物体

STEP 07 将视图拖到楼层上方，把多复制出来的物体删除，整理后的效果如图 5-4-7 所示。

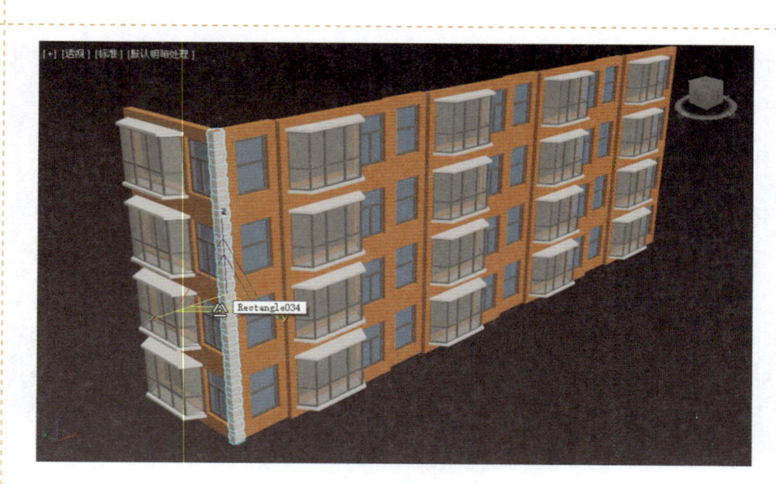

图 5-4-7　整理后的效果

STEP 08 选择视图中的所有物体，单击主工具栏中的【镜像】按钮，在弹出的【镜像：世界 坐标】对话框中将【镜像轴】设置为 XY，选中【复制】单选按钮，如图 5-4-8 所示。

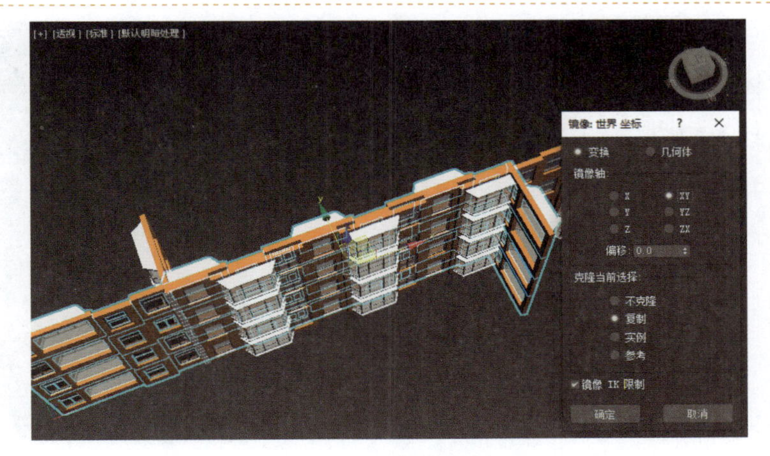

图 5-4-8 镜像复制

STEP 09 单击【捕捉开关（三维）】按钮，使用【选择并移动】工具调整镜像后物体的位置，如图 5-4-9 所示。

注意：移动物体时要捕捉物体的顶点。

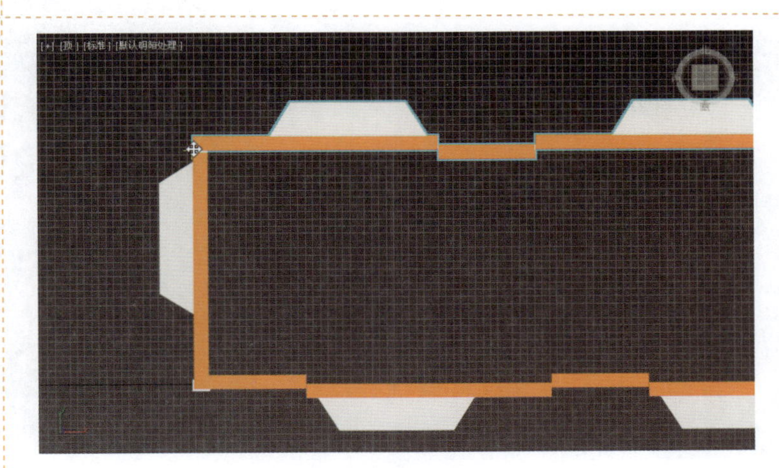

图 5-4-9 调整位置（2）

STEP 10 选择视图中的长方体，按住 Shift 键，使用【选择并移动】工具沿 *Z* 轴向上复制物体，并调整其位置如图 5-4-10 所示。

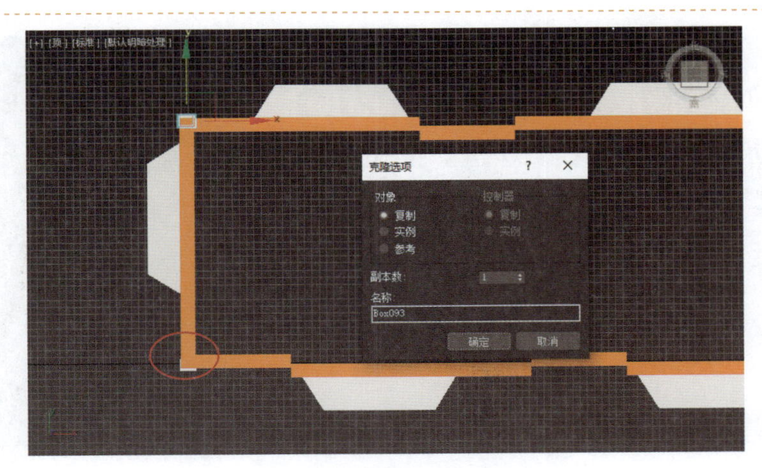

图 5-4-10 复制并调整物体的位置（1）

STEP 11 选择视图中的长方体，按住 Shift 键，使用【选择并移动】工具沿 Z 轴向下复制物体，并调整其位置，如图 5-4-11 所示。

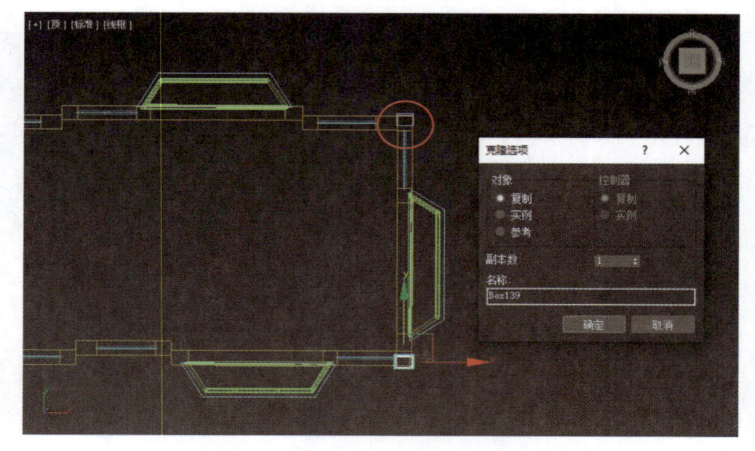

图 5-4-11　复制并调整物体的位置（2）

STEP 12 按 P 键，将视图切换至【透视】视图，显示整体楼墙的效果，如图 5-4-12 所示。

图 5-4-12　整体楼墙的效果

5.5　房顶的制作

STEP 01 单击【创建】→【几何体】按钮，在【对象类型】卷展栏中单击【长方体】按钮，在【顶】视图中创建一个长方体，如图 5-5-1 所示。

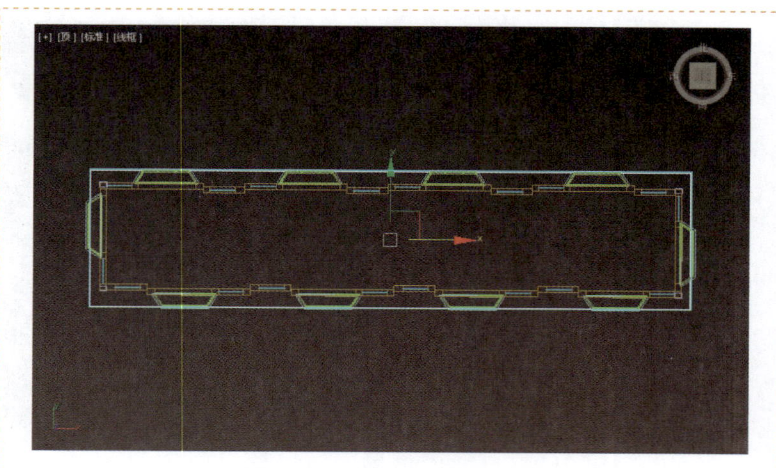

图 5-5-1　创建长方体（1）

STEP 02 使用【选择并移动】工具将长方体拖到视图中如图 5-5-2 所示的位置，使用【选择并均匀缩放】工具调整长方体厚度，切换显示方式。

图 5-5-2　调整大小和位置

STEP 03 选择长方体，进入【修改】面板，在【参数】卷展栏中将【长度分段】设置为 3，在视图中右击，在弹出的快捷菜单中执行【转换为】→【转换为可编辑多边形】命令，如图 5-5-3 所示。

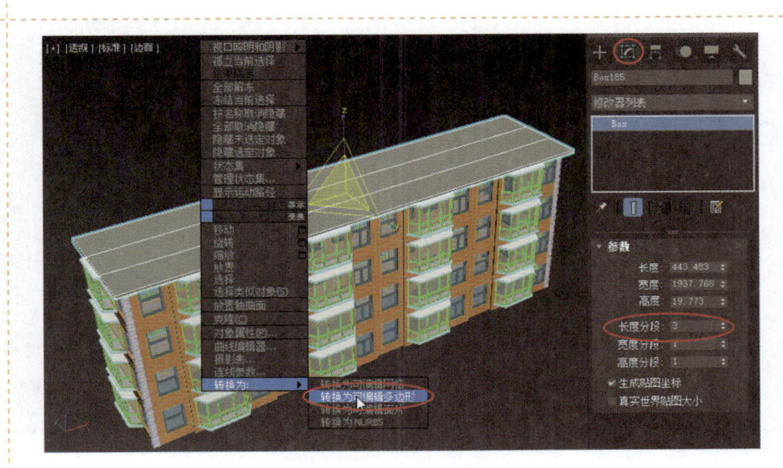

图 5-5-3　设置参数

STEP 04 进入【修改】面板，选择【顶点】子对象，在【透视】视图中选择长方体中间的顶点，使用【选择并移动】工具沿 Z 轴向上移动，如图 5-5-4 所示。

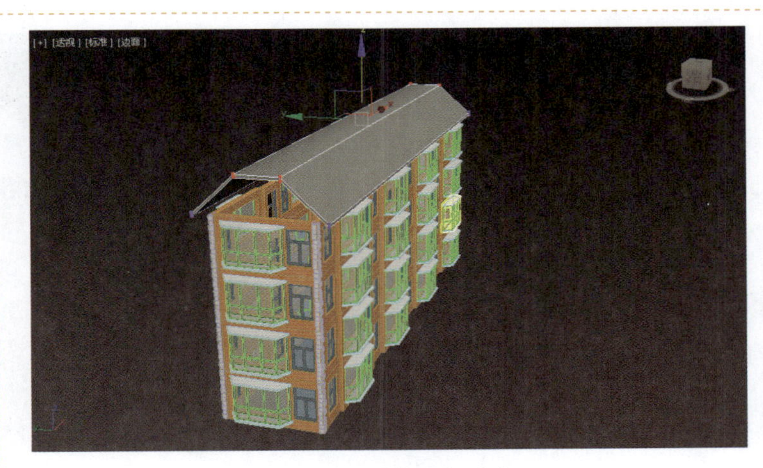

图 5-5-4　调整顶点（1）

STEP 05 按 L 键，将视图切换至【左】视图，选择物体底部的顶点，使用【选择并移动】工具调整物体的顶点位置，如图 5-5-5 所示。

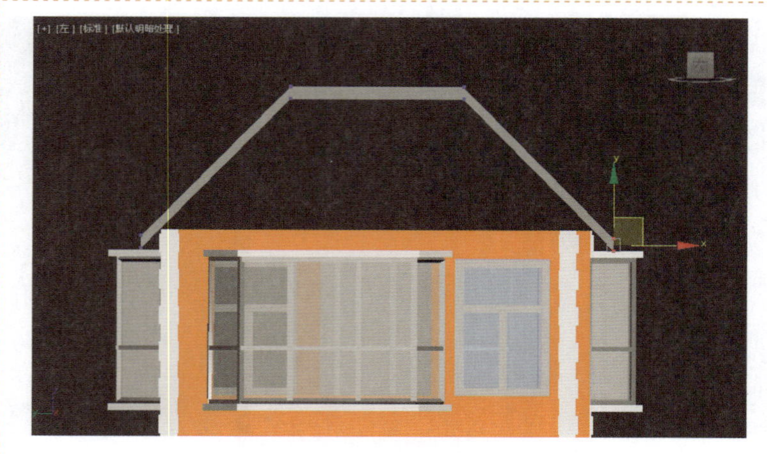

图 5-5-5 调整顶点（2）

STEP 06 按 F3 键，将视图切换至【线框】视图，单击【图形】按钮，在【对象类型】卷展栏中单击【线】按钮。在【左】视图中，创建封闭图形，如图 5-5-6 所示。

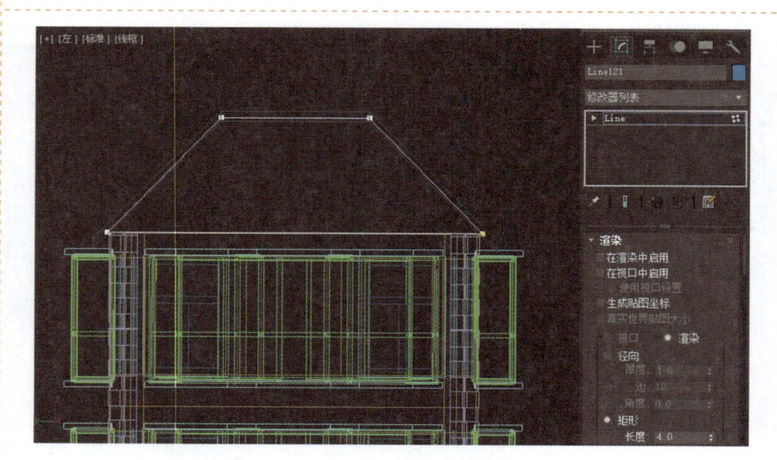

图 5-5-6 创建封闭图形

STEP 07 选择绘制的图形，进入【修改】面板，单击修改器列表框右侧的下拉按钮，在下拉列表中选择【挤出】修改器，将【数量】设置为 20.0，使用【选择并移动】工具调整物体的位置，如图 5-5-7 所示。

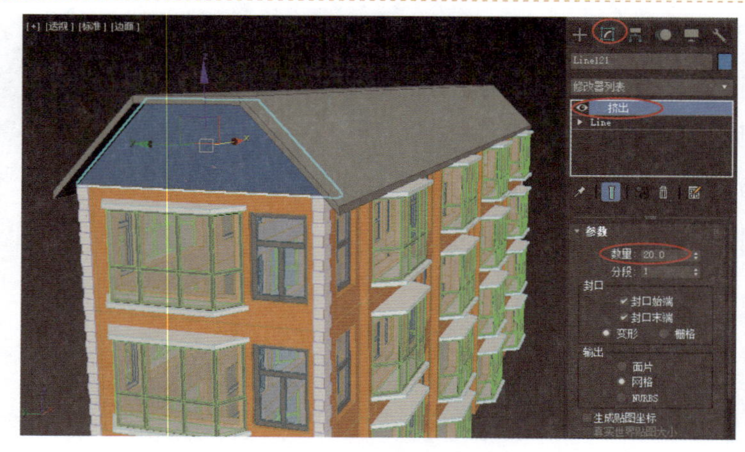

图 5-5-7 挤出并调整物体的位置

STEP 08 单击【几何体】按钮，在【对象类型】卷展栏中单击【圆柱体】按钮，将【高度分段】设置为 1，勾选【自动栅格】复选框，在【透视】视图中创建圆柱体，使用【选择并移动】工具调整圆柱体位置，使其穿过物体，如图 5-5-8 所示。

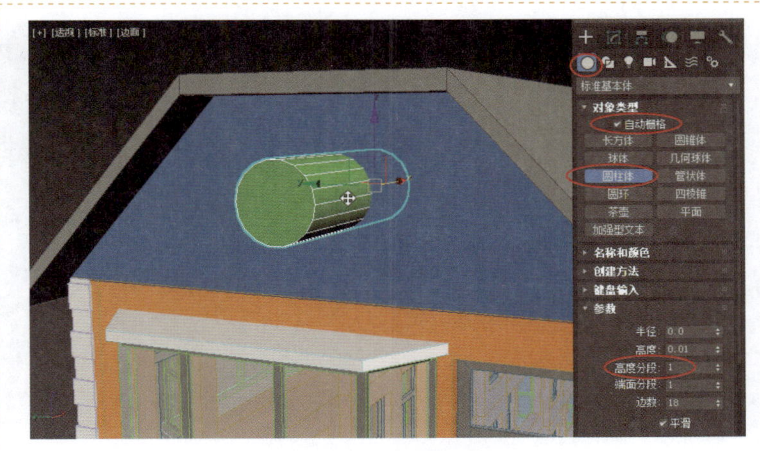

图 5-5-8　创建并调整圆柱体

STEP 09 选择梯形物体，单击【几何体】按钮，单击【标准基本体】下拉按钮，在下拉列表中选择【复合对象】选项，在【对象类型】卷展栏中单击【ProBoolean】按钮，单击【开始拾取】按钮，选择【透视】视图中的圆柱体进行 ProBoolean 运算，如图 5-5-9 所示。

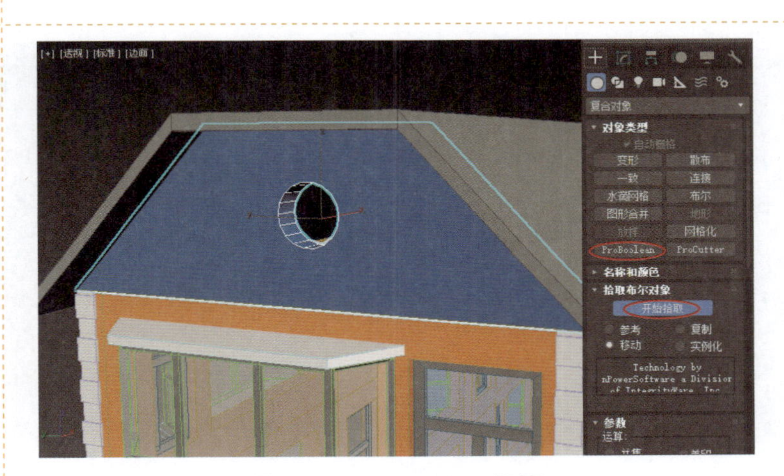

图 5-5-9　ProBoolean 运算

STEP 10 单击【几何体】按钮，在【对象类型】卷展栏中单击【管状体】按钮，将【高度分段】设置为 1，在【左】视图中创建一个圆管体，如图 5-5-10 所示位置。

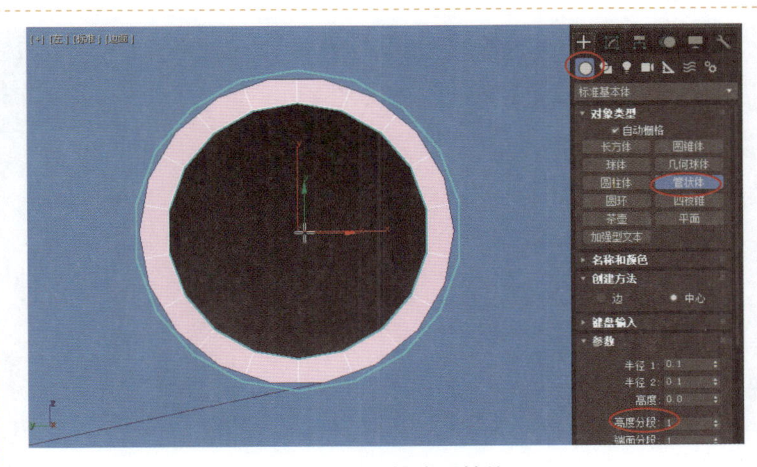

图 5-5-10　创建圆管体

STEP 11 在【对象类型】卷展栏中单击【圆柱体】按钮，将【高度分段】设置为1，在【透视】视图中创建一个圆柱体作为圆窗玻璃，调整圆管体和圆柱体的位置，如图 5-5-11 所示。

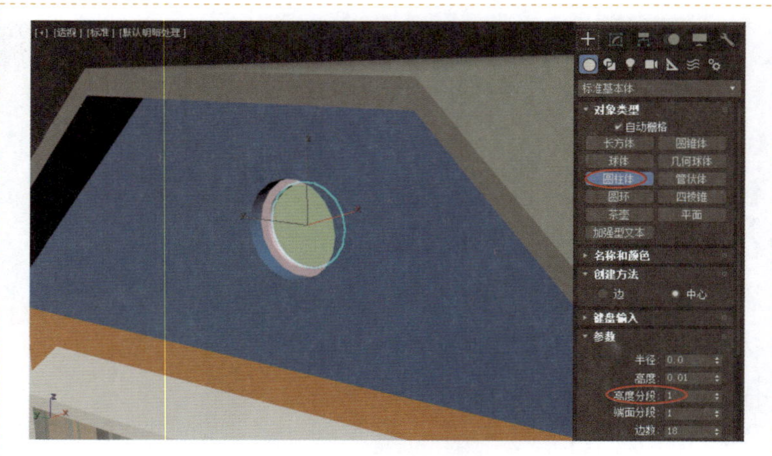

图 5-5-11 创建圆柱体

STEP 12 按 M 键，弹出【材质编辑器】窗口，分别将材质指定给墙体、圆管体、圆柱体，如图 5-5-12 所示。

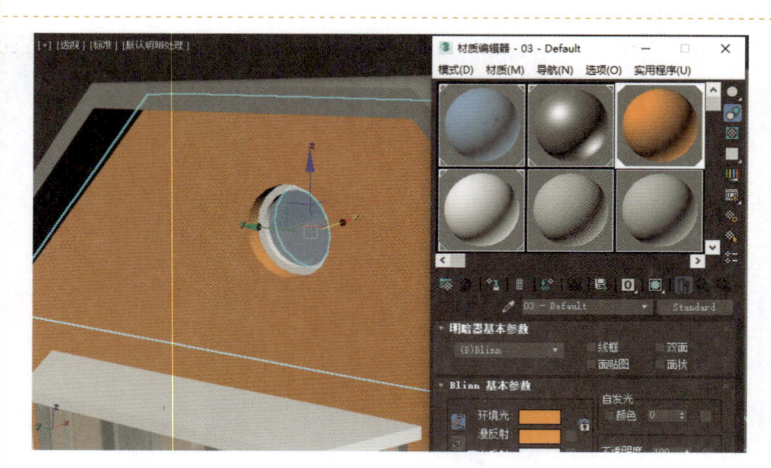

图 5-5-12 指定材质

STEP 13 切换至【前】视图，单击【几何体】按钮，在【对象类型】卷展栏中单击【长方体】按钮，在视图中创建一个长方体，如图 5-5-13 所示。

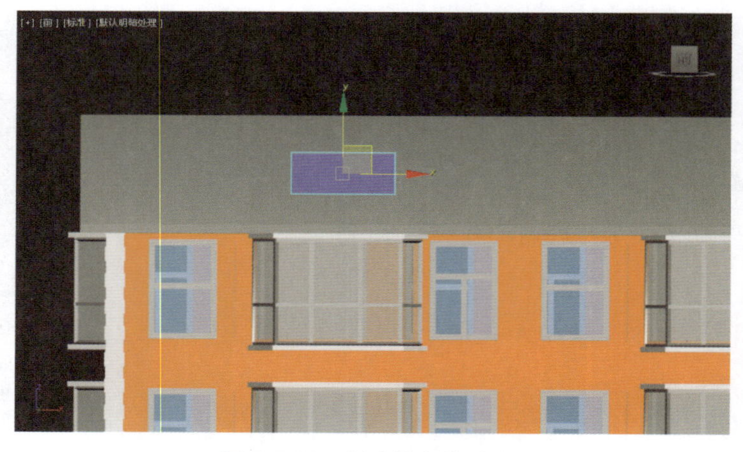

图 5-5-13 创建长方体（2）

STEP 14　切换至【透视】视图，使用【选择并移动】工具调整长方体的位置，在视图中右击，在弹出的快捷菜单中执行【转换为】→【转换为可编辑多边形】命令，如图 5-5-14 所示。

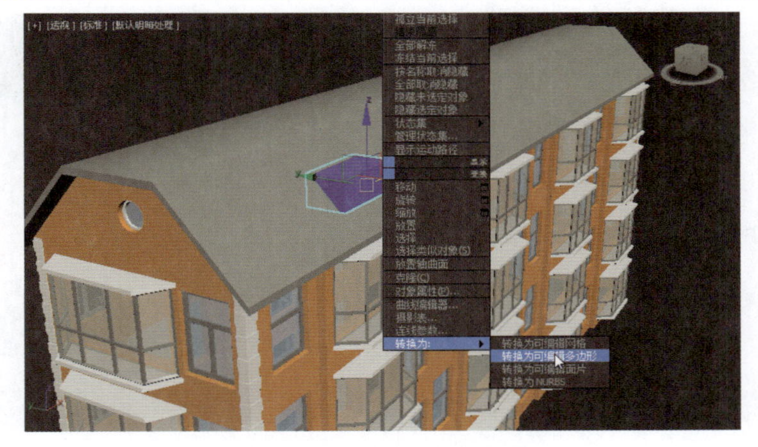

图 5-5-14　转换为可编辑多边形

STEP 15　进入【修改】面板，选择【边】子对象，在【透视】视图中选择长方体正面的上、下两条边并右击，在弹出的快捷菜单中单击【连接】左侧的按钮，将【连接边-分段】设置为 2，如图 5-5-15 所示。

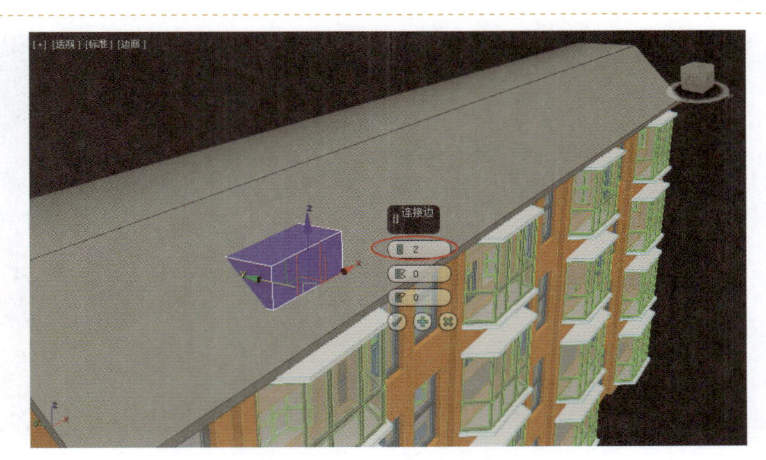

图 5-5-15　生成连接边

STEP 16　单击【多边形】按钮，选择【多边形】子对象，在【透视】视图中选择正面的 3 个面并右击，在弹出的快捷菜单中单击【插入】左侧的按钮，将【数量】设置为 3，单击按钮退出对话框，如图 5-5-16 所示。

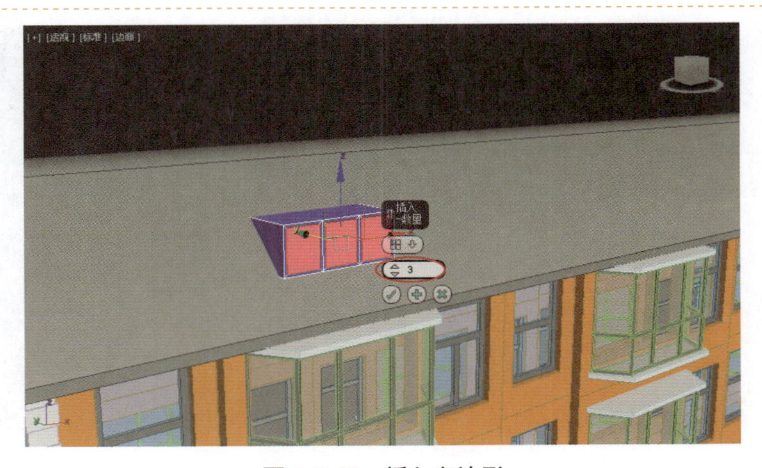

图 5-5-16　插入多边形

STEP 17 在视图中右击，在弹出的快捷菜单中单击【挤出】左侧的按钮，将【高度】设置为-5.0，单击按钮退出对话框，如图 5-5-17 所示。

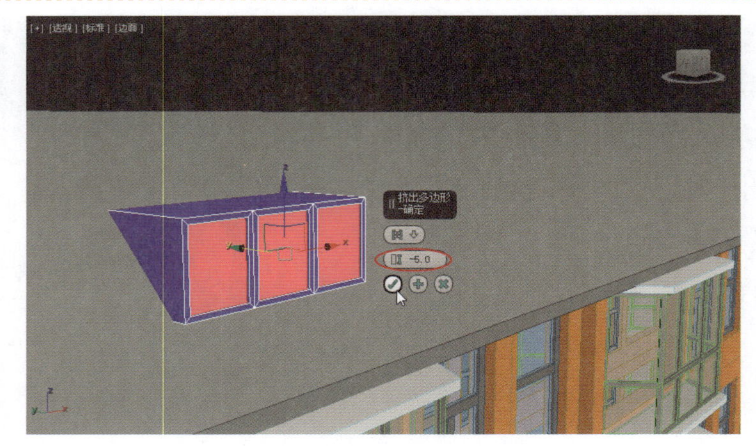

图 5-5-17　挤出多边形

STEP 18 单击【编辑几何体】卷展栏中的【分离】按钮，在弹出的【分离】对话框中输入【顶玻璃】，如图 5-5-18 所示。

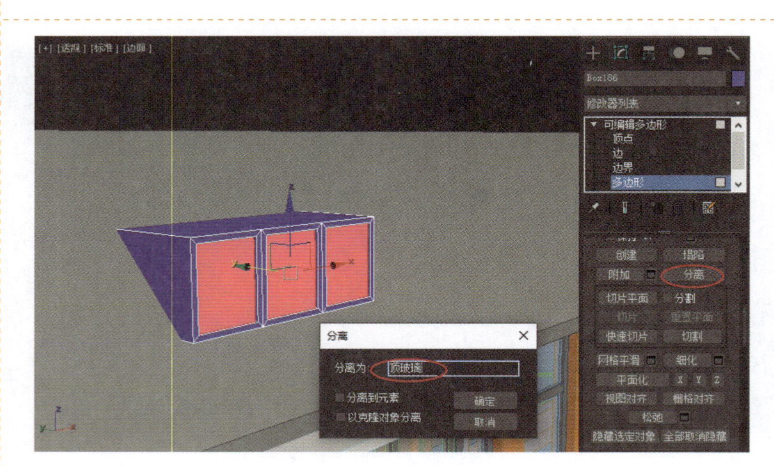

图 5-5-18　分离平面

STEP 19 退出【多边形】子对象层，按 M 键，弹出【材质编辑器】窗口，给窗体和玻璃设置相应的基本材质，如图 5-5-19 所示。

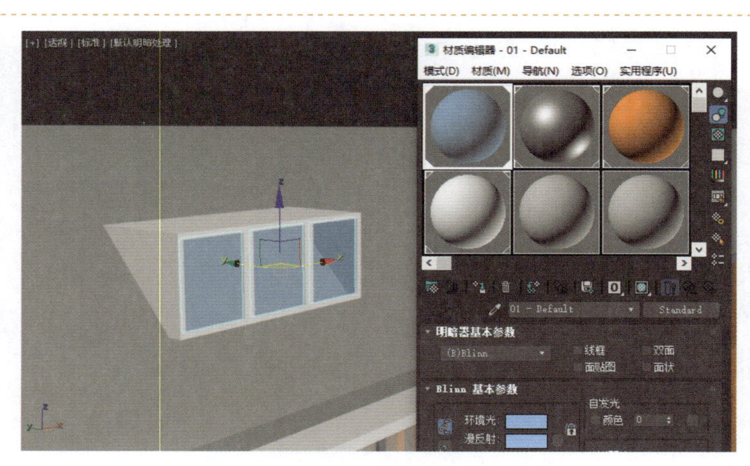

图 5-5-19　设置基本材质

STEP 20 切换至【顶】视图，选择顶部窗体和顶玻璃，单击主工具栏中的【镜像】按钮，弹出【镜像：屏幕 坐标】对话框，在【镜像轴】选项组中选中【Y】单选按钮，在【克隆当前选择】选项组中选中【复制】单选按钮，如图 5-5-20 所示。

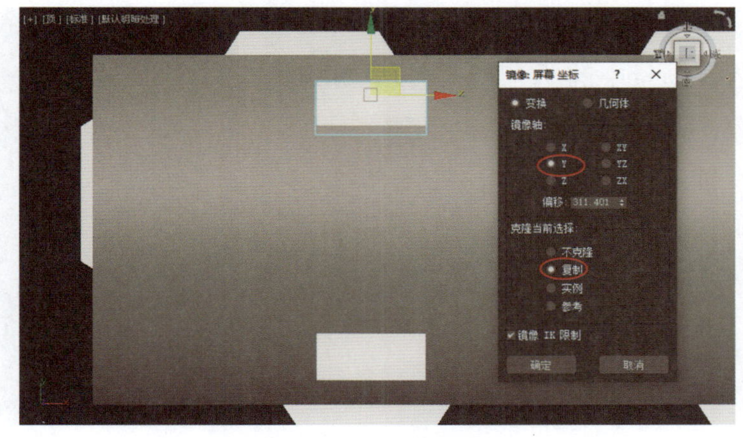

图 5-5-20　镜像复制

STEP 21 切换至【前】视图，选择顶部窗体和顶玻璃，按住 Shift 键，使用【选择并移动】工具沿 X 轴向右复制物体，如图 5-5-21 所示。

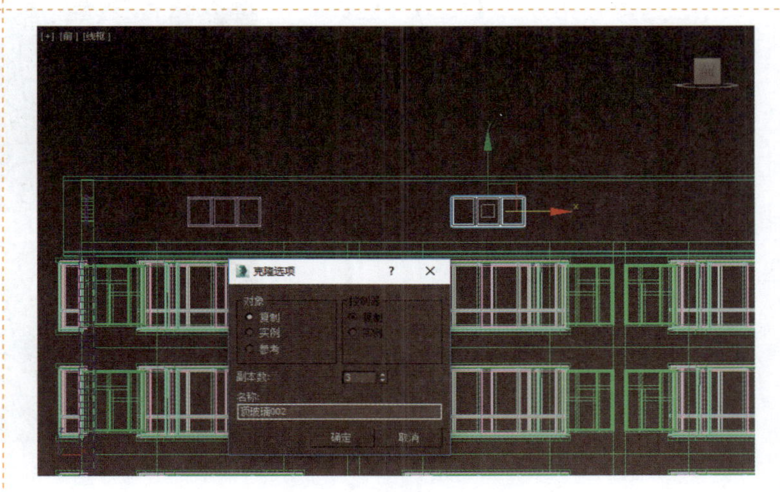

图 5-5-21　复制物体（1）

STEP 22 参考项目 3 中贴图设置的相关内容，完成墙体、顶部瓦片纹理的贴图制作，调整贴图后的效果，如图 5-5-22 所示。

注意：在【材质编辑器】窗口中，可以通过单击【按材质选择】按钮，选择所有设置了共同材质的物体，如玻璃、墙体等，并将这些物体塌陷为一个整体，可以最大限度地减少场景中模型的个数，便于后期管理。

图 5-5-22　调整贴图后的效果

STEP 23 切换至【顶】视图，选择场景中的所有物体，按住 Shift 键，使用【选择并移动】工具沿 *Y* 轴向上复制物体，如图 5-5-23 所示。

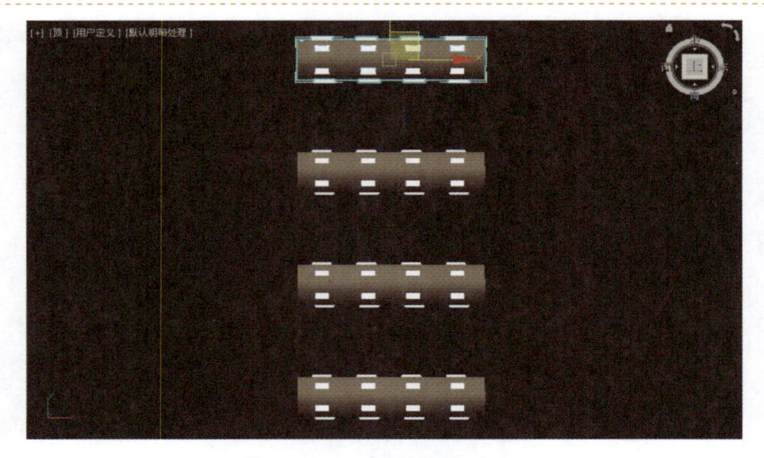

图 5-5-23　复制物体（2）

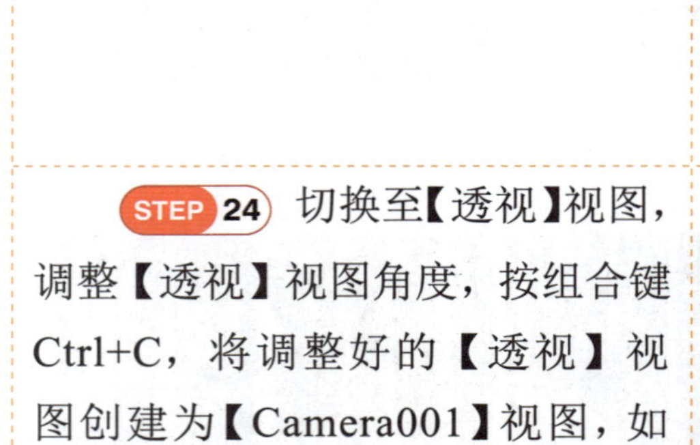

STEP 24 切换至【透视】视图，调整【透视】视图角度，按组合键 Ctrl+C，将调整好的【透视】视图创建为【Camera001】视图，如图 5-5-24 所示。

图 5-5-24　创建【Camera001】视图

5.6　灯光的设置

STEP 01 将视图切换至【顶】视图，显示所有建筑，单击【创建】→【灯光】按钮，在下拉列表中选择【标准】选项，单击【目标聚光灯】按钮，在视图中创建一个目标聚光灯，如图 5-6-1 所示。

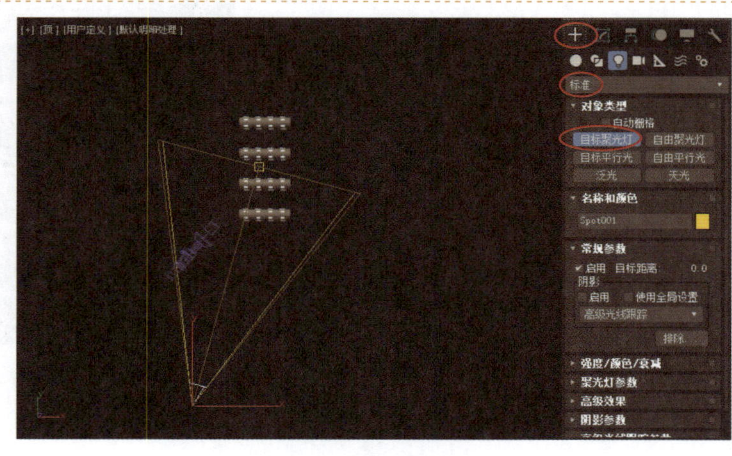

图 5-6-1　创建目标聚光灯

STEP 02 将视图切换至【前】视图，使用【选择并移动】工具沿 Z 轴将目标聚光灯的起始点往上移动，勾选【启用】复选框，在【阴影】选项组中选择【高级光线跟踪】选项，如图 5-6-2 所示。

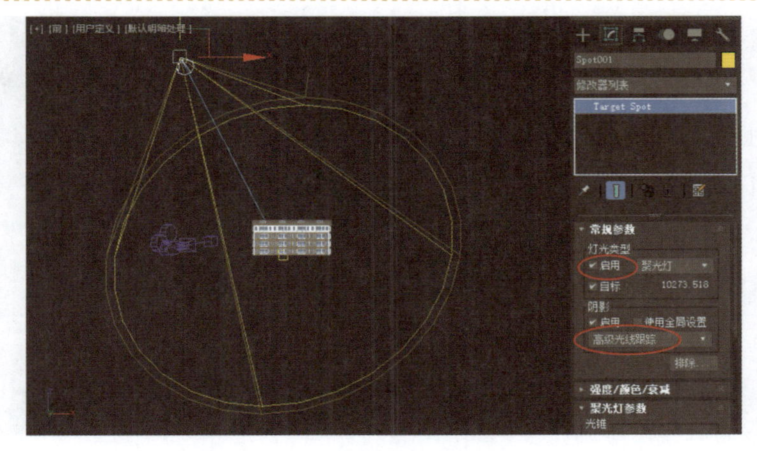

图 5-6-2 设置参数

STEP 03 在【前】视图中选择目标聚光灯，进入【修改】面板，在【强度/颜色/衰减】卷展栏中，单击颜色按钮，弹出【颜色选择器：灯光颜色】对话框，将【红】设置为 255，【绿】设置为 244，【蓝】设置为 231，如图 5-6-3 所示。

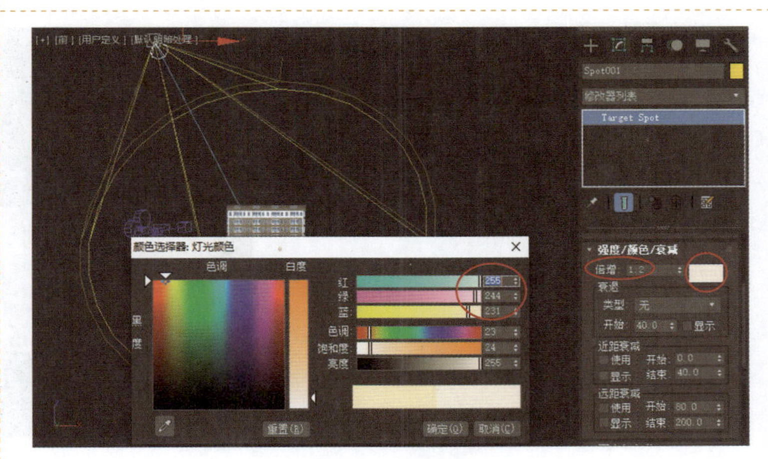

图 5-6-3 设置颜色

STEP 04 单击【天光】按钮，在视图中创建一个天光，进入【修改】面板，将【倍增】设置为 0.5，勾选【投射阴影】复选框，如图 5-6-4 所示。

注意：天光对位置没有具体要求，可以放在场景中的任何位置。

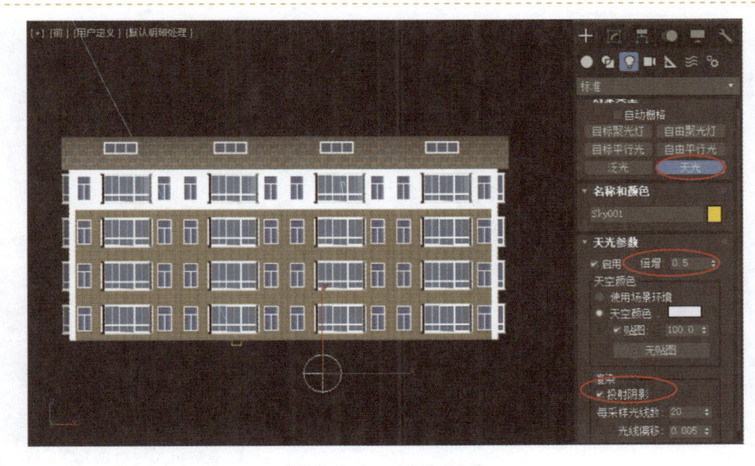

图 5-6-4 创建天光

STEP 05 执行【渲染】→【渲染设置】命令，弹出【渲染设置：扫描线渲染器】窗口，将【宽度】设置为1000，【高度】设置为600，在【查看到渲染】右侧的下拉列表中选择【Quad4-Camera001】选项，如图5-6-5所示。

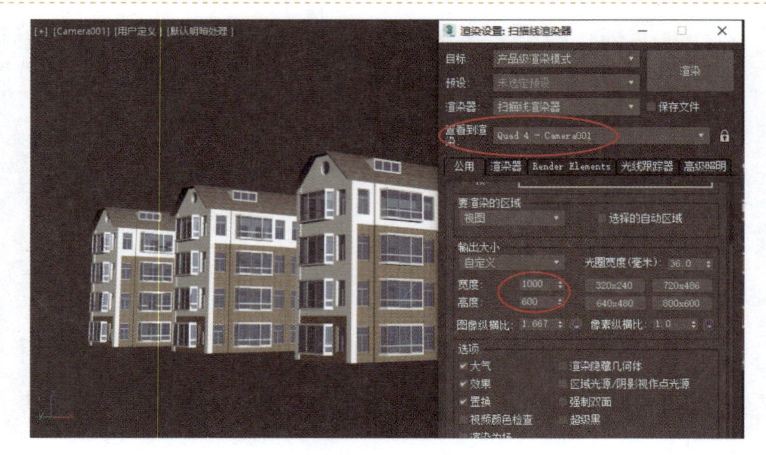

图 5-6-5　渲染设置

STEP 06 单击【渲染】按钮，渲染后的场景如图5-6-6所示，将图像保存成JPG格式的图片。

图 5-6-6　渲染后的场景

STEP 07 使用Photoshop给场景添加背景后的效果如图5-6-7所示。

注意：Photoshop操作部分不在本书的范围，请读者根据提供的素材自行完成。

图 5-6-7　生成的效果图

5.7　相关知识

STEP 01 选择【边】子对象，并选择【透视】视图中的一条边，单击【选择】卷展栏中的【循环】按钮，可以选中一圈循环边，如图 5-7-1 所示。

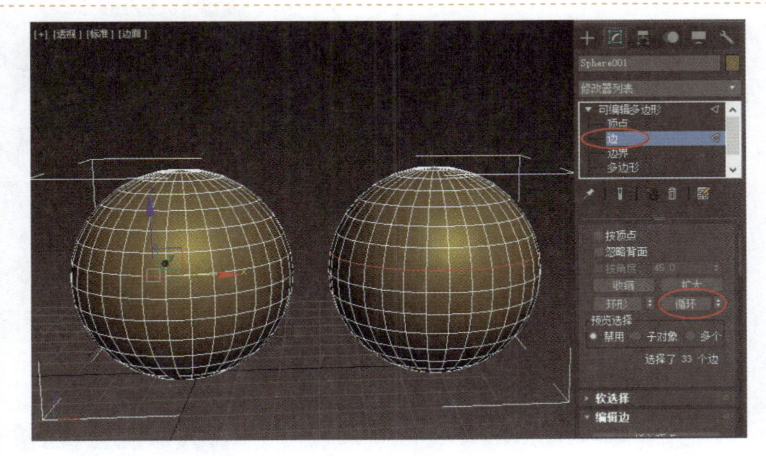

图 5-7-1　选择循环边

STEP 02 选择【边】子对象，并选择【透视】视图中的一条边，单击【选择】卷展栏中的【环形】按钮，可以选中一圈间隔边，即环形边如图 5-7-2 所示。

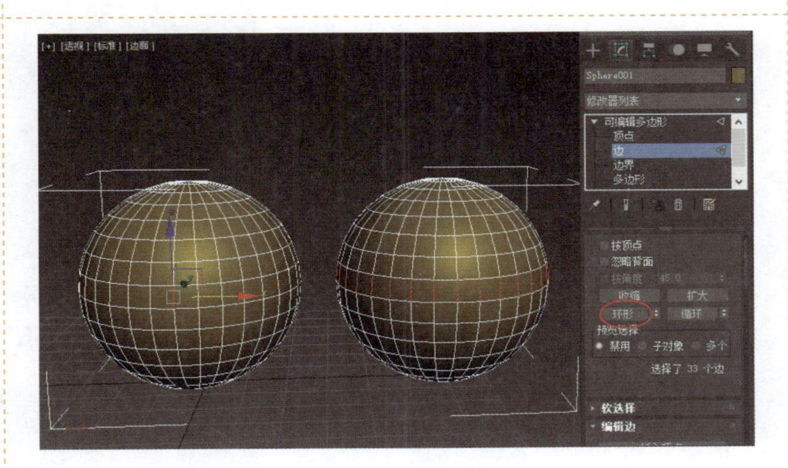

图 5-7-2　环形边

STEP 03 选择环形边并右击，在弹出的快捷菜单中执行【转换到面】命令，可以选中相关的一圈面，如图 5-7-3 所示。

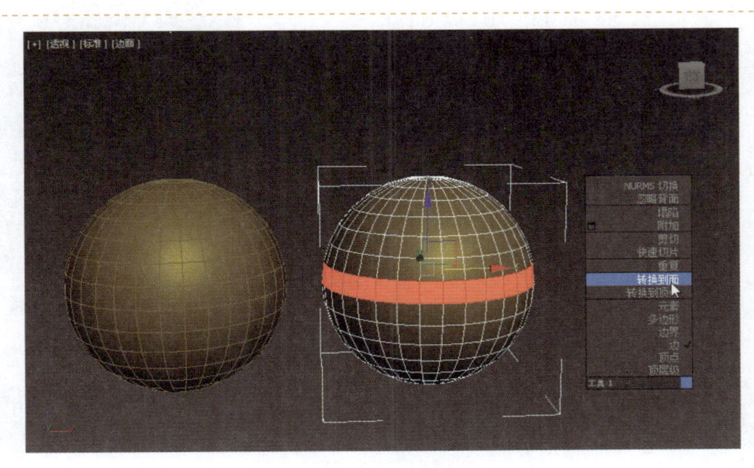

图 5-7-3　转换到面

STEP 04 选择环形边并右击，在弹出的快捷菜单中执行【转换到顶点】命令，可以选中相关的顶点，如图 5-7-4 所示。

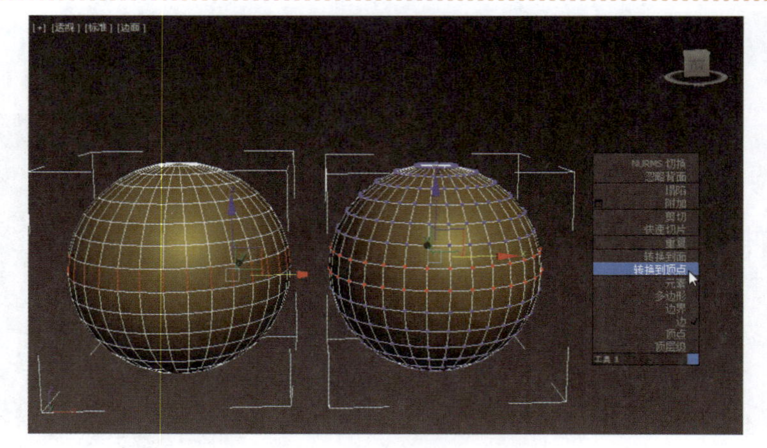

图 5-7-4　转换到顶点

STEP 05 选择一个多边形，按住 Shift 键，单击旁边的一个多边形可以选中一圈多边形，如图 5-7-5 所示。

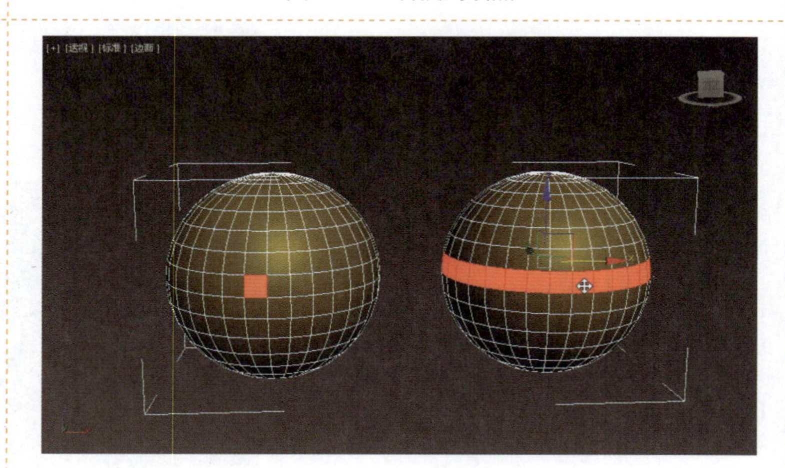

图 5-7-5　选中一圈多边形

STEP 06 在【边】子对象层中双击某一条边，不仅可以选中所在的一圈边，还可以按住 Ctrl 键双击边加选其他循环边，如图 5-7-6 所示。

注意：双击选择循环子对象只有对【边】子对象有效。

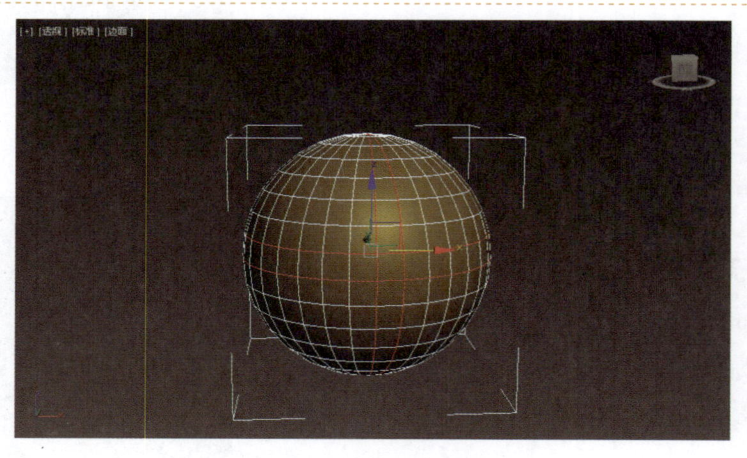

图 5-7-6　选择多个循环边

5.8　实战演练

完成上述建筑效果图的制作后，相信读者一定对建筑效果图的制作过程比较熟悉了，但是不是对自己制作建筑效果图的能力充满信心了呢？

某厂房白天效果图如图 5-8-1 所示，请读者动手试着制作。

5-8-1　某厂房白天效果图

制作要求

（1）模型建立准确，命名合理。

（2）材质表现较生动，灯光有主次之分，层次比较明显。

（3）能在 Photoshop 中进行简单的图片合成及颜色调整。

制作提示

（1）从墙面建模入手，通过【线】工具和【矩形】工具结合【挤压】修改器完成墙面的建模。

（2）窗户的建模可以通过编辑多边形来完成。

（3）楼梯的建模直接用 3ds Max 2018 提供的标准【楼梯】模型完成。

项目评价

项目实训评价表

项　目	内　容		评定等级			
	学 习 目 标	评 价 项 目	4	3	2	1
职业能力	能熟练掌握建筑效果图的建模过程	能看懂模型结构				
		能找到建模的突破口				
	能熟练掌握建筑效果图的制作技术	能创建位置准确的模型				
		能灵活使用可编辑多边形				
	能熟练设置场景中的灯光效果	能使用不同的灯光				
		能设置灯光参数				
		能对场景灯光进行整体把握				
	能熟练设置摄像机	能设置合适的渲染视图				
		能设置摄像机参数				

续表

项目实训评价表						
项　目	内　容		评定等级			
	学 习 目 标	评 价 项 目	4	3	2	1
通用能力	交流表达能力					
	与人合作能力					
	沟通能力					
	组织能力					
	活动能力					
	解决问题的能力					
	自我提高的能力					
	革新、创新的能力					
综合评价						

评定等级说明表	
等　级	说　明
4	能高质、高效地完成项目实训评价表中学习目标的全部内容，并能解决遇到的特殊问题
3	能高质、高效地完成项目实训评价表中学习目标的全部内容
2	能圆满完成项目实训评价表中学习目标的全部内容，不需要任何帮助和指导
1	能圆满完成项目实训评价表中学习目标的全部内容，但偶尔需要帮助和指导

最终等级说明表	
等　级	说　明
优秀	80%项目达到 3 级水平
良好	60%项目达到 2 级水平
合格	全部项目都达到 1 级水平
不合格	不能达到 1 级水平

项目 6　游戏道具——战锤的制作

项目描述

随着计算机游戏和手机游戏的迅猛发展，越来越多的人开始从事相关的三维制作工作。在各种三维游戏中，游戏道具是非常重要的，虽然游戏道具在很大程度上只是“配角”，但是它们是不可或缺的，因为好的游戏道具能突出主要角色的特点，增强游戏的吸引力。为了让游戏运行流畅，需要用最少的面来表现物体，模型的大部分细节可以使用贴图来表现。本项目以战锤为例，其最终效果如图 6-0-1 所示。

图 6-0-1　战锤效果

学习目标

- 可编辑多边形的运用。
- 【UVW 展开】修改器的运用。
- 道具效果的表现。

项目分析

仔细分析战锤模型，首先可以从制作圆柱体开始，通过修改相关的子对象制作战锤的模型结构；然后使用【UVW 展开】修改器来设置战锤的贴图；最后编辑多边形，修改或增加战锤的细节。本项目主要需要完成以下 4 个环节。

（1）战锤头部造型的创建。

（2）战锤握柄结构的制作。

（3）战锤贴图的展开。

（4）战锤效果的表现。

实现步骤

6.1　战锤头部造型的创建

STEP 01　在【创建】面板的【几何体】类别中，单击【长方体】按钮，在【创建方法】卷展栏中选中【立方体】单选按钮。在【键盘输入】卷展栏中将【长度】设置为 50.0，单击【创建】按钮，在【前】视图中创建一个立方体，如图 6-1-1 所示。

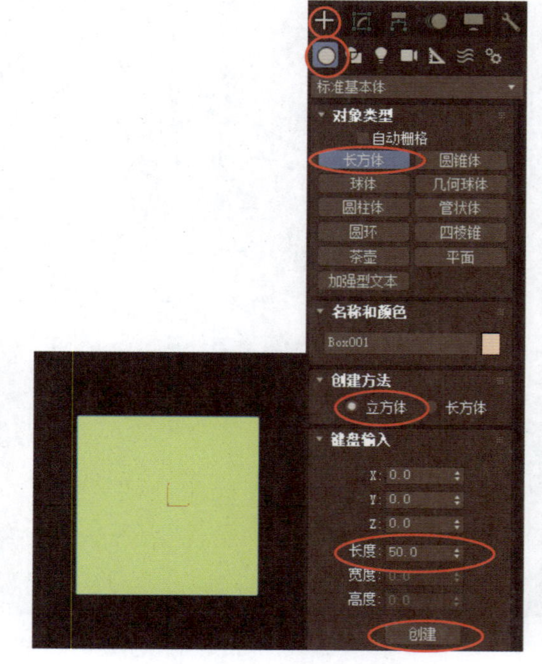

图 6-1-1　创建立方体

STEP 02 在视图中右击，在弹出的快捷菜单中执行【转换为】→【转换为可编辑多边形】命令，将长方体转换为可编辑多边形，如图 6-1-2 所示。

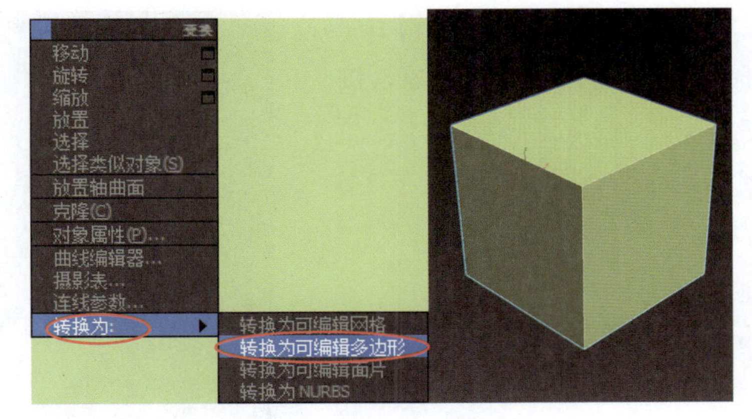

图 6-1-2　转换为可编辑多边形

STEP 03 在【修改】面板中，选择【多边形】对象，按住 Ctrl 键，依次选中立方体的左面、右面及底面，如图 6-1-3 所示。

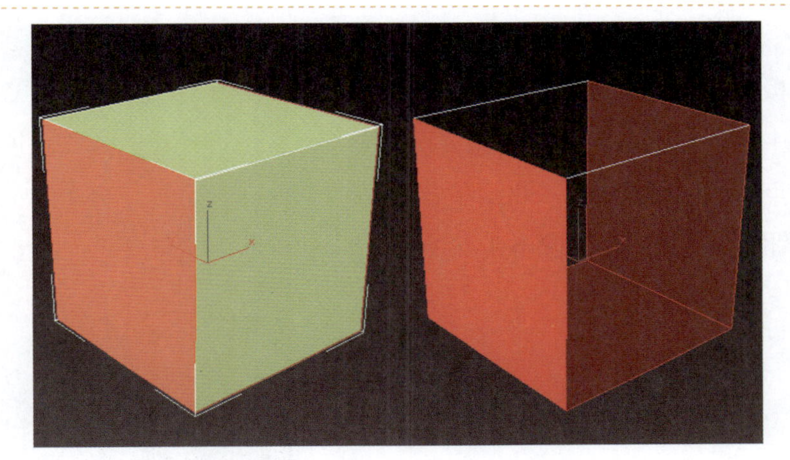

图 6-1-3　选择左面、右面及底面

STEP 04 在右侧【修改】面板中，单击【编辑多边形】卷展栏中【倒角】右侧的按钮，分别将【倒角类别】设置为【按多边形】,【高度】设置为 13.0，【轮廓】设置为-10.0，单击按钮确定选择，如图 6-1-4 所示。

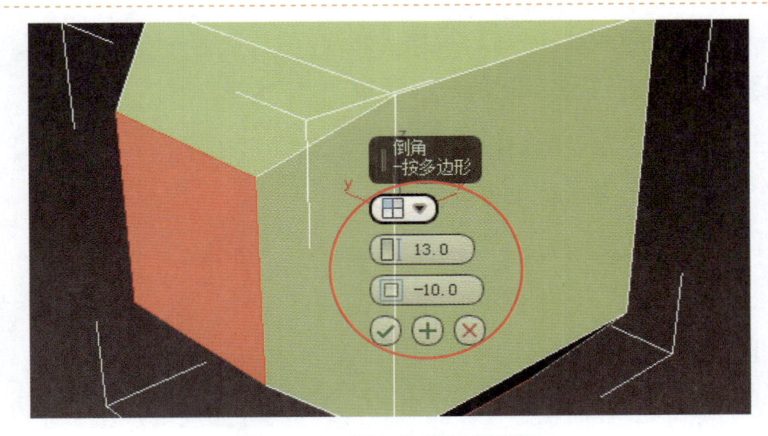

图 6-1-4　倒角选择的部分面

STEP 05 在右侧【编辑】面板中，选择【顶点】对象，按住 Ctrl 键，依次选择立方体左面及右面的各个顶点，如图 6-1-5 所示。

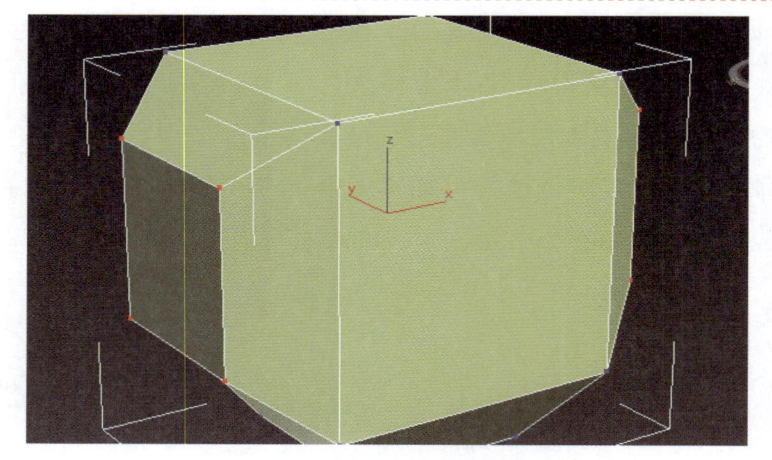

图 6-1-5 选择左、右两面的顶点

STEP 06 在右侧【编辑】面板中，单击【编辑顶点】卷展栏中【切角】右侧的按钮，将【顶点切角量】设置为 9.0，单击按钮确定选择，如图 6-1-6 所示。

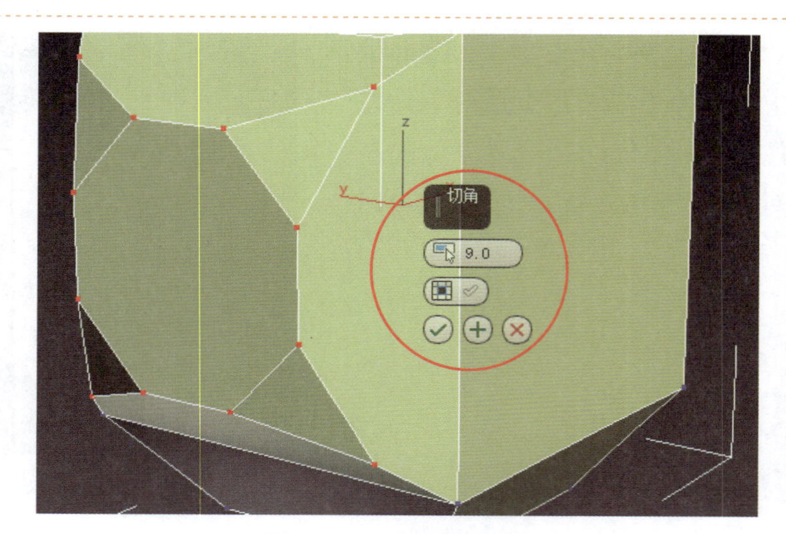

图 6-1-6 切角选择的顶点

STEP 07 在右侧【编辑】面板中，单击【编辑顶点】卷展栏中的【目标焊接】按钮，依次单击切角生成的顶点中与立方体顶点较近的点，即对应的立方体顶点，将两者进行焊接，如图 6-1-7 所示。

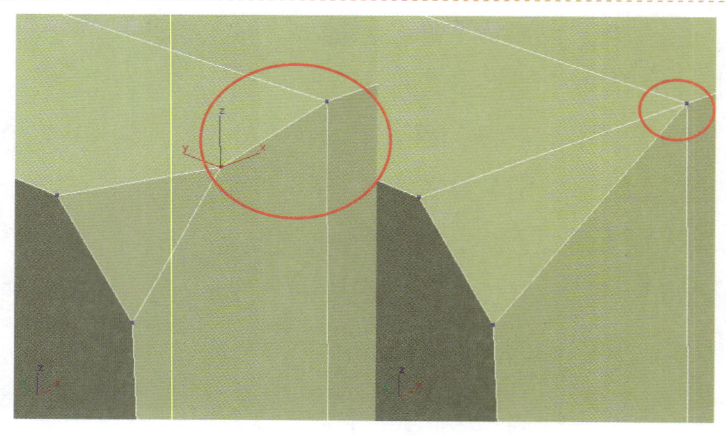

图 6-1-7 焊接对应的点

STEP 08 参考以上操作，逐个焊接左、右两面边缘的各组顶点，如图 6-1-8 所示。

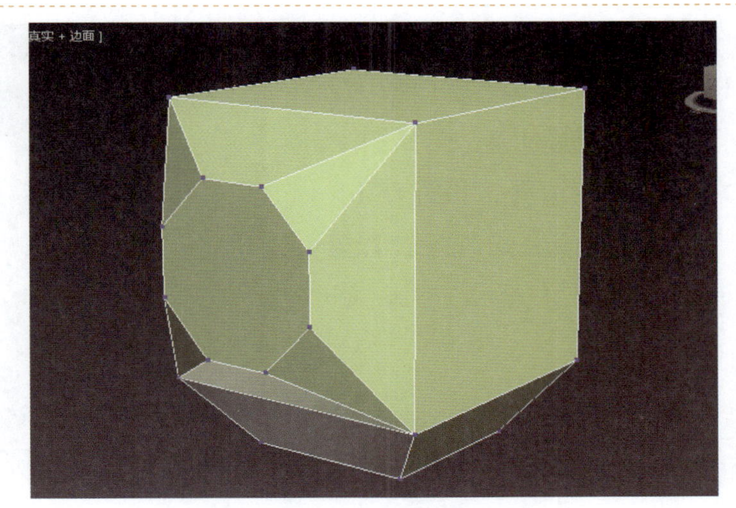

图 6-1-8　依次焊接周围的点

STEP 09 在右侧【编辑】面板中，选择【多边形】对象，选择左、右其中一侧的八边形面，在右侧【编辑】面板中，单击【编辑多边形】卷展栏中【挤出多边形】右侧的按钮，将【高度】设置为 13.0，单击按钮确定选择，如图 6-1-9 所示。

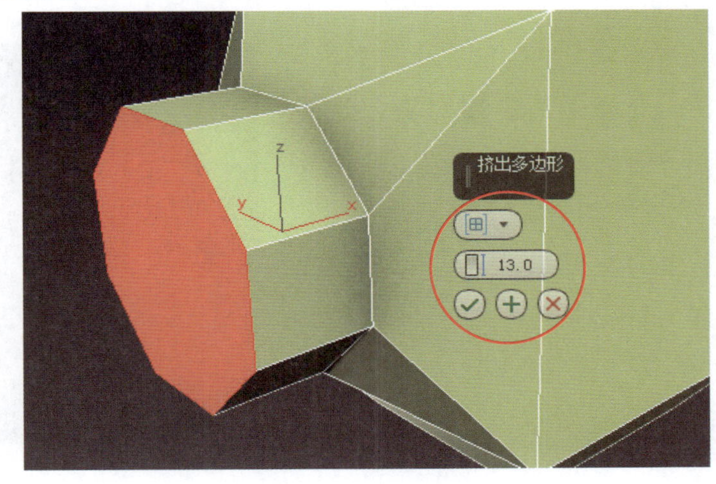

图 6-1-9　挤出多边形

STEP 10 右击主工具栏中的【选择并均匀缩放】按钮，在弹出的【缩放变换输入】窗口中将【偏移：世界】设置为 185%，从而放大选择面，如图 6-1-10 所示。

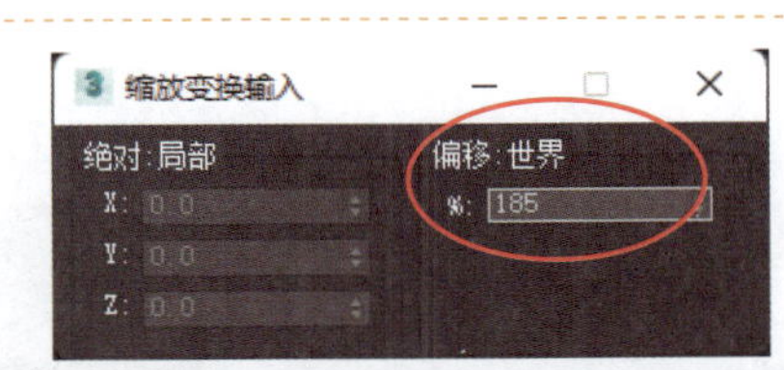

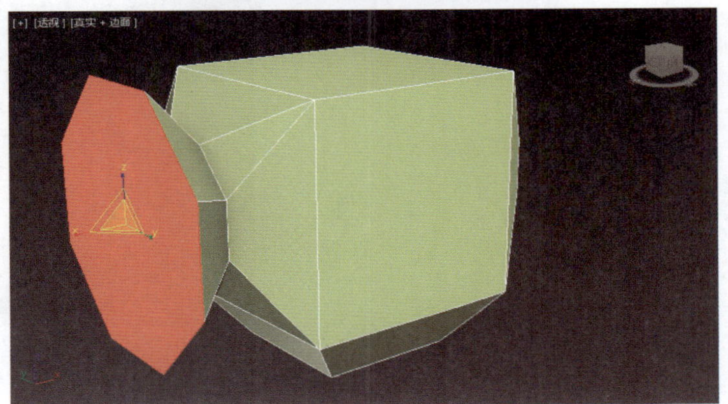

图 6-1-10　放大选择面

STEP 11 按 Delete 键删除所选面，在右侧【编辑】面板中，选择【边界】对象，选择删除面之后余下的边界，按住 Shift 键，使用【选择并均匀缩放】工具将边界放大至 115%，如图 6-1-11 所示。

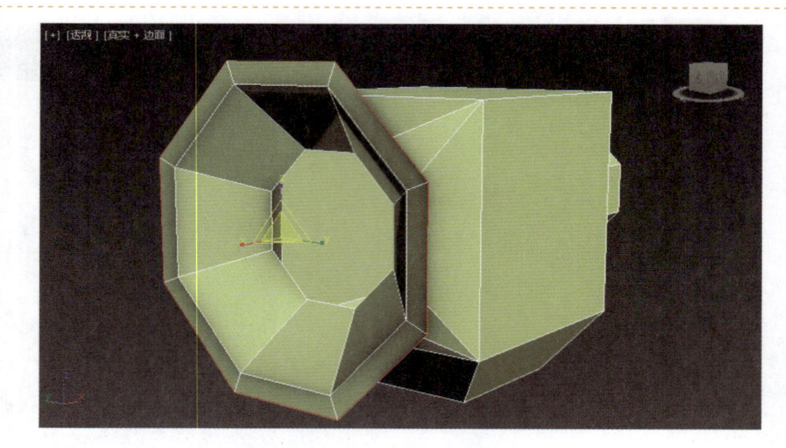

图 6-1-11　放大选择边界

STEP 12 在右侧【编辑】面板中，选择【边】对象，选择缺口中的顶边与底边，使用【选择并均匀缩放】工具，将所选边的宽度放大至 185%，如图 6-1-12 所示。

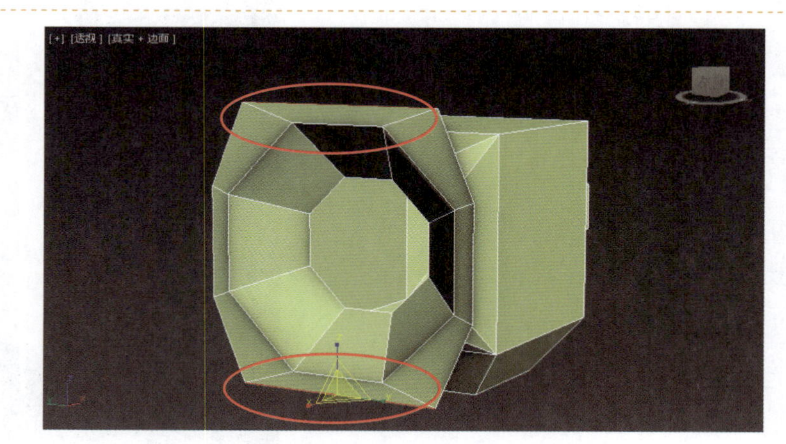

图 6-1-12　放大选择边（1）

STEP 13 参考以上操作，将缺口中左侧面与右侧面的宽度放大至 185%，如图 6-1-13 所示。

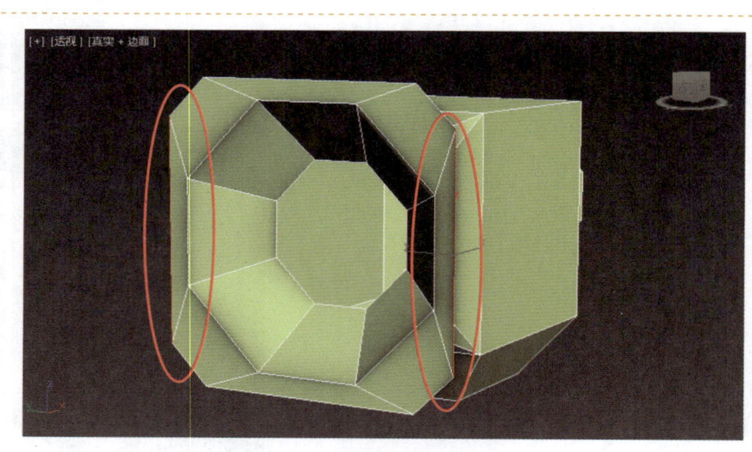

图 6-1-13　放大选择边（2）

STEP 14 在右侧【编辑】面板中，选择【边界】对象，选择缺口中的边界，按住 Shift 键，使用【选择并移动】工具，通过移动边界创建新的面，并将主界面下方的 X 设置为-64.0，确定边界位置，如图 6-1-14 所示。

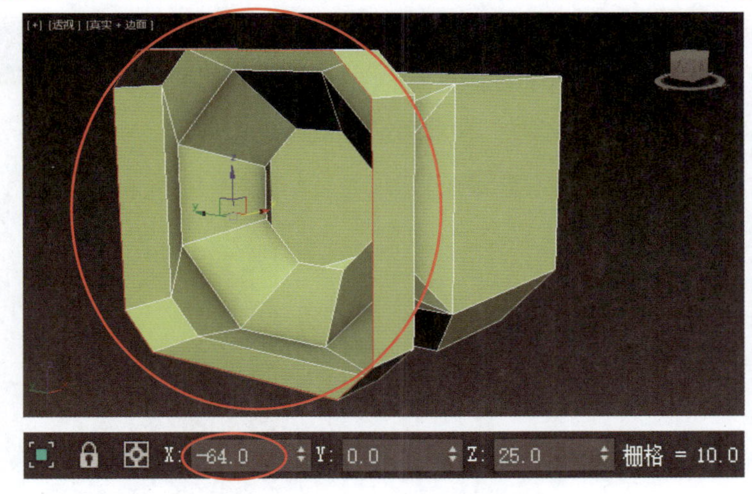

图 6-1-14　通过移动边界创建面

STEP 15 在右侧【编辑】面板中，单击【编辑边界】卷展栏中的【封口】按钮，将缺口封闭，如图 6-1-15 所示。

图 6-1-15　封闭缺口

STEP 16 在右侧【编辑】面板中，选择【边】对象，选择缺口侧面的其中一条边，单击【选择】卷展栏中的【环形】按钮，选择所有的平行边，如图 6-1-16 所示。

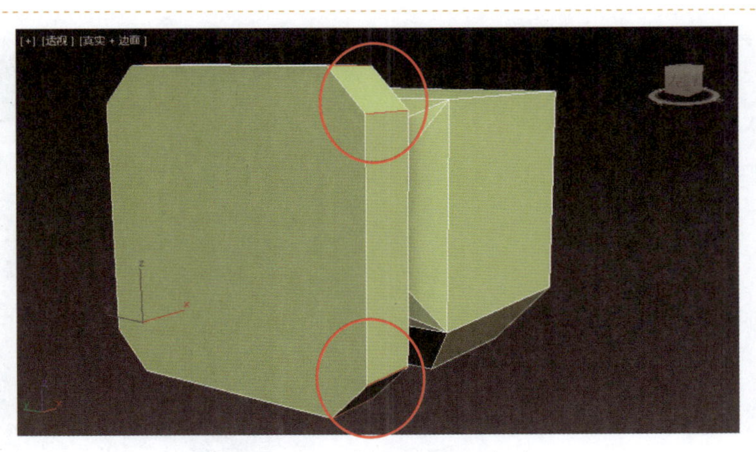
图 6-1-16　选择所有的平行边

STEP 17 在右侧【编辑】面板中，单击【编辑边】卷展栏中【连接边】右侧的■按钮，将【分段】设置为2，单击☑按钮确定选择，如图6-1-17所示。

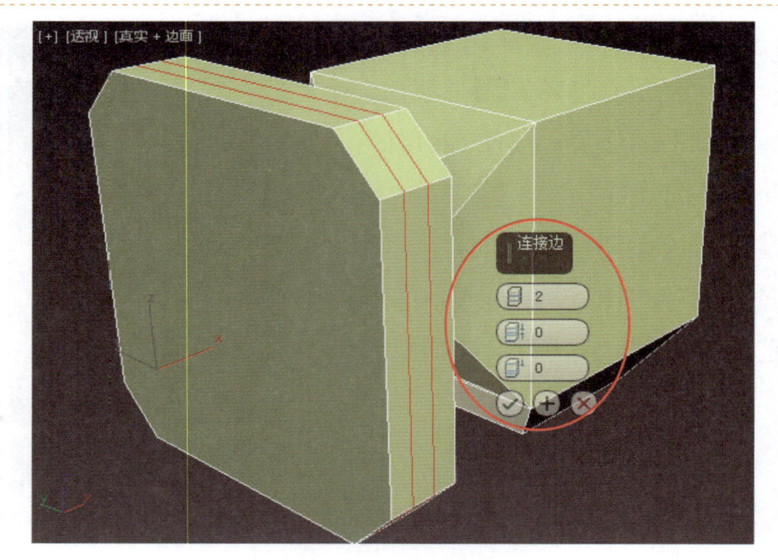

图6-1-17　添加分段线

STEP 18 在右侧【编辑】面板中，选择【多边形】■对象，在【前】视图中框选分段后中间段的所有面，在右侧【编辑】面板中，单击【编辑多边形】卷展栏中【挤出多边形】右侧的■按钮，将【挤出类型】设置为【局部法线】，【高度】设置为-2.0，单击☑按钮确定选择，如图6-1-18所示。

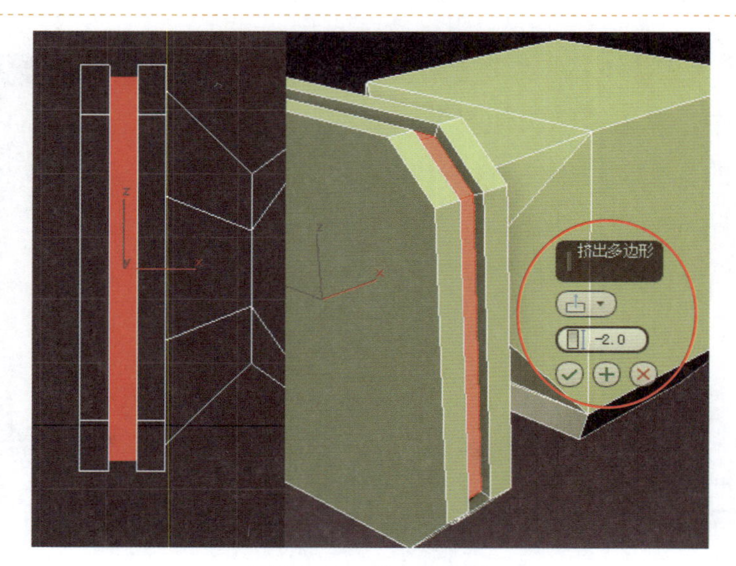

图6-1-18　挤出多边形

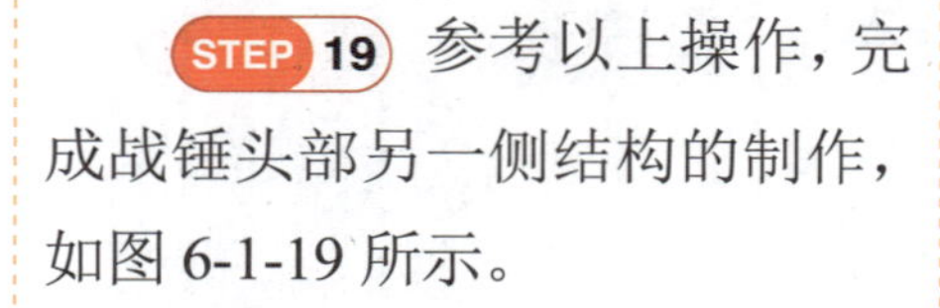

STEP 19 参考以上操作，完成战锤头部另一侧结构的制作，如图6-1-19所示。

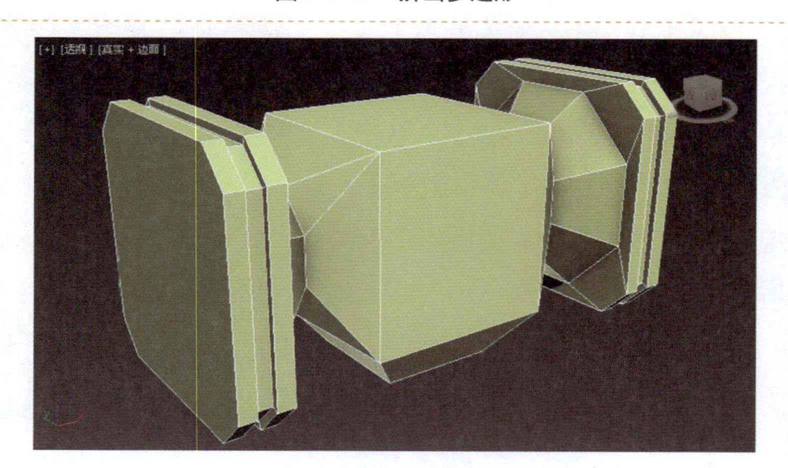

图6-1-19　完成战锤头部造型的创建

6.2　战锤握柄结构的制作

STEP 01 在右侧【编辑】面板中，选择【多边形】■对象，选择战锤头部结构的底面，在右侧【编辑】面板中，单击【编辑多边形】卷展栏中【插入】右侧的■按钮，将【数量】设置为3.0，单击☑按钮确定选择，如图6-2-1所示。

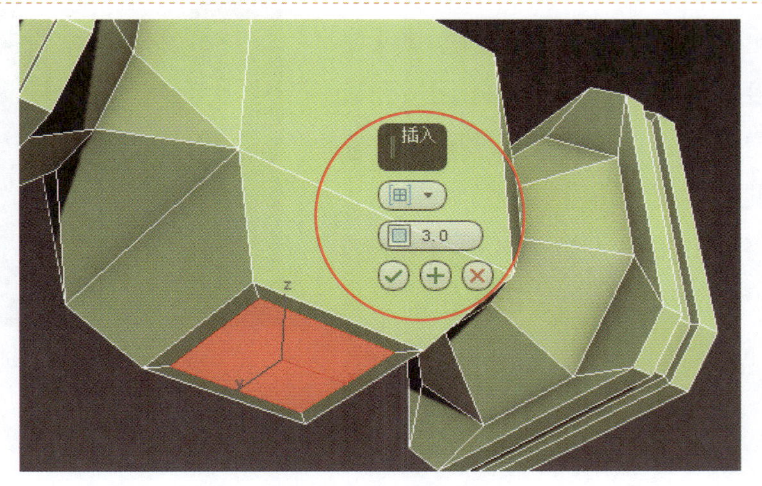

图 6-2-1　插入选择面

STEP 02 单击【编辑多边形】卷展栏中【挤出多边形】右侧的■按钮，将【高度】设置为25.0，单击☑按钮确定选择，如图6-2-2所示。

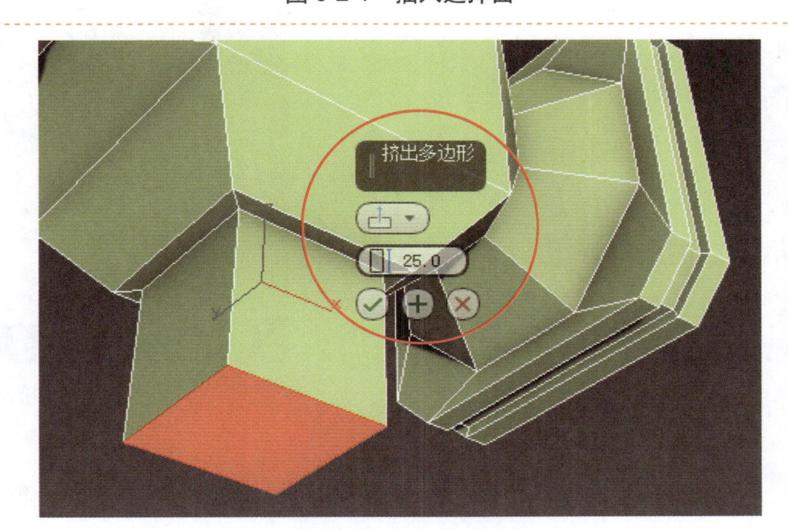

图 6-2-2　挤出多边形

STEP 03 单击【编辑多边形】卷展栏中【倒角】右侧的■按钮，将【高度】设置为5.0，【轮廓】设置为-6.0，单击☑按钮确定选择，如图6-2-3所示。

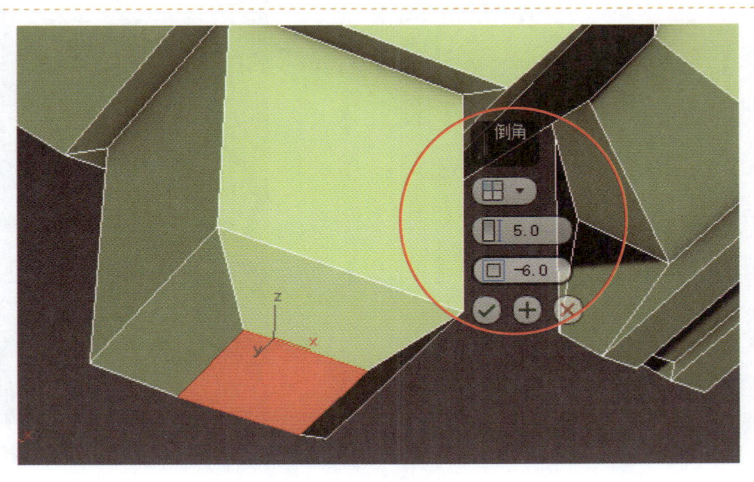

图 6-2-3　倒角选择面（1）

STEP 04 参考以上操作，单击【编辑多边形】卷展栏中【挤出多边形】右侧的■按钮，将【高度】设置为35.0，单击☑按钮确定选择；单击【编辑多边形】卷展栏中【倒角】右侧的■按钮，将【高度】设置为4.0，【轮廓】设置为5.0，单击☑按钮确定选择，如图6-2-4所示。

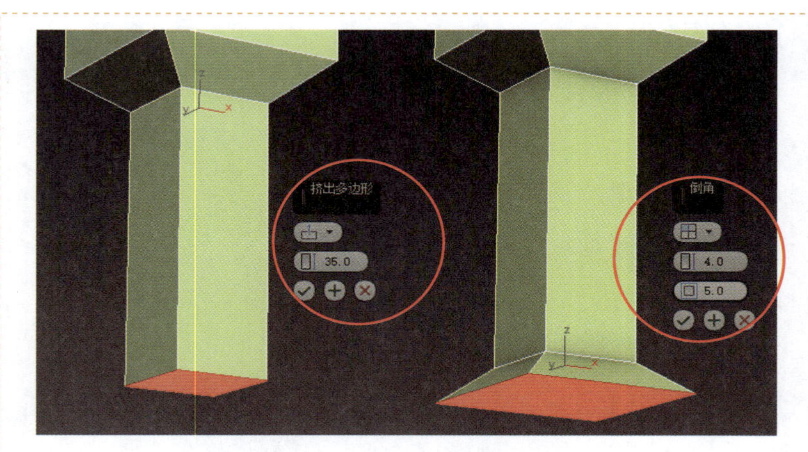

图6-2-4　挤出多边形与倒角选择面（1）

STEP 05 单击【编辑多边形】卷展栏中【挤出多边形】右侧的■按钮，将【高度】设置为25.0，单击☑按钮确定选择；单击【编辑多边形】卷展栏中【倒角】右侧的■按钮，将【高度】设置为4.0，【轮廓】设置为-5.0，单击☑按钮确定选择，如图6-2-5所示。

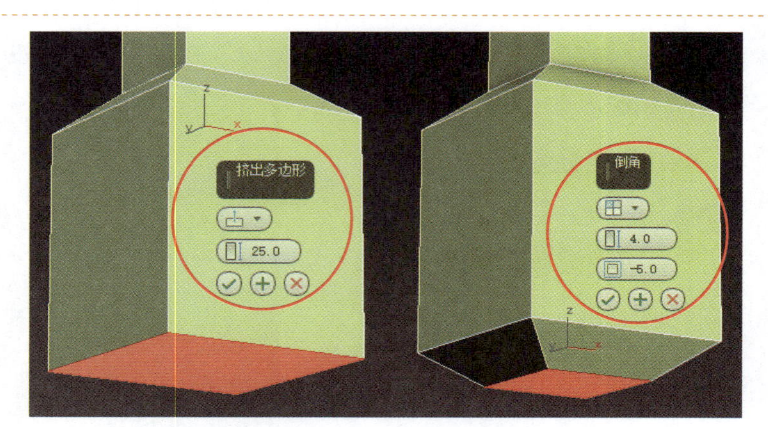

图6-2-5　挤出多边形与倒角选择面（2）

STEP 06 单击【编辑多边形】卷展栏中【挤出多边形】右侧的■按钮，将【高度】设置为40.0，单击☑按钮确定选择；单击【编辑多边形】卷展栏中【倒角】右侧的■按钮，将【高度】设置为7.0，【轮廓】设置为6.0，单击☑按钮确定选择，如图6-2-6所示。

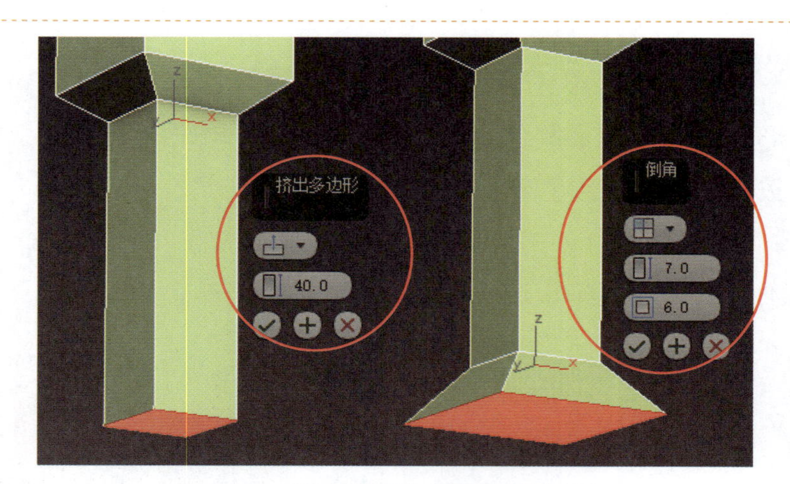

图6-2-6　挤出多边形与倒角选择面（3）

STEP 07 单击【编辑多边形】卷展栏中【倒角】右侧的■按钮，将【高度】设置为 28.0，【轮廓】设置为 4.0，单击☑按钮确定选择；继续单击【编辑多边形】卷展栏中【倒角】右侧的■按钮，将【高度】设置为 7.0，【轮廓】设置为-7.0，单击☑按钮确定选择，如图 6-2-7 所示，完成战锤握柄结构的制作。

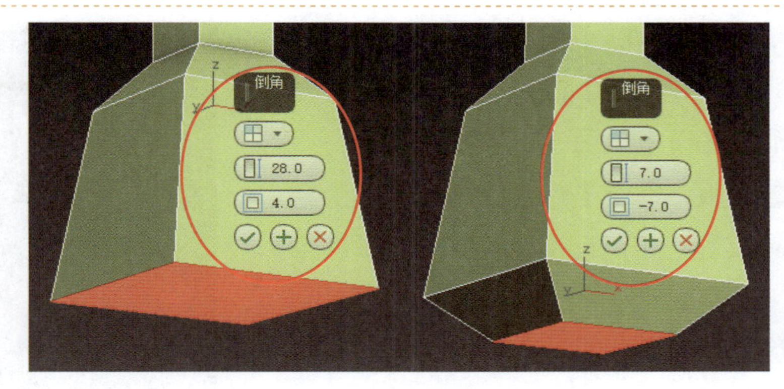

图 6-2-7　倒角选择面（2）

6.3　战锤贴图的展开

STEP 01 按 M 键，弹出【材质编辑器】窗口，选择战锤对象，选择第一个材质球，单击【将材质指定给选定对象】按钮，将材质球的材质赋予模型，如图 6-3-1 所示。

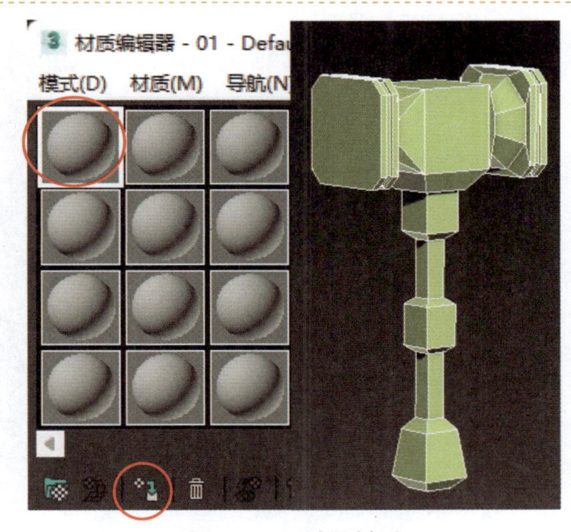

图 6-3-1　赋予材质

STEP 02 在【贴图】卷展栏中单击【漫反射颜色】通道右侧的贴图按钮，在弹出的【材质/贴图浏览器】对话框中选择【位图】选项，单击【确定】按钮，在弹出的【选择位图图像文件】对话框中选择战锤贴图文件，如图 6-3-2 所示。

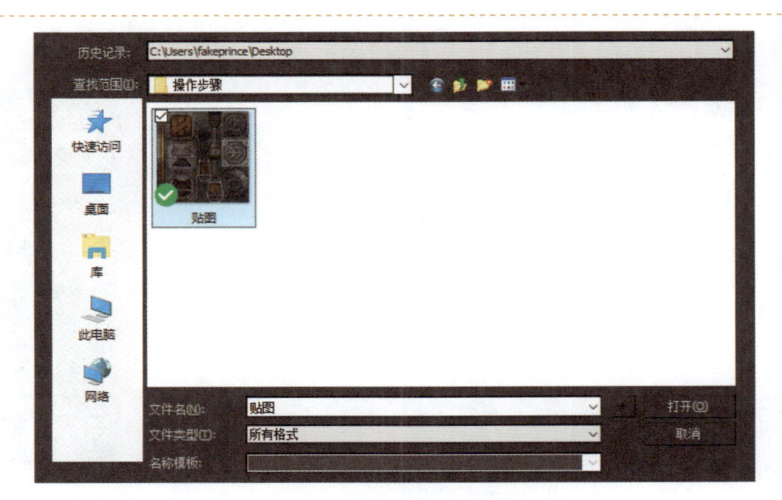

图 6-3-2　选择战锤贴图文件

STEP 03 单击【视口中显示明暗处理材质】按钮，将贴图显示在模型表面上。进入【修改】面板，单击【修改器列表】下拉按钮，在下拉列表中选择【UVW 贴图】修改器，在【参数】卷展栏的【贴图】选项组中选中【长方体】单选按钮，如图 6-3-3 所示。

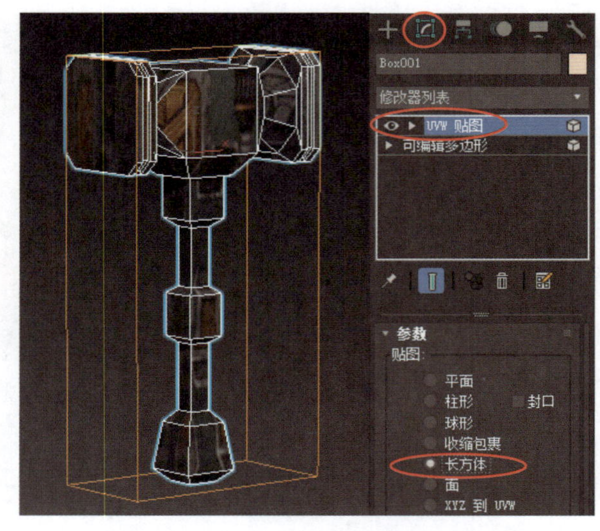

图 6-3-3　添加【UVW 贴图】修改器

STEP 04 单击【修改器列表】下拉按钮，在下拉列表中选择【UVW 展开】修改器，在【编辑 UV】卷展栏中单击【打开 UV 编辑器】按钮，在弹出的【编辑 UVW】窗口中单击右上角的【CheckerPattern（棋盘格）】下拉按钮，在下拉列表中选择【贴图 #0（贴图.jpg）】选项，将贴图纹理显示在窗口背景上，如图 6-3-4 所示。

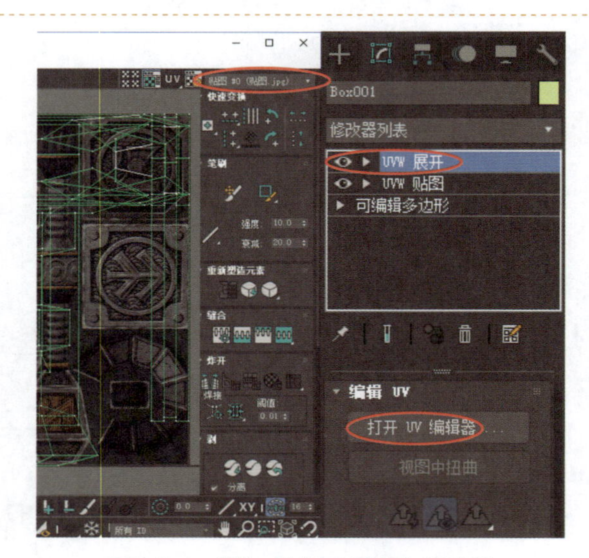

图 6-3-4　添加【UVW 展开】修改器

STEP 05 在【编辑 UVW】窗口中，执行【选项】→【首选项】命令，在弹出的【展开选项】对话框中，勾选【显示首选项】选项组中的【平铺位图】复选框，如图 6-3-5 所示。

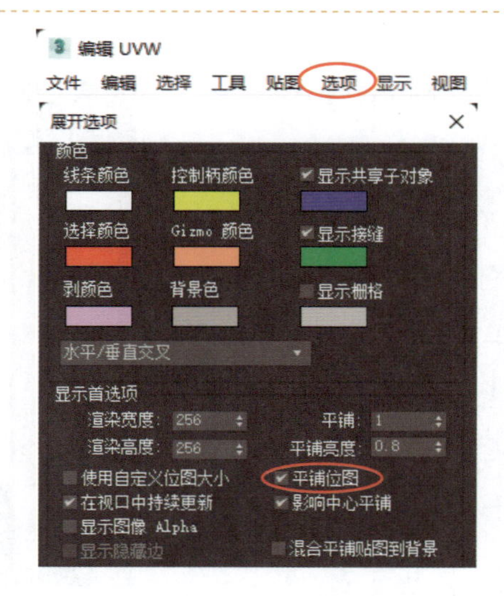

图 6-3-5　勾选【平铺位图】复选框

STEP 06 在【透视】视图中选择战锤头部的面，在【编辑UVW】窗口中按组合键 Ctrl+B，将面断开；使用【自由形式模式】工具调整面的大小、角度与位置，使其与贴图上对应的纹理对齐，如图 6-3-6 所示。

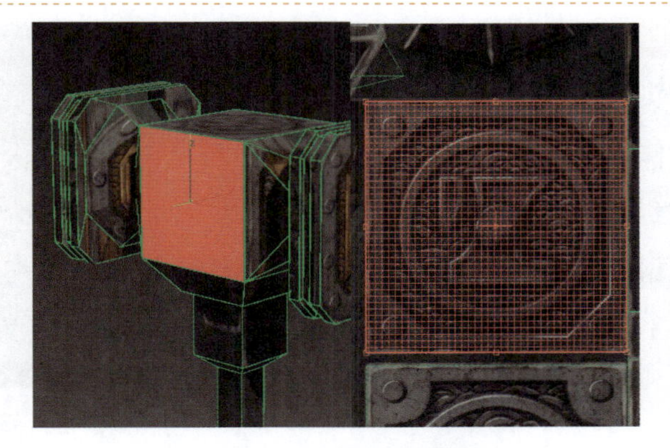

图 6-3-6　调整侧面贴图纹理

STEP 07 在【编辑 UVW】窗口中，执行【编辑】→【复制】命令；在【透视】视图中选择与战锤头部相对称的另一面；在【编辑 UVW】窗口中，执行【编辑】→【粘贴】命令，从而实现贴图纹理的复制、粘贴，如图 6-3-7 所示。

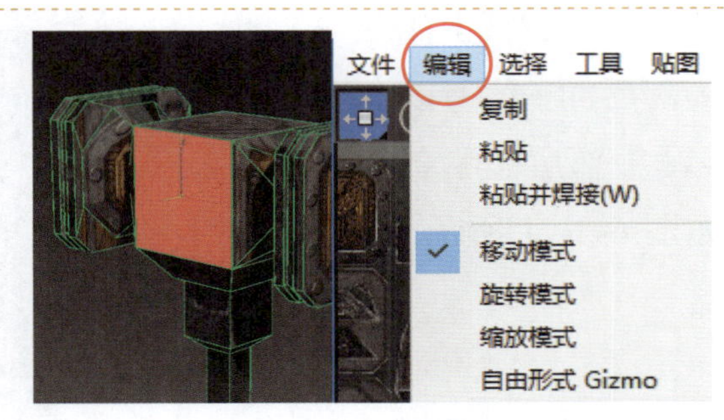

图 6-3-7　复制、粘贴贴图纹理

STEP 08 参考以上操作，完成战锤顶部贴图纹理的调整，如图 6-3-8 所示。

图 6-3-8　调整战锤顶部贴图纹理

STEP 09 参考以上操作，完成战锤头部前、后面贴图纹理的调整，如图 6-3-9 所示。

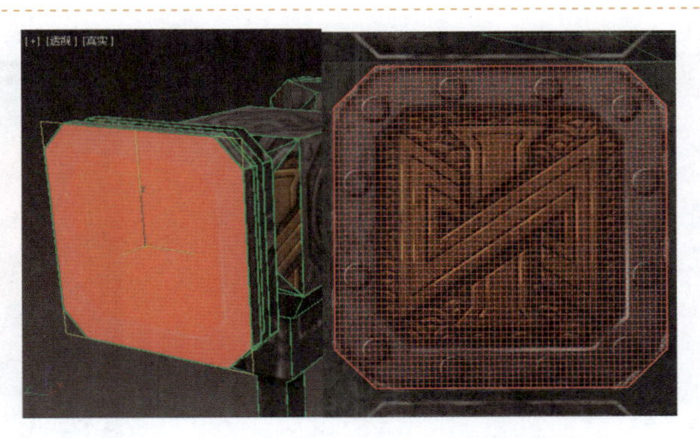

图 6-3-9　调整战锤头部前、后面贴图纹理

STEP 10 在【前】视图中框选战锤头部侧面的装饰面，参考以上操作，将侧面结构与贴图上对应的纹理对齐，完成战锤头部侧面装饰贴图纹理的调整，如图 6-3-10 所示。

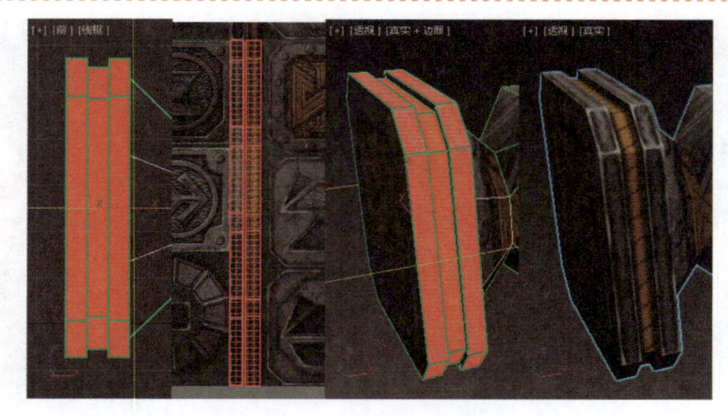

图 6-3-10　调整战锤头部侧面装饰贴图纹理

STEP 11 在【透视】视图中选择战锤头部后面，参考以上操作，完成战锤头部后面贴图纹理的调整，如图 6-3-11 所示。

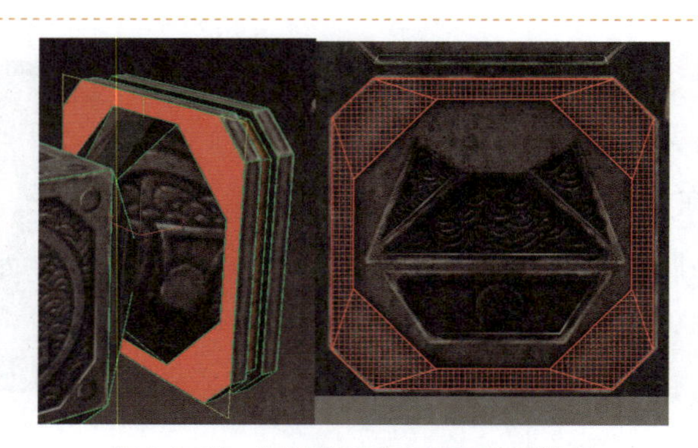

图 6-3-11　调整战锤头部后面贴图纹理

STEP 12 继续选择战锤头部后面，连接部分表面，参考以上操作，完成连接侧贴图纹理的调整，如图 6-3-12 所示。

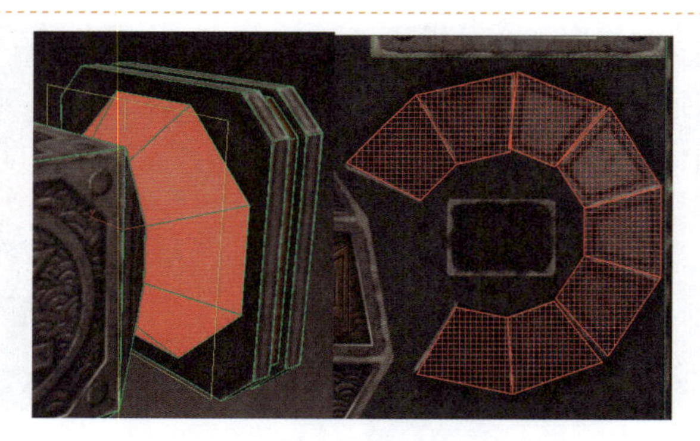

图 6-3-12　调整连接侧贴图纹理（1）

STEP 13 继续选择战锤头部后面，连接部分表面，参考以上操作，完成连接侧贴图纹理的调整，如图 6-3-13 所示。

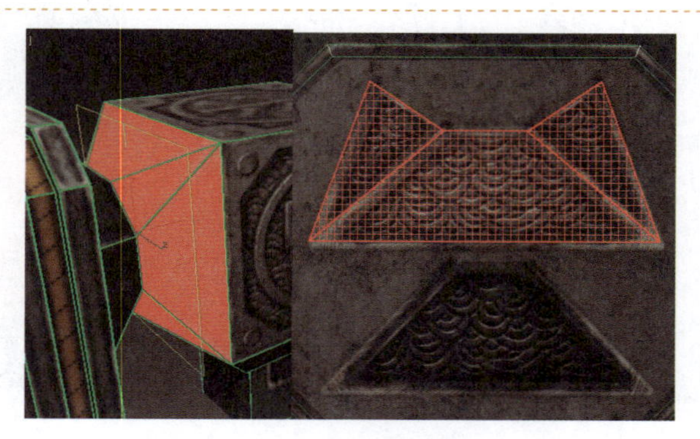

图 6-3-13　调整连接侧贴图纹理（2）

STEP 14 在【前】视图中框选战锤头部底面，参考以上操作，完成战锤头部底面贴图纹理的调整，如图 6-3-14 所示。

图 6-3-14　调整战锤头部底面贴图纹理

STEP 15 参考以上操作，完成战锤头部所有贴图纹理的调整，如图 6-3-15 所示。

图 6-3-15　完成战锤头部所有贴图纹理的调整

STEP 16 选择战锤握柄上半部分的面，参考以上操作，完成战锤握柄上半部分贴图纹理的调整，如图 6-3-16 所示。

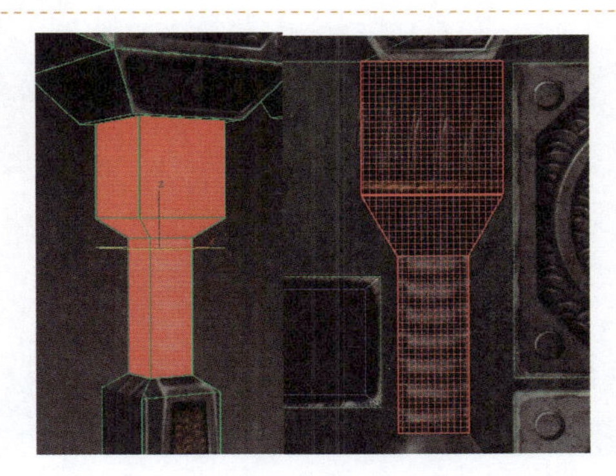

图 6-3-16　调整战锤握柄上半部分贴图纹理

STEP 17 选择战锤握柄中部的面，参考以上操作，完成战锤握柄中部贴图纹理的调整，如图 6-3-17 所示。

图 6-3-17　调整战锤握柄中部贴图纹理

STEP 18 选择战锤握柄下半部分的面，参考以上操作，完成战锤握柄下半部分贴图纹理的调整，如图 6-3-18 所示。

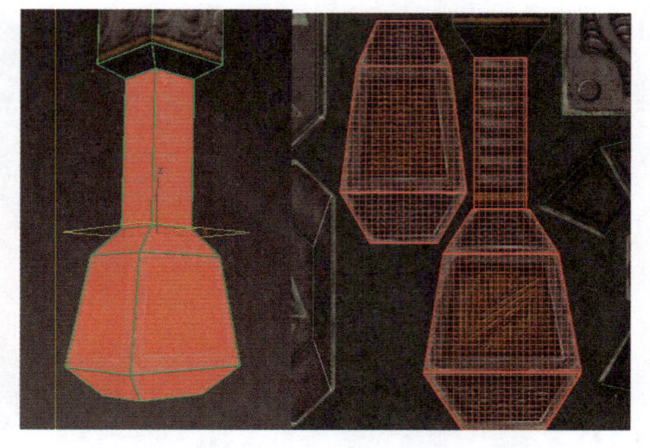

图 6-3-18 调整战锤握柄下半部分贴图纹理

STEP 19 制作完成后的战锤贴图效果，如图 6-3-19 所示。

图 6-3-19 战锤贴图效果

6.4 战锤效果的表现

STEP 01 按 M 键，弹出【材质编辑器】窗口，如图 6-4-1 所示。

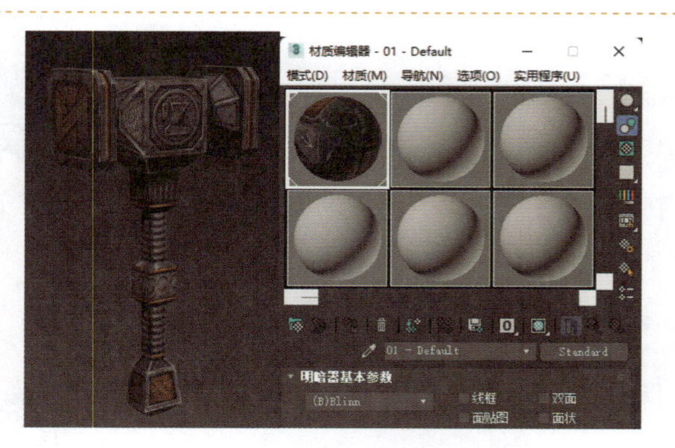

图 6-4-1 【材质编辑器】窗口

STEP 02 在【贴图】卷展栏中将【漫反射颜色】通道中的贴图拖到【反射】通道右侧的贴图按钮上进行复制，在弹出的【复制（实例）贴图】对话框中选中【实例】单选按钮，单击【确定】按钮，如图 6-4-2 所示。

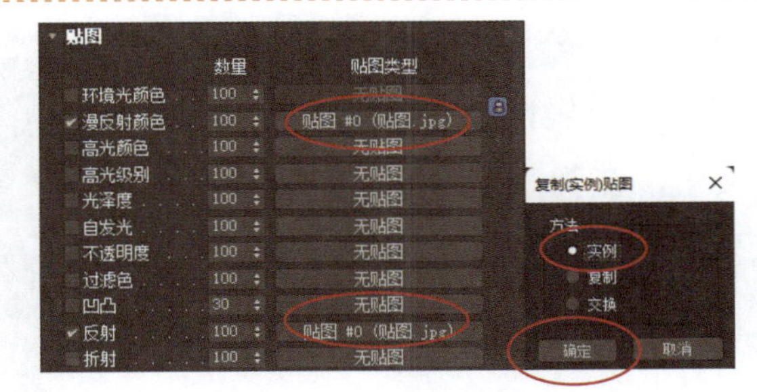

图 6-4-2　复制贴图

STEP 03 在【Blinn 基本参数】卷展栏的【反射高光】选项组中，将【高光级别】设置为 70，【光泽度】设置为 45，如图 6-4-3 所示。

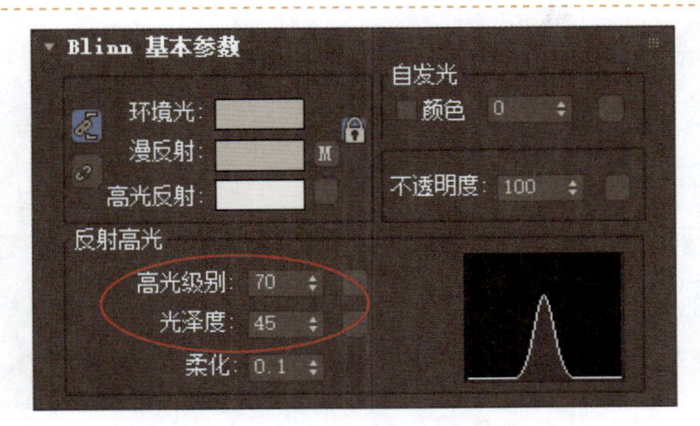

图 6-4-3　设置材质球参数

STEP 04 按键盘上的数字键 8，弹出【环境和效果】窗口，如图 6-4-4 所示。

图 6-4-4　【环境和效果】窗口

STEP 05 单击【公用参数】卷展栏中【环境光】的颜色按钮，在弹出的【颜色选择器：环境光】对话框中将颜色设置为灰色，如图 6-4-5 所示。

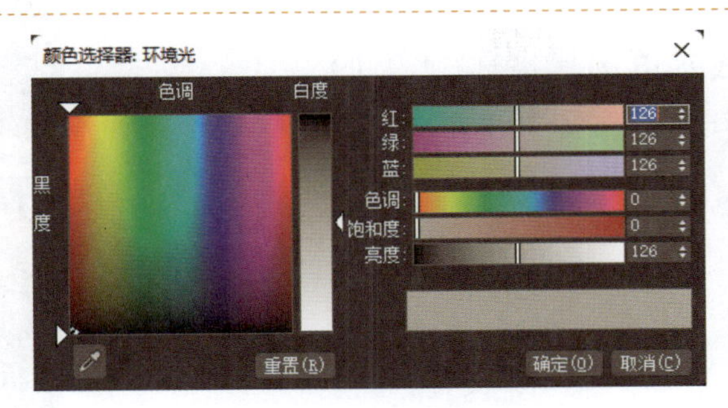

图 6-4-5　设置环境光

STEP 06 在【公用参数】卷展栏中，单击【环境贴图】下方的【无】按钮，在弹出的【材质/贴图浏览器】对话框中选择【渐变】选项，如图 6-4-6 所示。

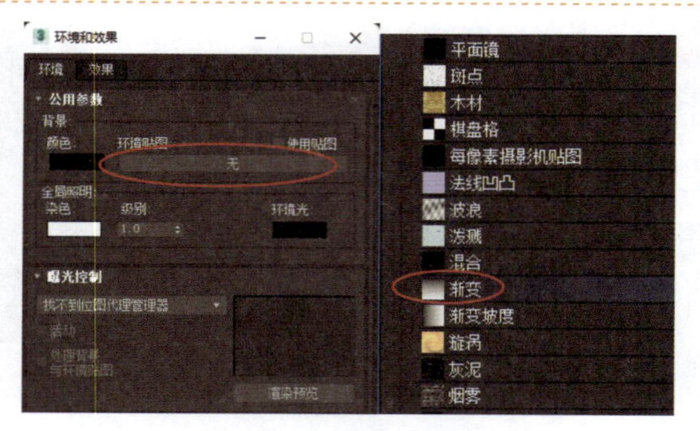

图 6-4-6　设置背景贴图

STEP 07 按 M 键，弹出【材质编辑器】窗口，将【环境贴图】中的【贴图#1（Gradient）】贴图拖到新的材质球中，在弹出的【实例（副本）贴图】对话框中选中【实例】单选按钮，单击【确定】按钮，如图 6-4-7 所示。

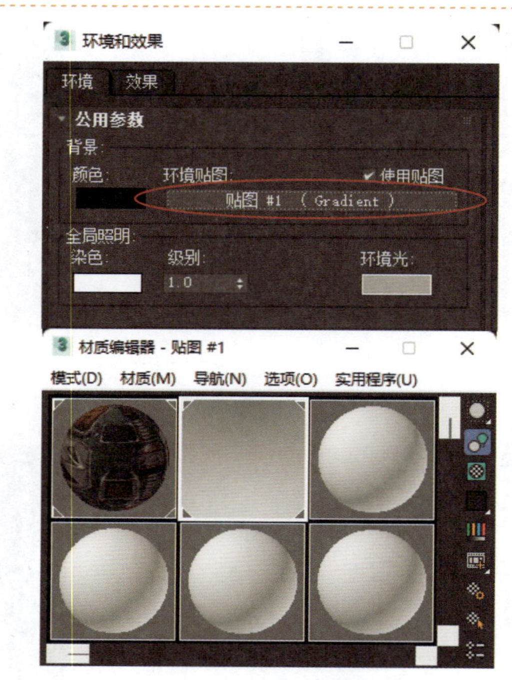

图 6-4-7　关联贴图

STEP 08 在【材质编辑器】窗口中，单击【渐变参数】卷展栏中【颜色#1】的颜色按钮，在弹出的【颜色选择器：颜色 1】对话框中将颜色设置为浅灰色，如图 6-4-8 所示。

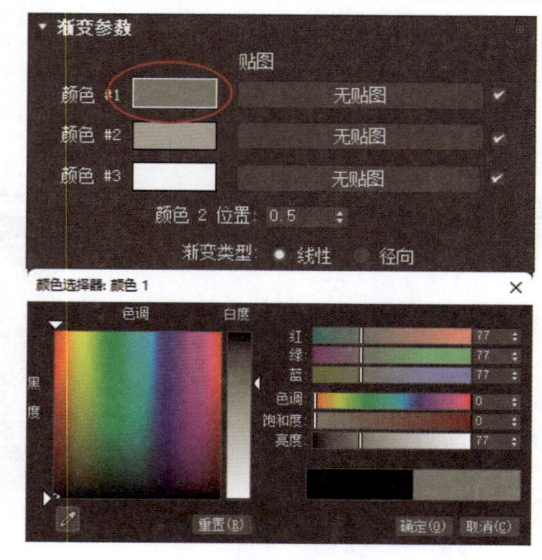

图 6-4-8　设置【颜色#1】的颜色

STEP 09　继续设置【颜色#2】和【颜色#3】的颜色，将其分别设置为浅绿色和墨绿色，如图 6-4-9 所示。

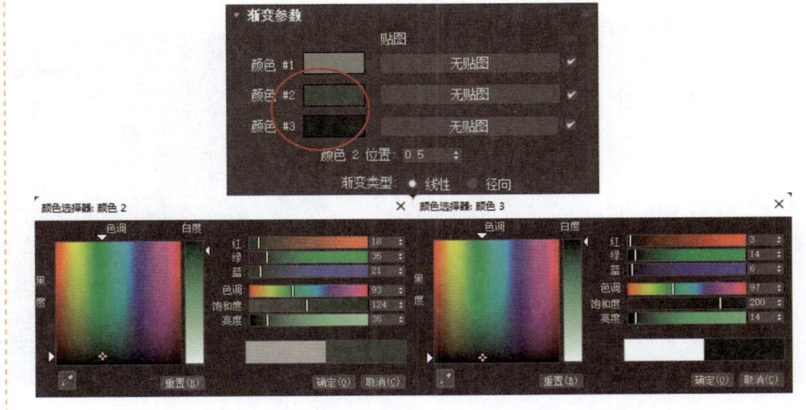

图 6-4-9　设置【颜色#2】和【颜色#3】的颜色

STEP 10　渲染完成的战锤效果，如图 6-4-10 所示。

图 6-4-10　渲染完成的战锤效果

6.5　相关知识

1. 移动选定的子对象

在【编辑 UVW】窗口中可以使用【移动选定的子对象】工具进行拖动，使对象实现位置移动；按住 Shift 键可以锁定，使子对象沿单轴向进行移动，如图 6-5-1 所示。

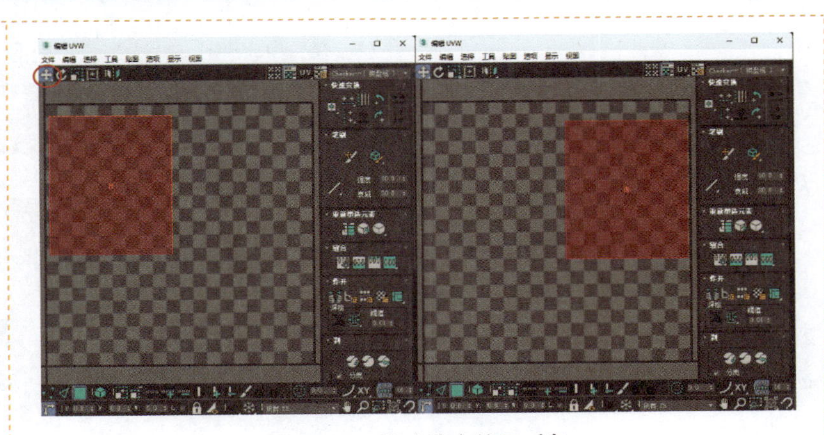
图 6-5-1　移动选定的子对象

2. 旋转选定的子对象

在【编辑 UVW】窗口中可以使用【旋转选定的子对象】工具进行拖动，使对象实现旋转操作，如图 6-5-2 所示。

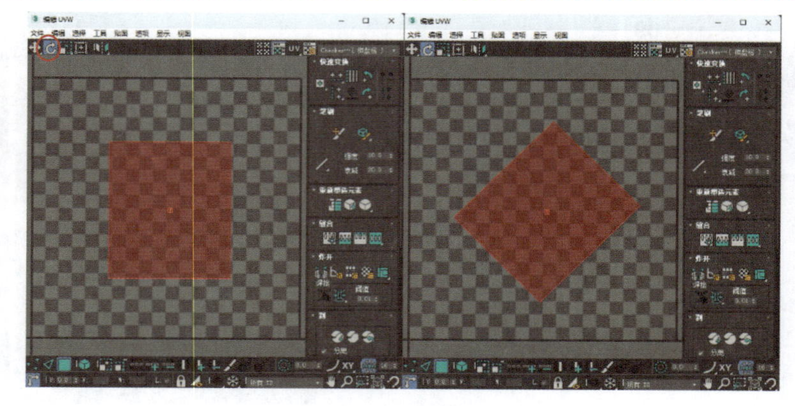

图 6-5-2　旋转选定的子对象

3. 缩放选定的子对象

在【编辑 UVW】窗口中可以使用【缩放选定的子对象】工具进行拖动，使对象实现等比例缩放；按住 Shift 键可以锁定，使子对象沿左右/上下方向缩放，如图 6-5-3 所示。

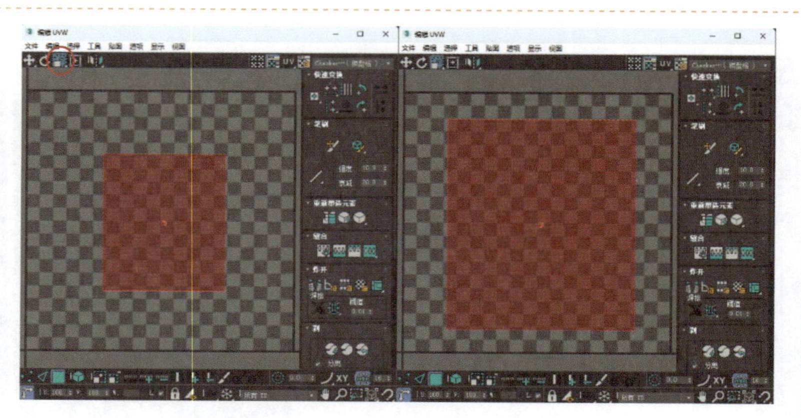

图 6-5-3　缩放选定的子对象

4. 自由形式模式

在【编辑 UVW】窗口中可以使用【自由形式模式】工具在对象内部进行拖动，使对象实现位置移动；按住 Shift 键可以锁定，使子对象沿单轴向进行移动。

使用该工具在对象边的中点进行拖动，可以实现旋转操作。

使用该工具在对象顶点进行拖动，可以实现自由缩放，按住 Shift 键可以锁定，使子对象沿左右/上下方向缩放；按住 Ctrl 键可以锁定等比例缩放；按住 Alt 键可以锁定沿中心点进行缩放，如图 6-5-4 所示。

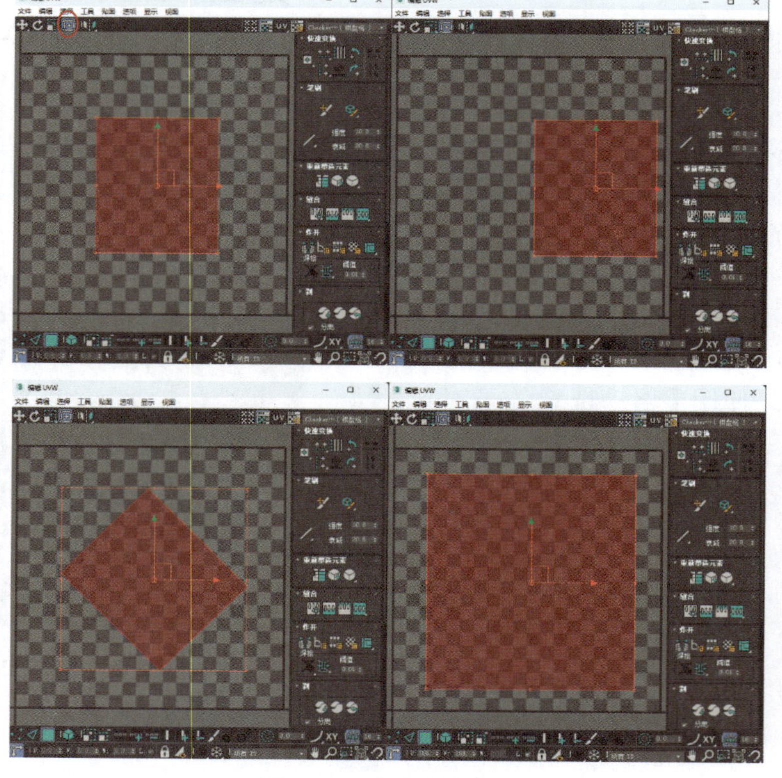

图 6-5-4　自由形式模式

5. 扩大：UV 选择

在【编辑 UVW】窗口中，单击【扩大：UV 选择】按钮，可以使对象的选择范围扩大一圈，如图 6-5-5 所示。

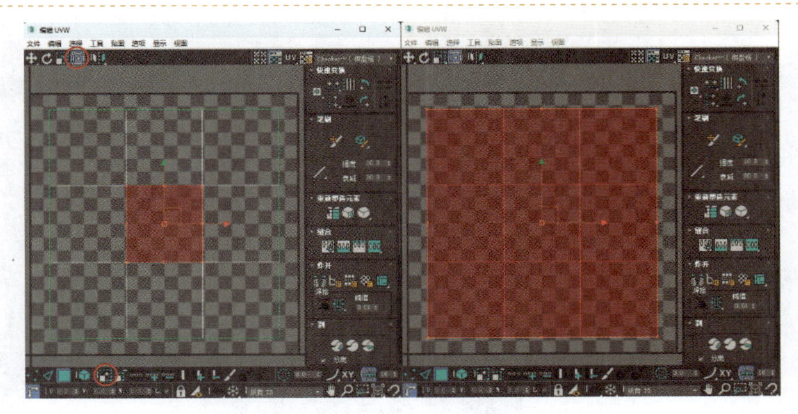

图 6-5-5　扩大：UV 选择

6. 循环 UV

在【编辑 UVW】窗口中，单击【循环 UV】按钮，可以选中当前对象，以及与其成循环关系的对象，如图 6-5-6 所示。

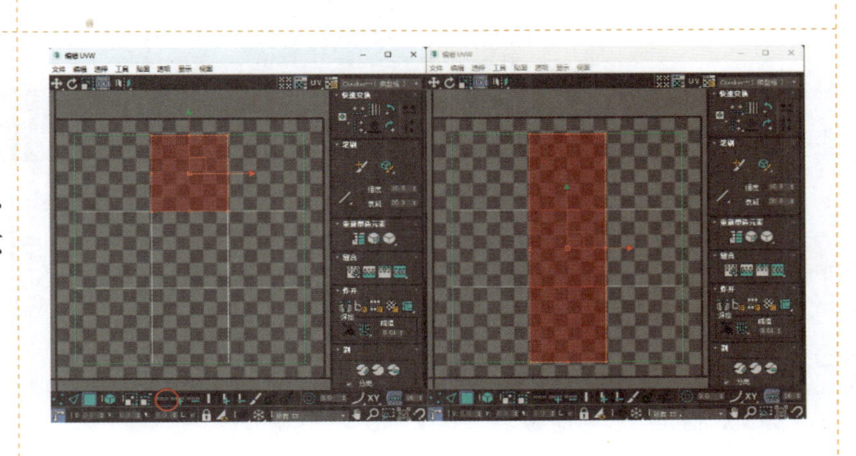

图 6-5-6　循环 UV

7. 环 UV

在【编辑 UVW】窗口中，单击【环 UV】按钮，可以选中当前对象，以及与其成环形关系的对象，如图 6-5-7 所示。

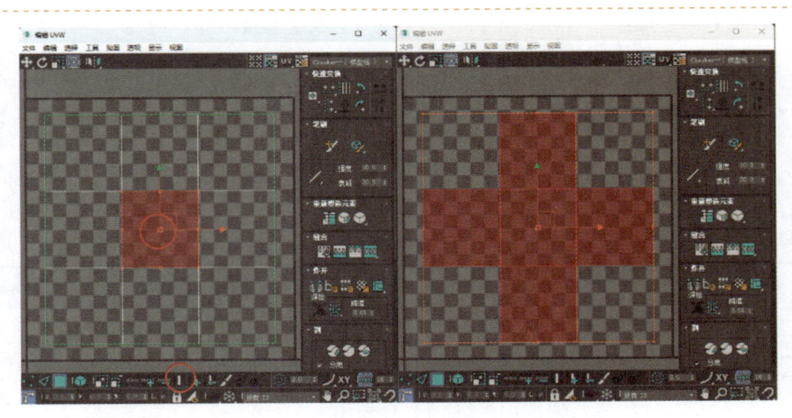

图 6-5-7　环 UV

6.6　实战演练

分析所给的油桶贴图，制作相关的模型。在设置油桶的贴图时，需要表现出油桶表面的粗糙纹理。油桶的效果图如图 6-6-1 所示。

图 6-6-1　油桶的效果图

制作要求

（1）创建精简的游戏道具模型结构。

（2）贴图设置准确合理。

（3）材质表现到位。

制作提示

（1）创建一个圆柱体，在【修改】面板的【参数】卷展栏中，将【高度分段】设置为 1。

（2）使用【UVW 展开】修改器设置圆柱体的贴图。

（3）将【漫反射颜色】通道中的贴图复制到【凹凸】通道中。

项目评价

项目实训评价表						
项　　目	内　　容		评 定 等 级			
	学 习 目 标	评 价 项 目	4	3	2	1
职业能力	能熟练创建游戏道具模型	能灵活使用可编辑多边形				
		能创建最精简的游戏道具模型				
	能熟练设置贴图效果	能灵活使用【UVW 展开】修改器				
		能设置游戏道具的贴图				
	能熟练表现游戏道具的材质	能灵活使用常见的材质				
		能制作各种游戏道具材质				
	能熟练制作渐变背景	能设置渐变背景				
		能修改渐变贴图的参数				

续表

项目实训评价表						
项　目	内　容		评定等级			
	学习目标	评价项目	4	3	2	1
通用能力	交流表达能力					
	与人合作能力					
	沟通能力					
	组织能力					
	活动能力					
	解决问题的能力					
	自我提高的能力					
	革新、创新的能力					
综合评价						

评定等级说明表	
等　级	说　明
4	能高质、高效地完成项目实训评价表中学习目标的全部内容，并能解决遇到的特殊问题
3	能高质、高效地完成项目实训评价表中学习目标的全部内容
2	能圆满完成项目实训评价表中学习目标的全部内容，不需要任何帮助和指导
1	能圆满完成项目实训评价表中学习目标的全部内容，但偶尔需要帮助和指导

最终等级说明表	
等　级	说　明
优秀	80%项目达到 3 级水平
良好	60%项目达到 2 级水平
合格	全部项目都达到 1 级水平
不合格	不能达到 1 级水平

项目 7　卡通角色——小老鼠的制作

项目描述

在当今的时代背景下，三维角色动画已经不是什么新鲜事物。我们经常可以看到通过三维建模制作的卡通形象出现在身边的各种影视作品中。作为一部动画作品的主角，卡通角色的塑造对激发观众的观赏兴趣和整部动画的总体质量起着举足轻重的作用。一个优秀的三维卡通角色不仅要具有吸引人的外表，还要有合适的结构比例来体现它的特点。本项目的最终效果如图 7-0-1 所示。

图 7-0-1　小老鼠效果

学习目标

- 多边形建模的应用。
- 低模平滑表面的处理。
- 角色的结构与比例。
- 卡通角色的细节刻画。

项目分析

在本项目的制作过程中，主要使用多边形建模来制作角色模型。本项目需要完成以下5个环节。

（1）小老鼠头部的制作。

（2）脸部五官细节的设置。

（3）身体躯干的制作。

（4）小老鼠四肢的制作。

（5）手掌和脚掌的制作。

实现步骤

7.1　小老鼠头部的制作

STEP 01　在【创建】面板的【几何体】类别中，单击【球体】按钮，在【前】视图中创建一个球体，将其【半径】设置为50.0，【分段】设置为16。

STEP 02　使用【选择并移动】工具，右击主界面下方用来调节坐标值的按钮，使坐标值归零，如图7-1-1所示。

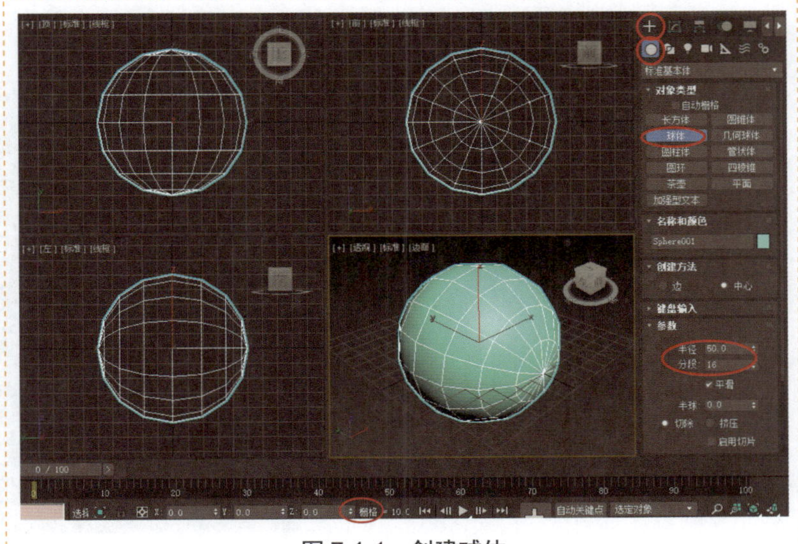

图7-1-1　创建球体

STEP 03 在【左】视图中，使用【选择并旋转】工具，将球体旋转少许角度。

STEP 04 在【实用程序】面板中，先单击【重置变换】按钮，再单击【重置选定内容】按钮，重置球体的坐标轴方向，如图 7-1-2 所示。

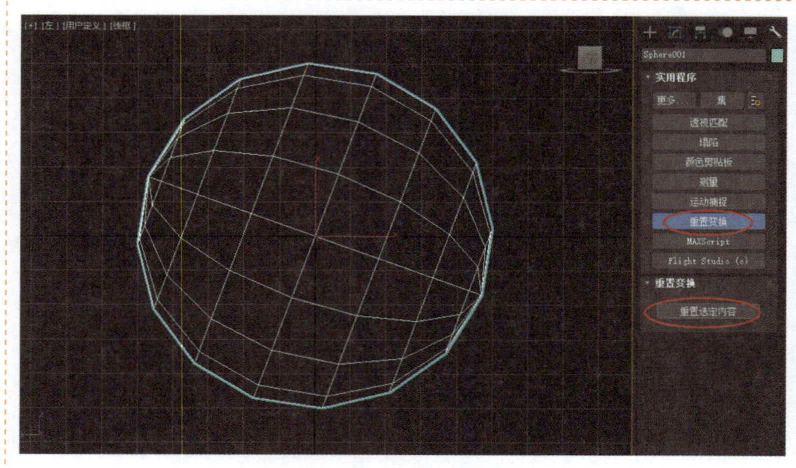

图 7-1-2 重置选定内容

STEP 05 进入【修改】面板，右击【X 变换】修改器，在弹出的快捷菜单中执行【塌陷到】命令，将球体塌陷为可编辑网格，如图 7-1-3 所示。

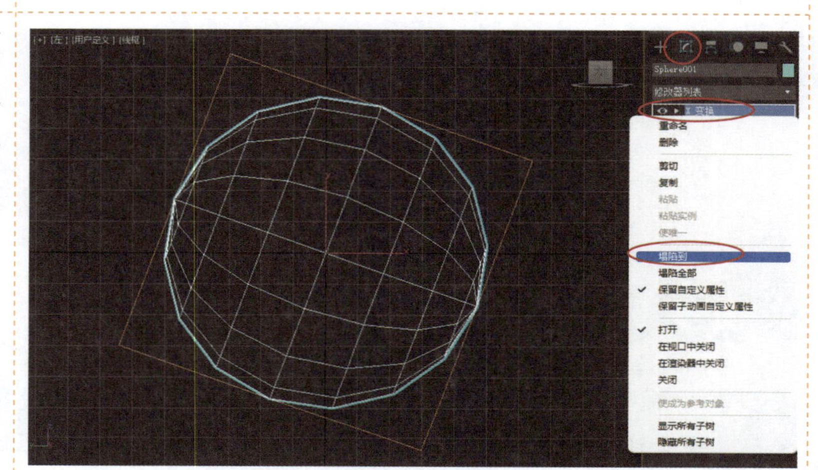

图 7-1-3 塌陷为可编辑网格

STEP 06 右击【可编辑网格】修改器，在弹出的快捷菜单中执行【可编辑多边形】命令，将球体塌陷为可编辑多边形，如图 7-1-4 所示。

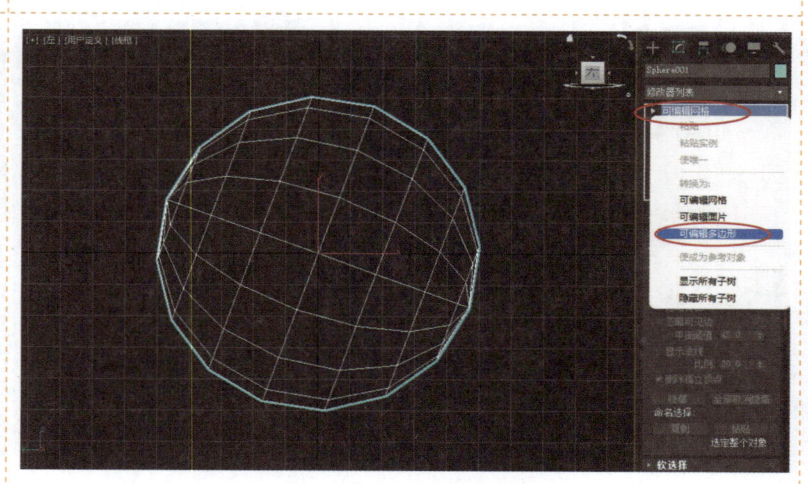

图 7-1-4 塌陷为可编辑多边形

STEP 07 选中【顶点】对象，框选球体右半边的顶点，按Delete键将其删除，如图7-1-5所示。

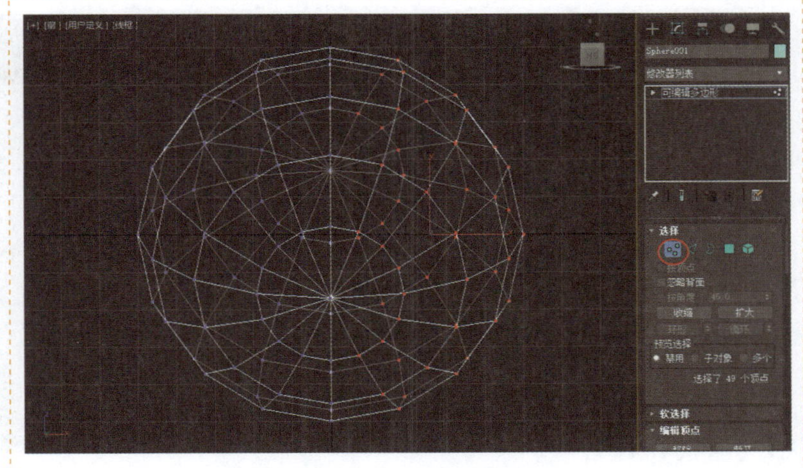

图 7-1-5 删除右半边顶点

STEP 08 单击【修改器列表】下拉按钮，在下拉列表中选择【对称】修改器，在【参数】卷展栏中勾选【翻转】复选框，如图7-1-6所示。

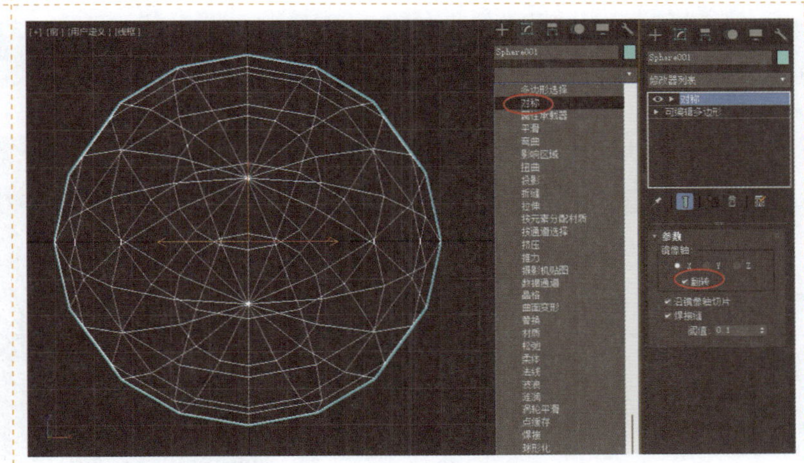

图 7-1-6 添加【对称】修改器

STEP 09 单击【修改器列表】下拉按钮，在下拉列表中选择【涡轮平滑】修改器，在【涡轮平滑】卷展栏中将【迭代次数】设置为2，勾选【等值线显示】复选框，如图7-1-7所示。

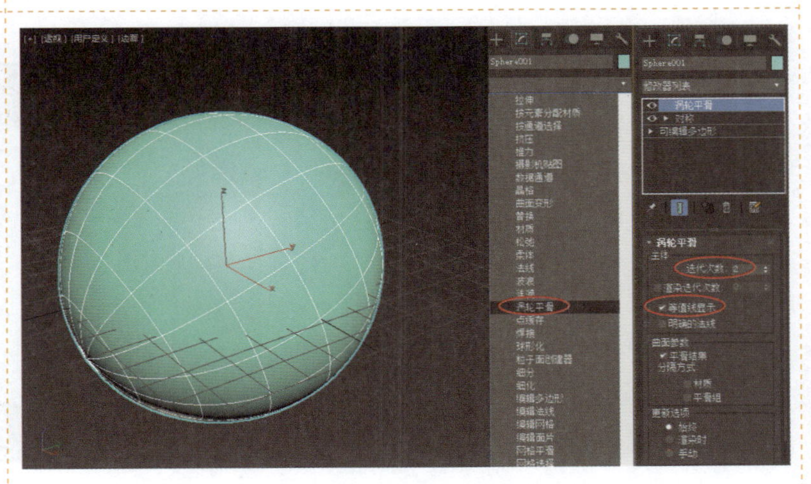

图 7-1-7 添加【涡轮平滑】修改器

STEP 10 选择【可编辑多边形】修改器，单击【显示最终结果开/关切换】按钮，使其在子对象层次中显示最高层次的修改器结果。

STEP 11 在【软选择】卷展栏中勾选【使用软选择】复选框，将【衰减】设置为60.0；移动并旋转球体顶端的顶点，改变小老鼠头部的外形，如图7-1-8所示。

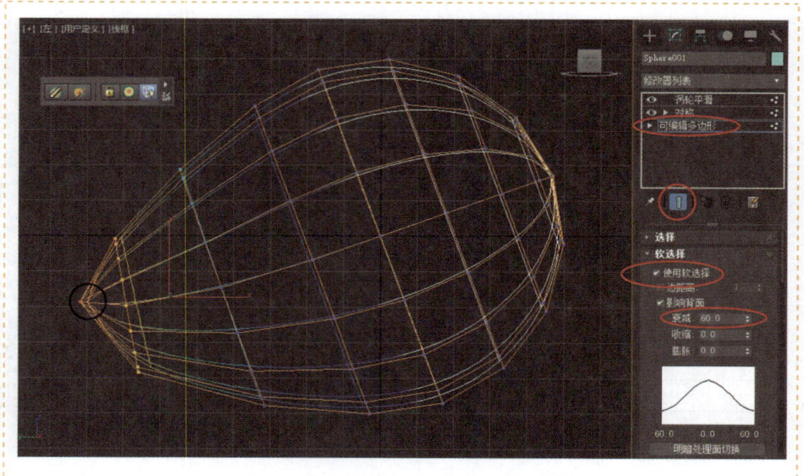

图7-1-8 调整小老鼠头部的外形

7.2 脸部五官细节的设置

STEP 01 在【创建】面板的【几何体】类别中，单击【球体】按钮，在【左】视图中创建一个球体作为小老鼠的鼻子，将其【半径】设置为15.0，【分段】设置为16，如图7-2-1所示。

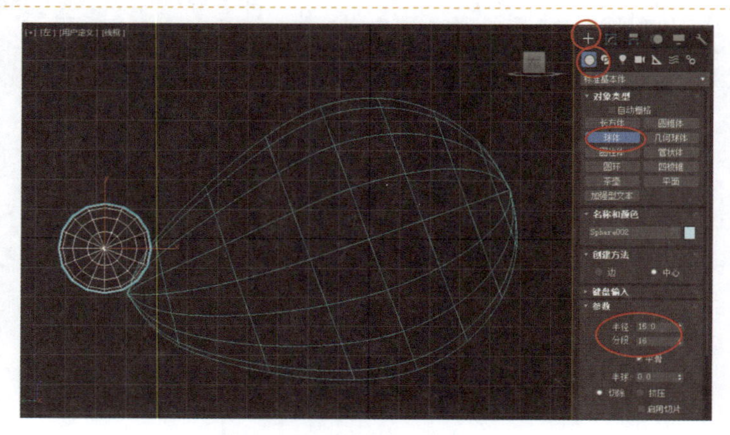

图7-2-1 创建小老鼠的鼻子

STEP 02 进入【创建】面板的【几何体】类别，在【对象类型】卷展栏中勾选【自动栅格】复选框，单击【球体】按钮，在【透视】视图的脸部位置创建一个球体作为小老鼠的眼睛，将其【半径】设置为10.0，【分段】设置为8，如图7-2-2所示。

图7-2-2 创建小老鼠的眼睛

STEP 03 单击主工具栏中的【选择并均匀缩放】按钮，单击【参考坐标系】下拉按钮，在下拉列表中选择【局部】选项，改变球体的高度。

STEP 04 选择老鼠头部对象，进入【修改】面板，选择【可编辑多边形】修改器，在【编辑几何体】卷展栏中单击【附加】按钮，单击眼睛对象，将其附加到头部上，如图 7-2-3 所示。

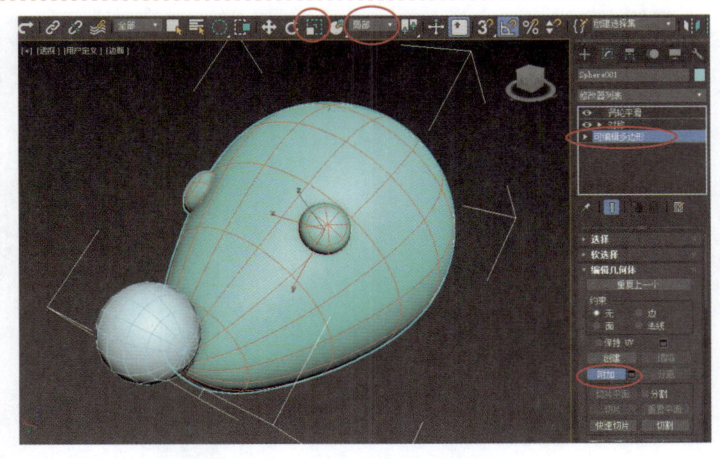

图 7-2-3 将眼睛附加到头部上

STEP 05 选择【可编辑多边形】修改器，选中【多边形】子对象，在【软选择】卷展栏中取消勾选【使用软选择】复选框；选择生成耳朵的面，在【编辑多边形】卷展栏中单击【挤出】右侧的按钮，将【高度】设置为 20.0，如图 7-2-4 所示。

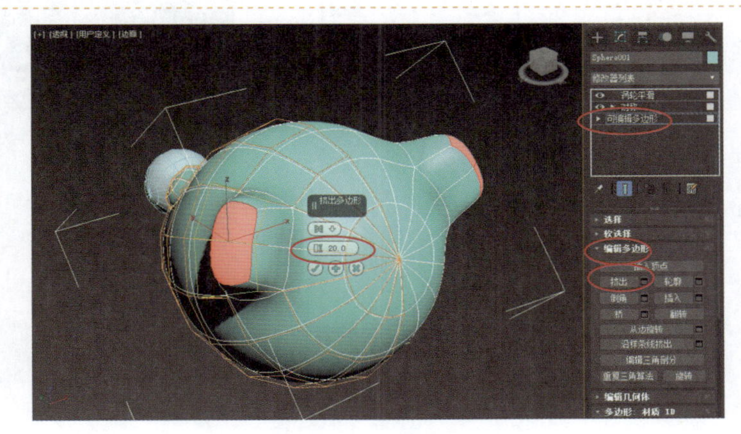

图 7-2-4 挤出耳朵

STEP 06 单击主工具栏中的【选择并均匀缩放】按钮，单击【参考坐标系】下拉按钮，在下拉列表中选择【局部】选项，调整面的位置，修改耳朵的长度。

STEP 07 选择【边】对象，选择耳朵侧面的边，在【编辑边】卷展栏中单击【连接】按钮，在耳朵中部创建新的边，如图 7-2-5 所示。

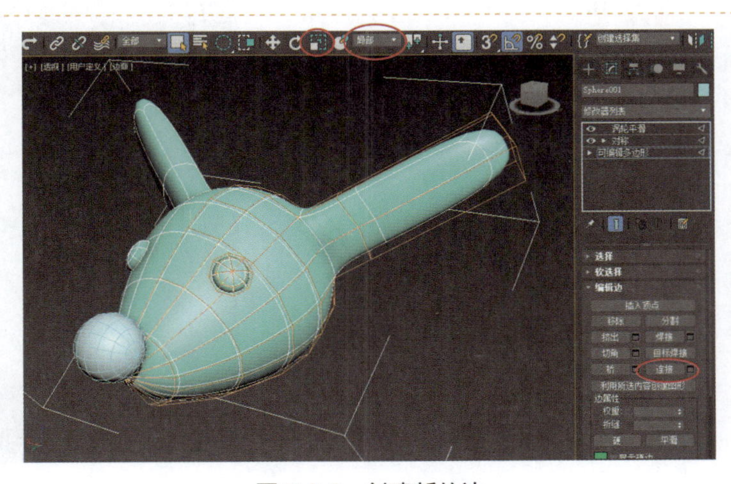

图 7-2-5 创建新的边

STEP 08 选择【顶点】对象，选择耳朵上的顶点并调整其位置，使其成为小老鼠耳朵的形状，如图 7-2-6 所示。

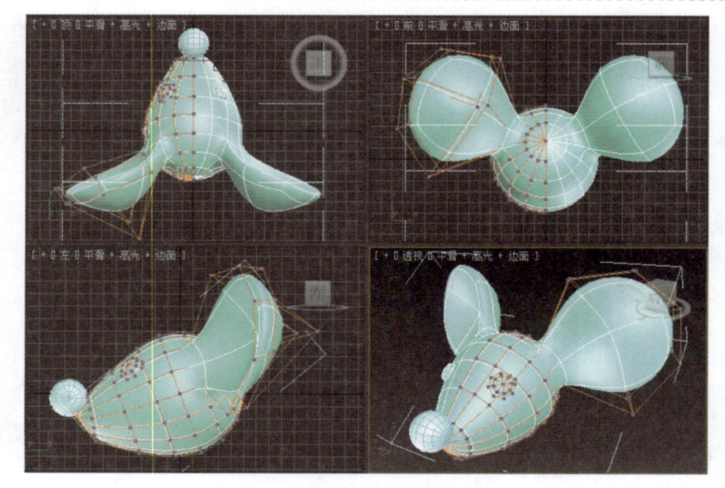

图 7-2-6　调整耳朵

STEP 09 选择【多边形】对象，选择生成嘴巴的面，在【编辑多边形】卷展栏中单击【挤出】右侧的按钮，将【高度】设置为 20.0，如图 7-2-7 所示。

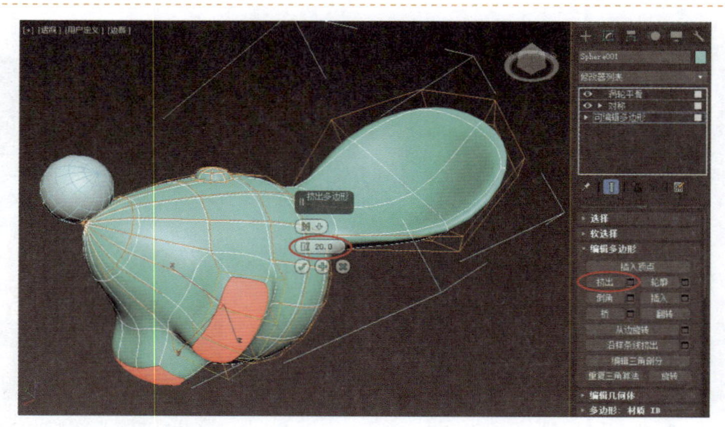

图 7-2-7　挤出嘴巴

STEP 10 选择嘴巴内侧的面，按 Delete 键将其删除，如图 7-2-8 所示。

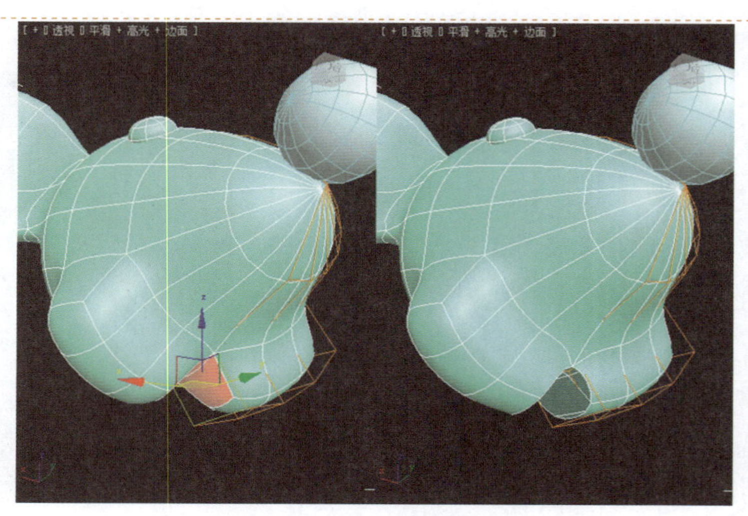

图 7-2-8　删除面

STEP 11 选择【顶点】对象，选择嘴巴底部的顶点，调整其位置，如图7-2-9所示。

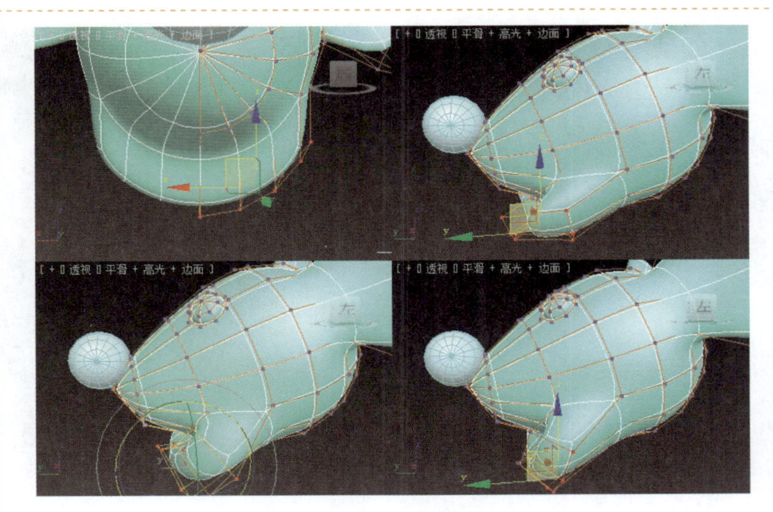

图7-2-9 调整嘴巴

STEP 12 继续调整嘴巴周围的点，修改下巴的造型，如图7-2-10所示。

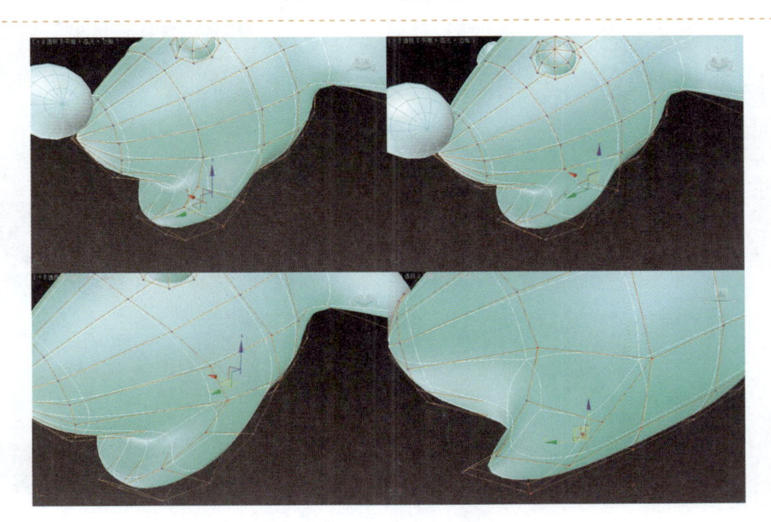

图7-2-10 修改下巴的造型

STEP 13 选择头部前端的点，调整位置使其向前突出，选择鼻子部分的球体，调整其位置，修改鼻子形状，如图7-2-11所示。

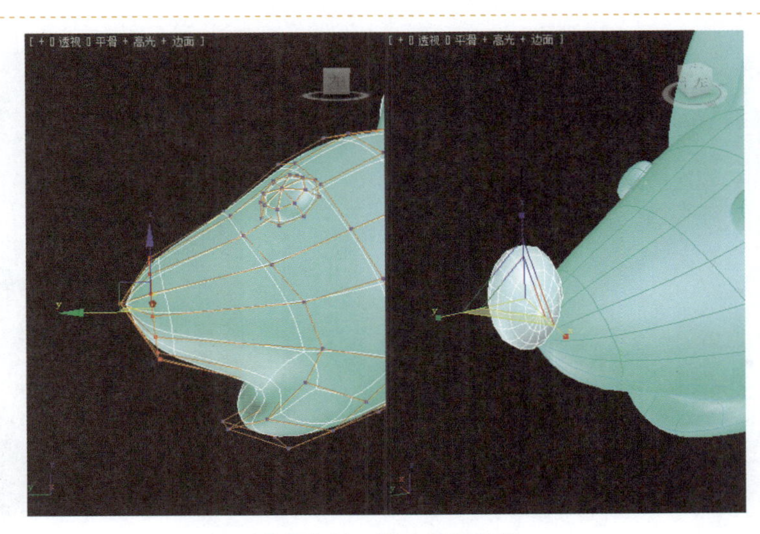

图7-2-11 修改鼻子形状

STEP 14 在空白位置右击，在弹出的快捷菜单中执行【剪切】命令，在鼻子下方增加两条线段，如图 7-2-12 所示。

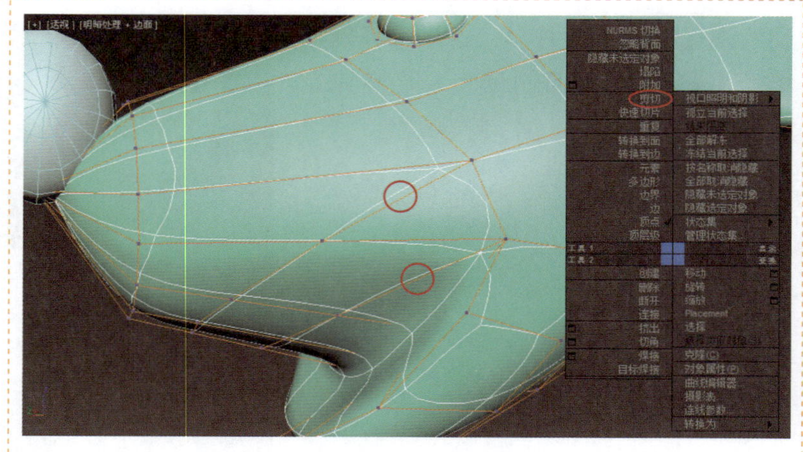

图 7-2-12　增加线段

STEP 15 选择新产生的点，依次调整这些点的位置，修改上嘴唇形状，如图 7-2-13 所示。

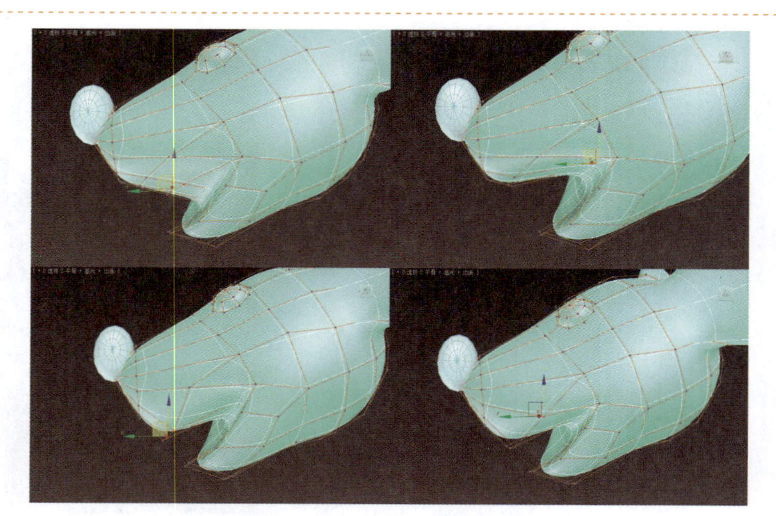

图 7-2-13　修改上嘴唇形状

STEP 16 选择嘴角位置的点，逐步调整位置，修改嘴角形状，如图 7-2-14 所示。

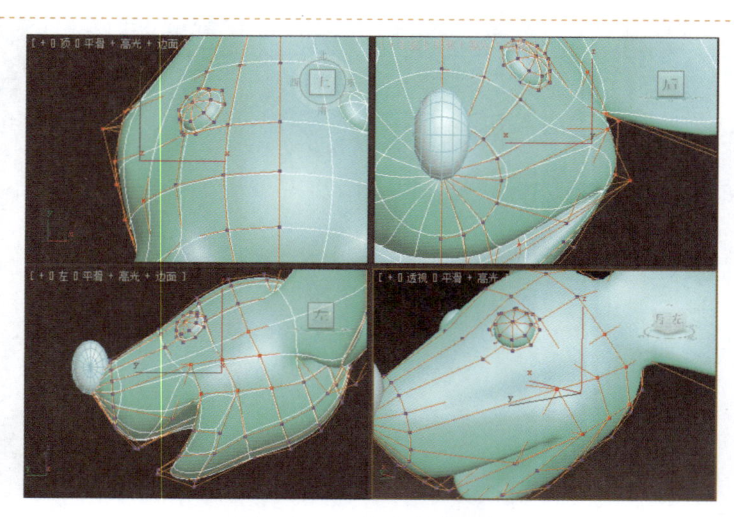

图 7-2-14　修改嘴角形状

7.3　身体躯干的制作

STEP 01　单击【图形】按钮，单击【线】按钮，在【左】视图中依次单击生成顶点，绘制一条线段，作为躯干的大致轮廓，在【渲染】卷展栏中勾选【在渲染中启用】和【在视口中启用】两个复选框，选中【径向】单选按钮，将【厚度】设置为 100.0，【边】设置为 8，如图 7-3-1 所示。

图 7-3-1　创建身体轮廓

STEP 02　选择【顶点】对象，调整各个顶点的位置，修改身体形状，如图 7-3-2 所示。

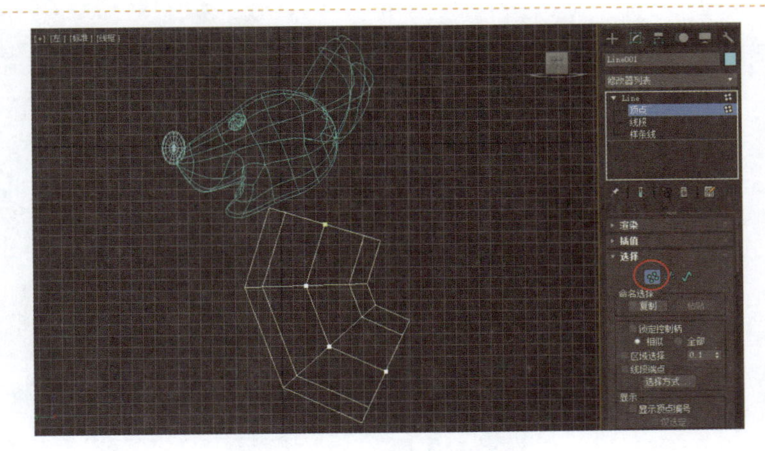

图 7-3-2　修改身体形状

STEP 03　继续绘制线段作为小老鼠的尾巴，在【渲染】卷展栏中选中【径向】单选按钮，将【厚度】设置为 10.0，【边】设置为 8，如图 7-3-3 所示。

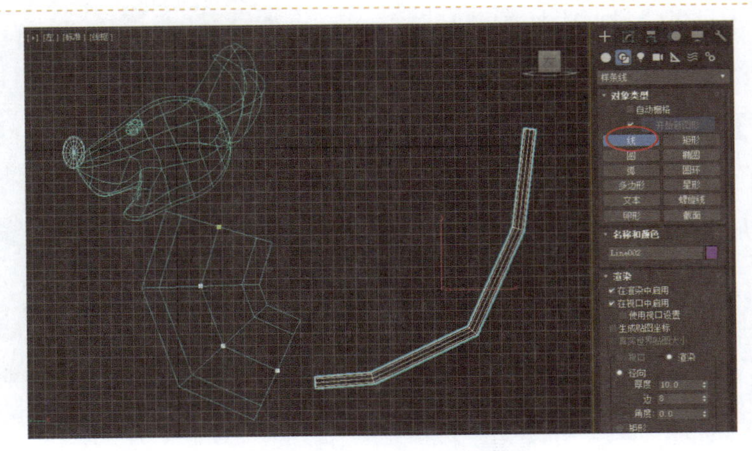

图 7-3-3　创建小老鼠的尾巴

STEP 04 继续绘制线段作为小老鼠的脖子，将【厚度】设置为25.0，【边】设置为8，如图7-3-4所示。

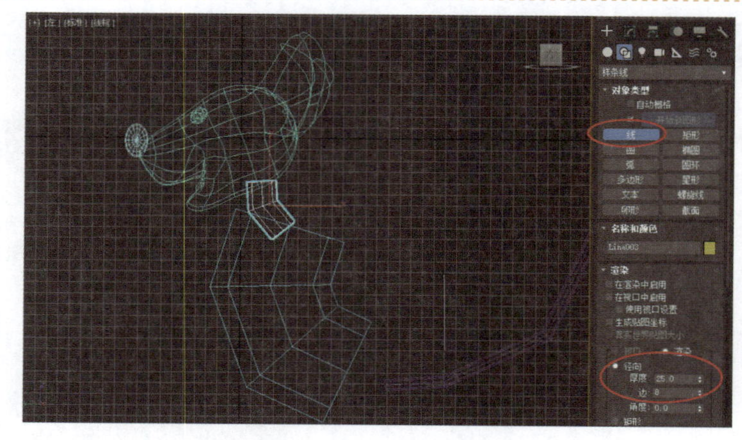

图7-3-4　创建小老鼠的脖子

STEP 05 选中身体部分并右击，在弹出的快捷菜单中执行【转换为】→【转换为可编辑多边形】命令，将其转换为可编辑多边形，如图7-3-5所示。

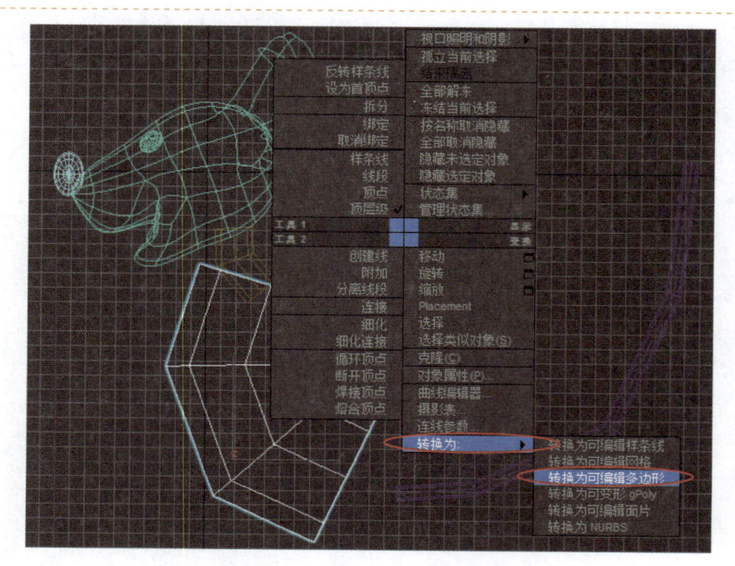

图7-3-5　将身体转换为可编辑多边形

STEP 06 进入【修改】面板，选择【顶点】对象，在【透视】视图中选择身体顶部的一圈点，使用【选择并移动】工具上下调整位置，在【顶】视图中使用【选择并均匀缩放】工具调整其大小，如图7-3-6所示。

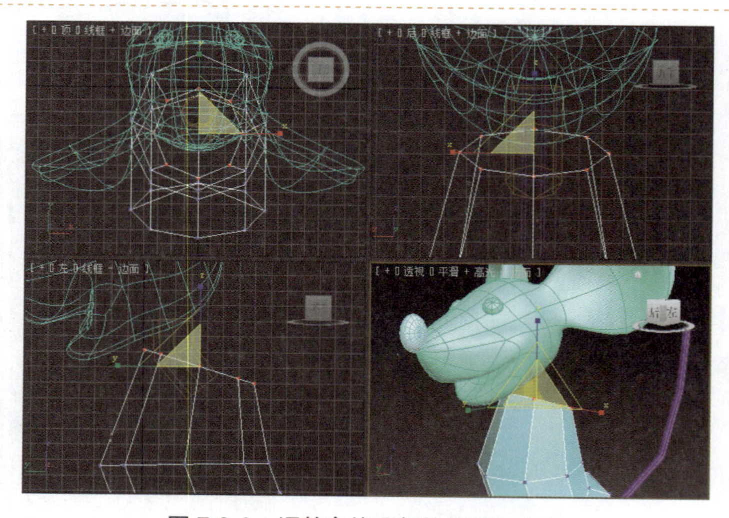

图7-3-6　调整身体顶部的位置和大小

STEP 07 参考以上操作，调整身体上其余点的位置，如图 7-3-7 所示。

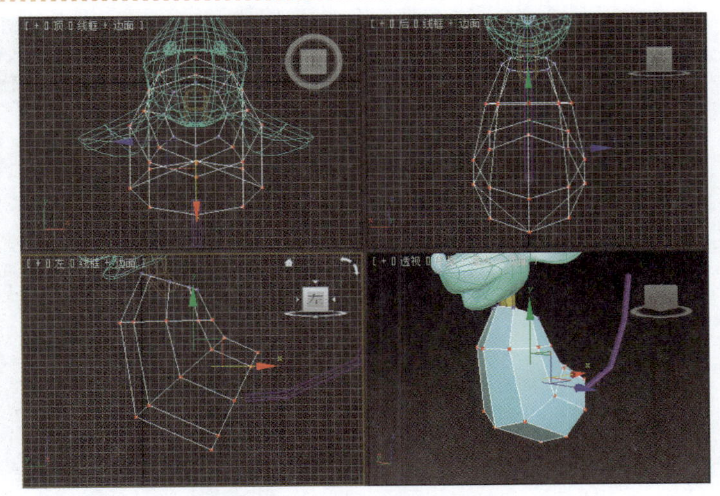

图 7-3-7 调整其余点的位置

STEP 08 选择【边】对象，在【透视】视图中选择身体后面部分多余的线段，按 Backspace 键将其删除，如图 7-3-8 所示。

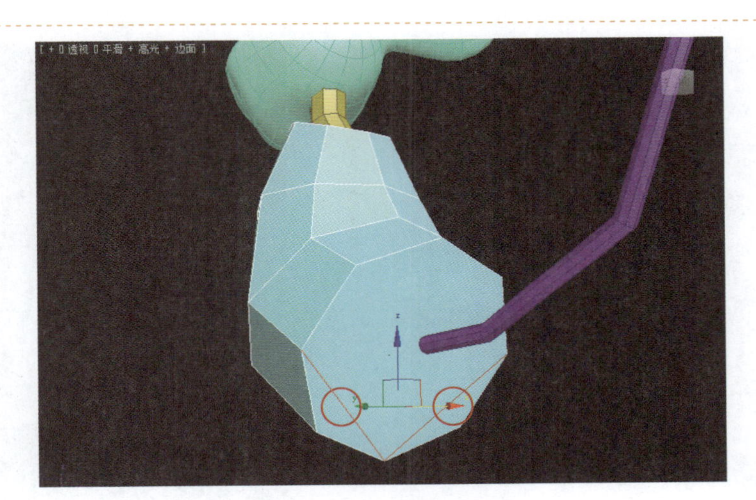

图 7-3-8 删除多余的线段

STEP 09 选择【多边形】对象，选择身体背后的面，在【编辑多边形】卷展栏中单击【挤出】右侧的按钮，将【高度】设置为 50.0，如图 7-3-9 所示。

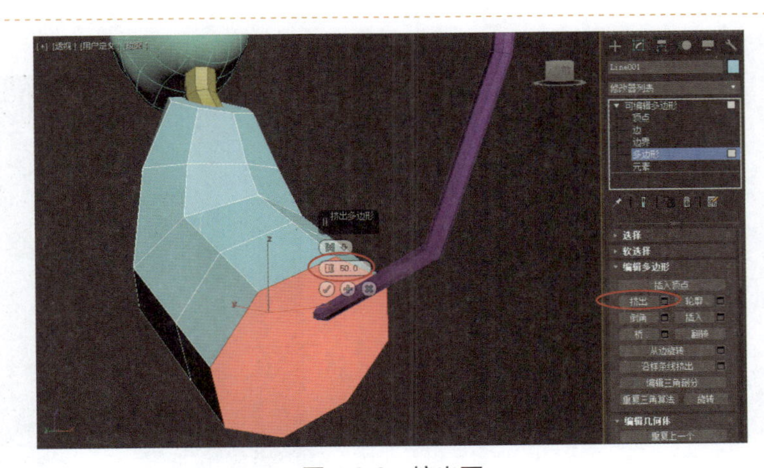

图 7-3-9 挤出面

STEP 10 调整该面的大小与位置，如图 7-3-10 所示。

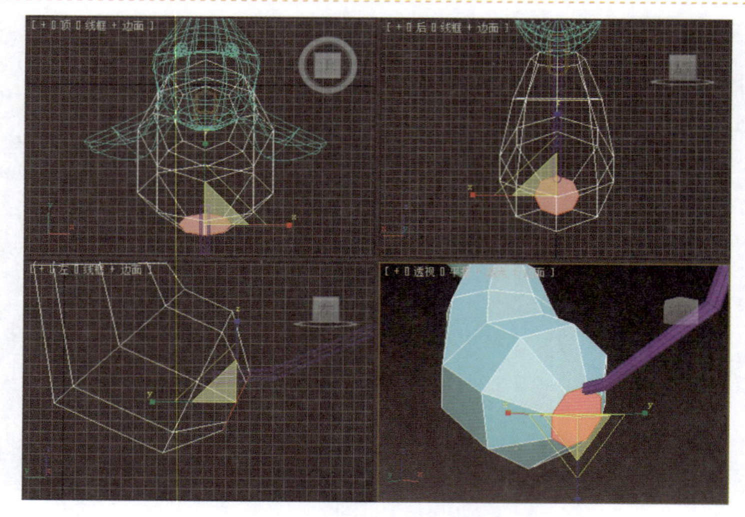

图 7-3-10　调整面的大小与位置

STEP 11 在空白位置右击，在弹出的快捷菜单中执行【剪切】命令，在身体后面添加两条线段。

选择【顶点】对象，选择新生成的点，调整其位置，如图 7-3-11 所示。

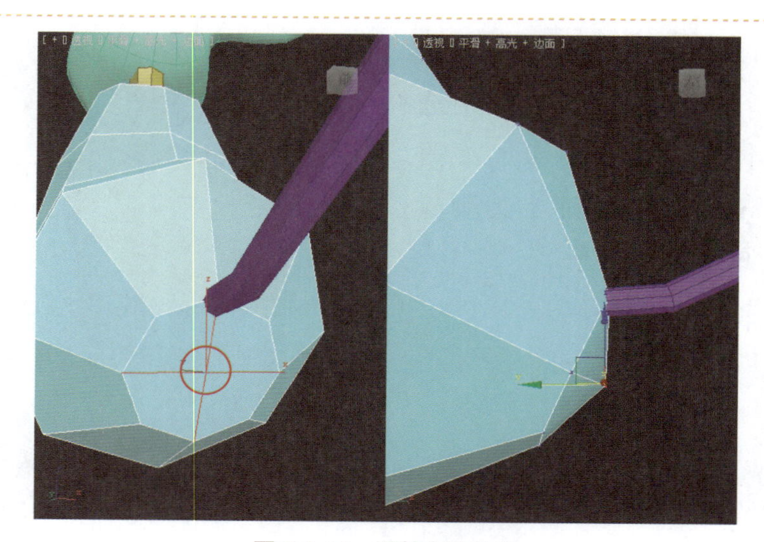

图 7-3-11　调整点的位置

STEP 12 选中小老鼠的头部与颈部并右击，在弹出的快捷菜单中执行【隐藏选定对象】命令，参考上一步操作，调整身体顶部的形状，如图 7-3-12 所示。

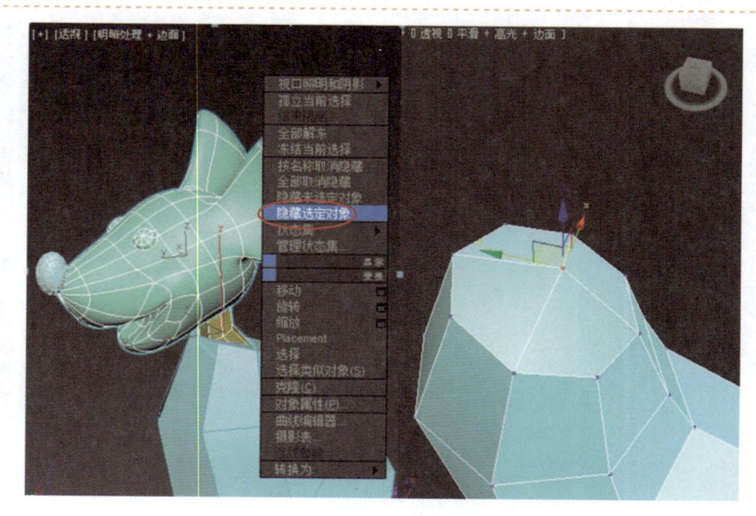

图 7-3-12　调整身体顶部的形状

STEP 13 在视图空白位置右击，在弹出的快捷菜单中执行【全部取消隐藏】命令；选中小老鼠颈部并右击，在弹出的快捷菜单中执行【隐藏未选定对象】命令，如图 7-3-13 所示。

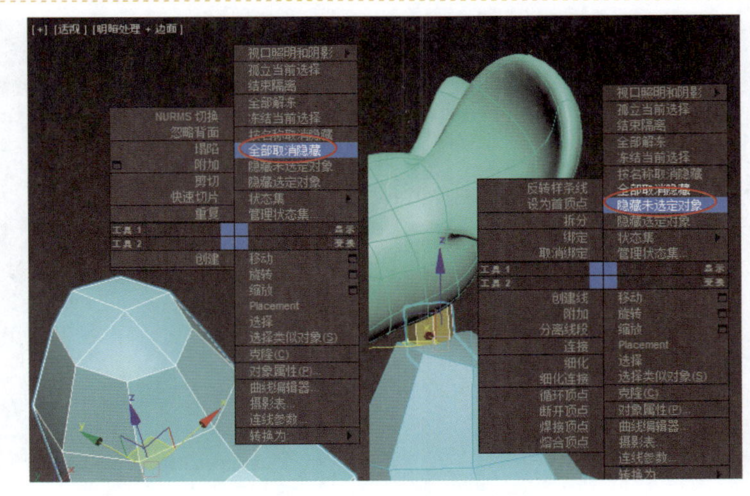

图 7-3-13 隐藏颈部以外其他对象

STEP 14 将颈部对象转换为可编辑多边形，选择【多边形】■对象，选择颈部管状体顶部与底部的面，按 Delete 键将其删除，如图 7-3-14 所示。

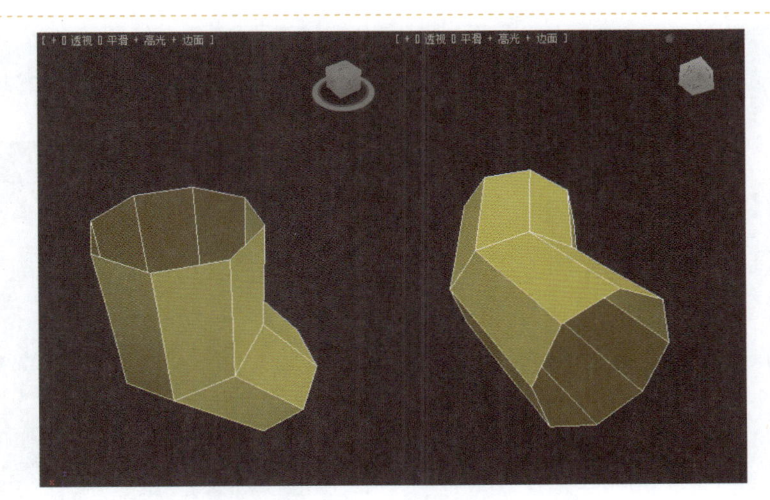

图 7-3-14 删除多余面

STEP 15 取消其他部位的隐藏，选择小老鼠头部，选择【可编辑多边形】修改器并右击，在弹出的快捷菜单中执行【附加】命令，将其他部件与头部附加到一起，如图 7-3-15 所示。

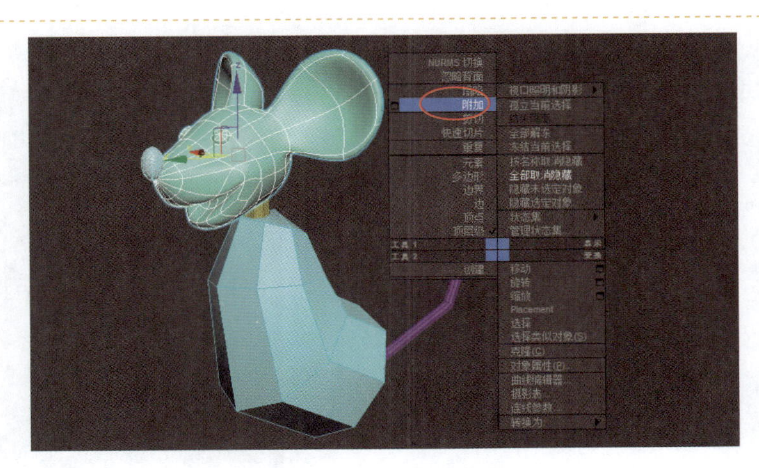

图 7-3-15 附加各部件

STEP 16 选择【顶点】对象，选中尾巴末梢的一圈点并右击，在弹出的快捷菜单中执行【塌陷】命令，如图 7-3-16 所示。

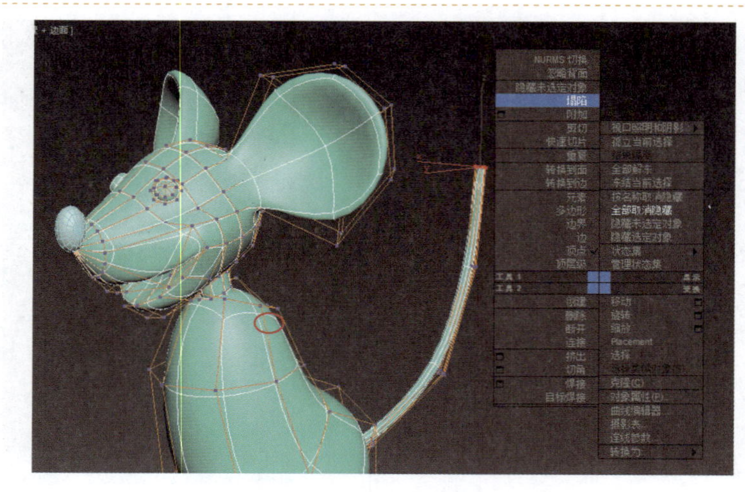

图 7-3-16　塌陷尾部

7.4　小老鼠四肢的制作

STEP 01 在【创建】面板的【图形】类别中，单击【线】按钮，在【后】视图中创建小老鼠的手臂，将【厚度】设置为 25.0，【边】设置为 8，如图 7-4-1 所示。

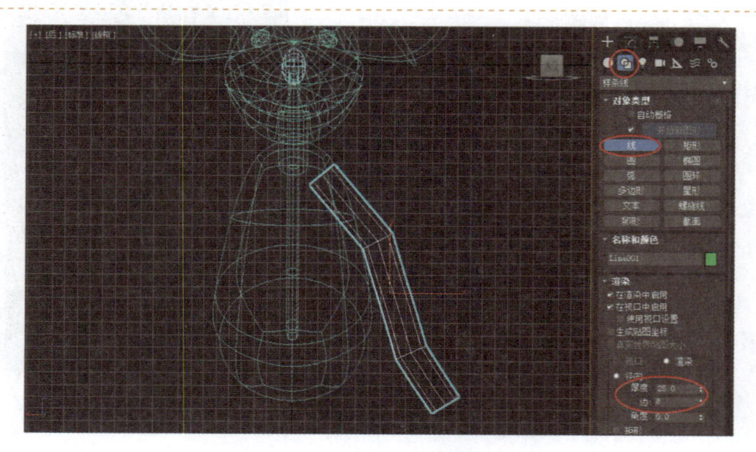

图 7-4-1　创建小老鼠的手臂

STEP 02 参考以上操作，创建小老鼠的腿部，如图 7-4-2 所示。

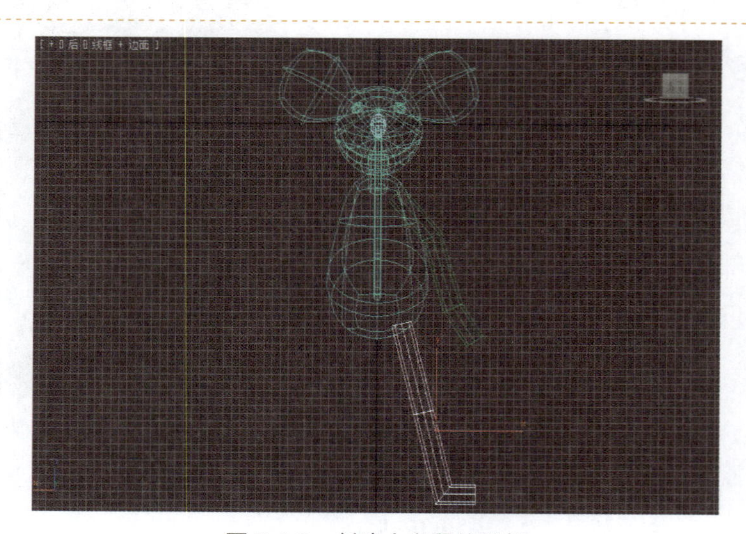

图 7-4-2　创建小老鼠的腿部

STEP 03 进入【修改】面板，选择【顶点】对象并右击，在弹出的快捷菜单中执行【细化】命令，在手臂上添加点，如图7-4-3所示。

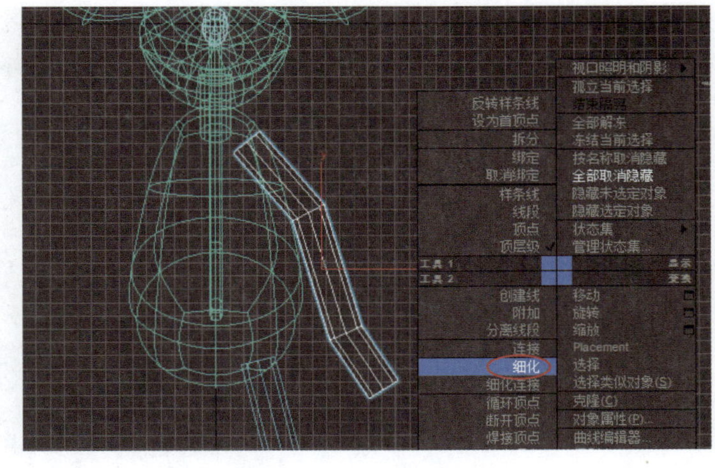

图7-4-3　添加点

STEP 04 调整手臂各个顶点的位置，修改手臂的形状，如图7-4-4所示。

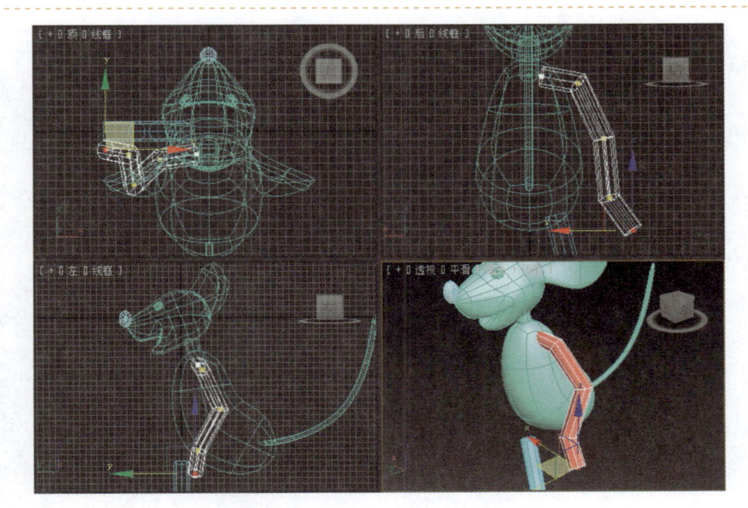

图7-4-4　修改手臂的形状

STEP 05 参考以上操作，调整腿部各个顶点的位置，修改腿部的形状，如图7-4-5所示。

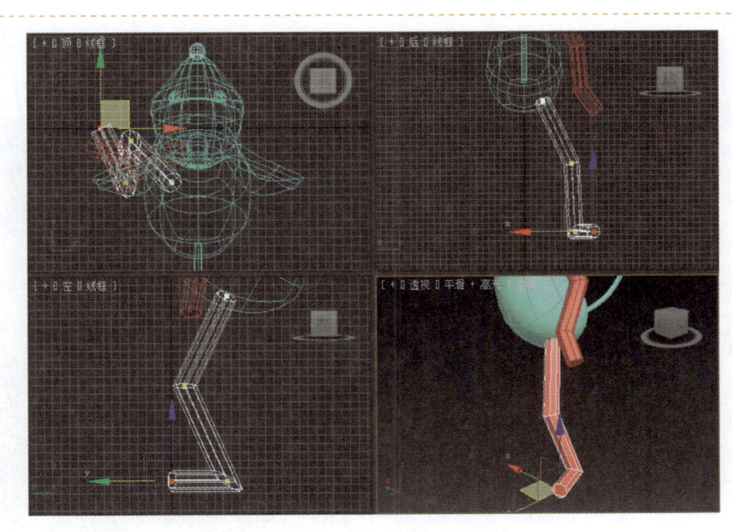

图7-4-5　修改腿部的形状

STEP 06 在【透视】视图中依次选择手臂上的每一圈点，使用【选择并均匀缩放】工具调整其大小，使用【选择并移动】工具调整其位置，修改手臂的细节，如图 7-4-6 所示。

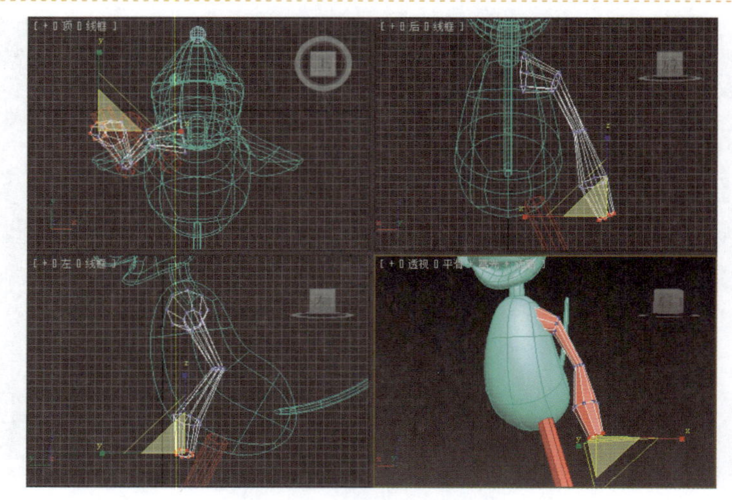

图 7-4-6　修改手臂的细节

STEP 07 参考以上操作，修改腿部的细节，如图 7-4-7 所示。

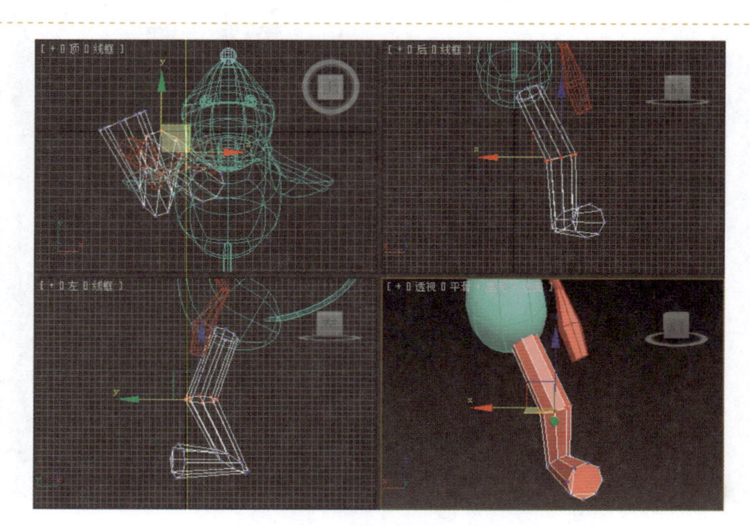

图 7-4-7　修改腿部的细节

STEP 08 按组合键 Alt+Q，孤立腿部对象，选择【多边形】对象，选中大腿顶部的面，按 Delete 键将其删除，如图 7-4-8 所示。

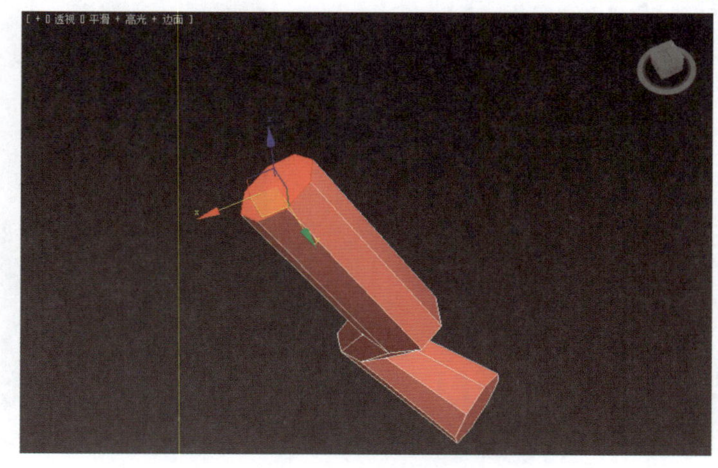

图 7-4-8　删除多余面

STEP 09 按组合键Alt+Q，解除对象孤立，选择【边】对象并右击，在弹出的快捷菜单中执行【连接】命令，在大腿位置创建新的一圈边，如图7-4-9所示。

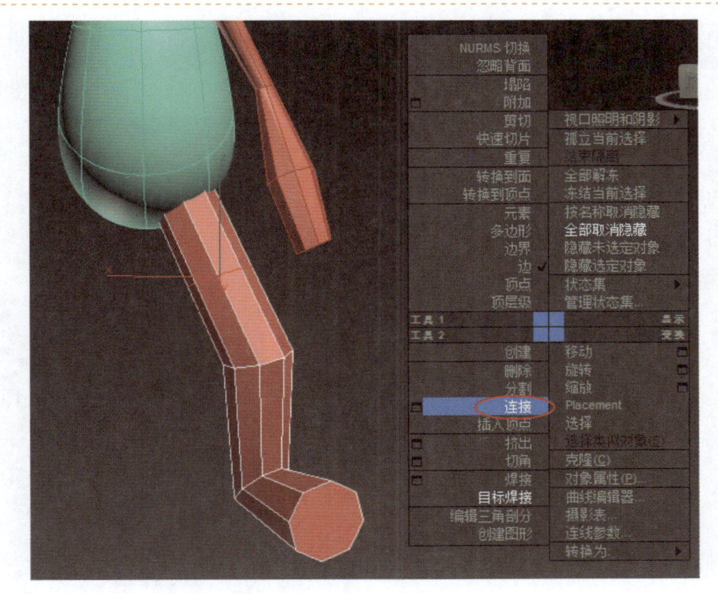

图7-4-9　连接边

STEP 10 参考以上操作，在小腿及脚的位置创建新的一圈边，如图7-4-10所示。

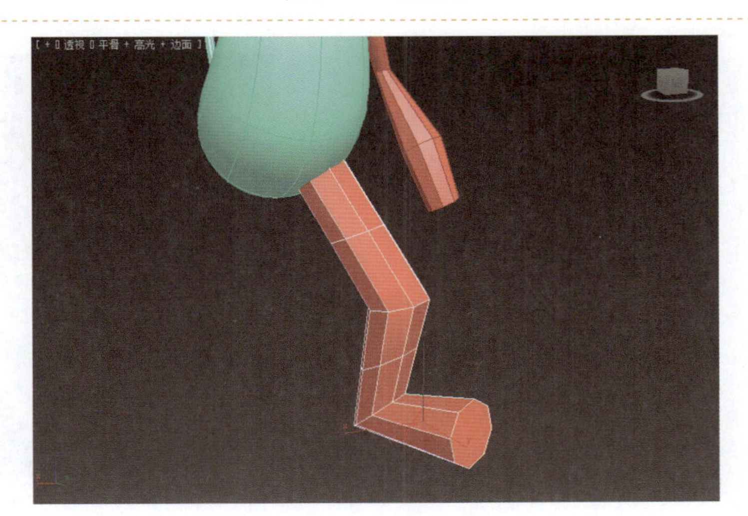

图7-4-10　创建边

STEP 11 选择身体对象，将手臂和腿附加到身体上，如图7-4-11所示。

图7-4-11　附加四肢

7.5 手掌和脚掌的制作

STEP 01 选择【顶点】对象，选中大腿与小腿中部的两圈点，使用【选择并均匀缩放】工具调整其大小，如图 7-5-1 所示。

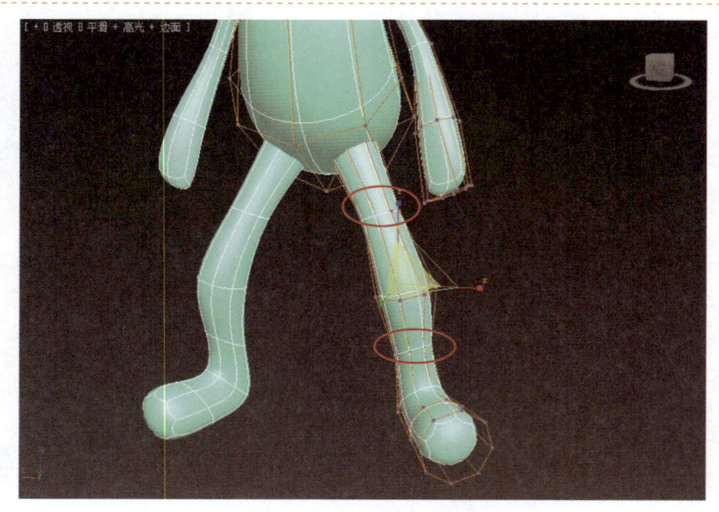

图 7-5-1 调整腿部大小

STEP 02 选择脚部中间的一圈点，在【左】视图中调整其大小与位置，如图 7-5-2 所示。

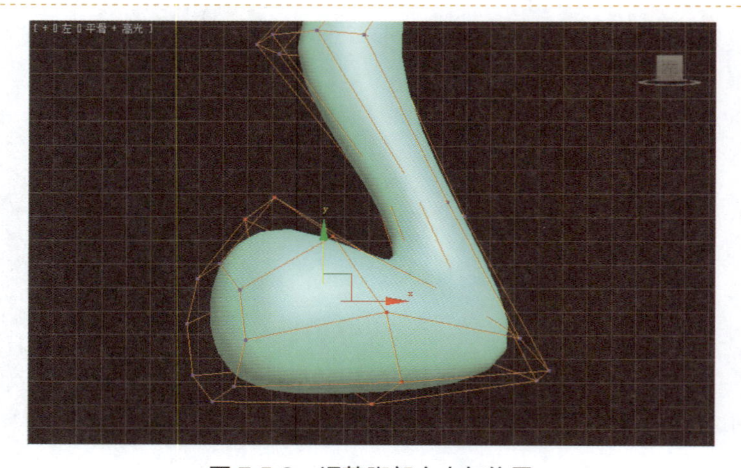

图 7-5-2 调整脚部大小与位置

STEP 03 在空白位置右击，在弹出的快捷菜单中执行【剪切】命令，在脚的前端添加两条边，如图 7-5-3 所示。

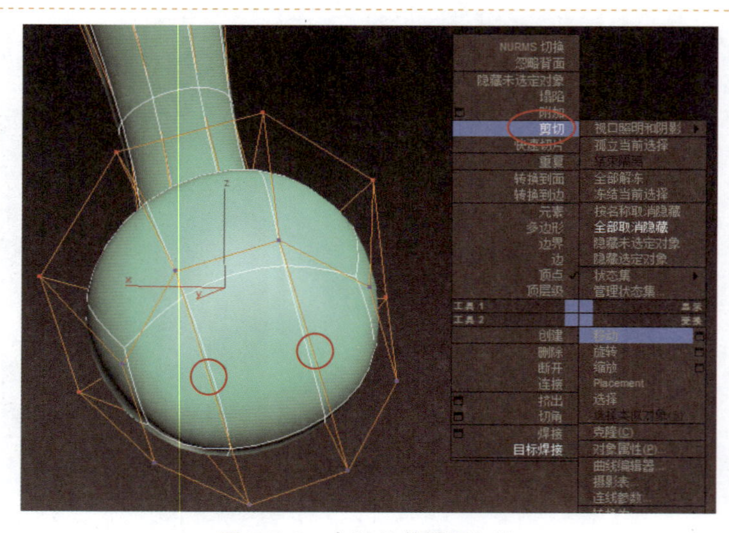

图 7-5-3 在脚的前端添加边

STEP 04　继续调整脚部的点，修改脚部细节，如图 7-5-4 所示。

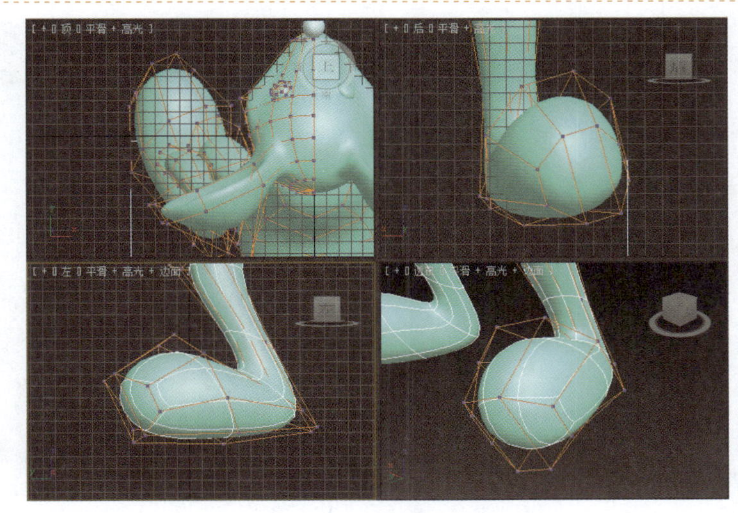

图 7-5-4　修改脚部细节

STEP 05　选择【元素】对象，选中小老鼠的腿部，使用【选择并均匀缩放】工具调整其大小，使用【选择并移动】工具调整其位置，从而实现调整腿部整体比例的效果，如图 7-5-5 所示。

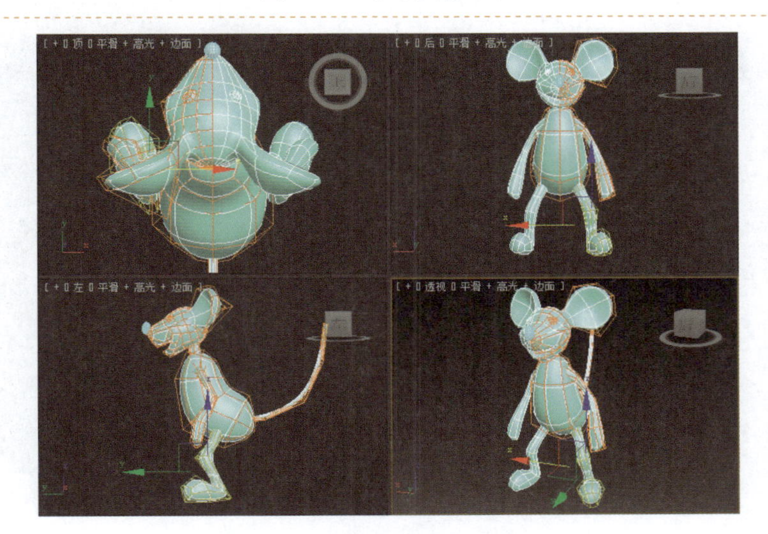

图 7-5-5　调整腿部整体比例

STEP 06　选择老鼠的头部、眼睛、鼻子，单击主工具栏中的【使用轴点中心】按钮，在弹出的下拉列表中选择【使用变换坐标中心】选项，调整头部比例，如图 7-5-6 所示。

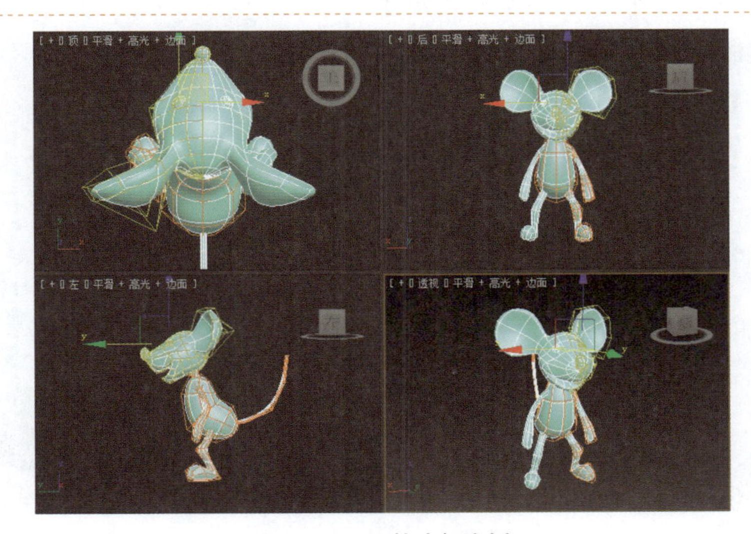

图 7-5-6　调整头部比例

STEP 07 选择【边】对象，选择手臂末端的一圈边并右击，在弹出的快捷菜单中执行【连接】命令，创建新的一圈边，如图 7-5-7 所示。

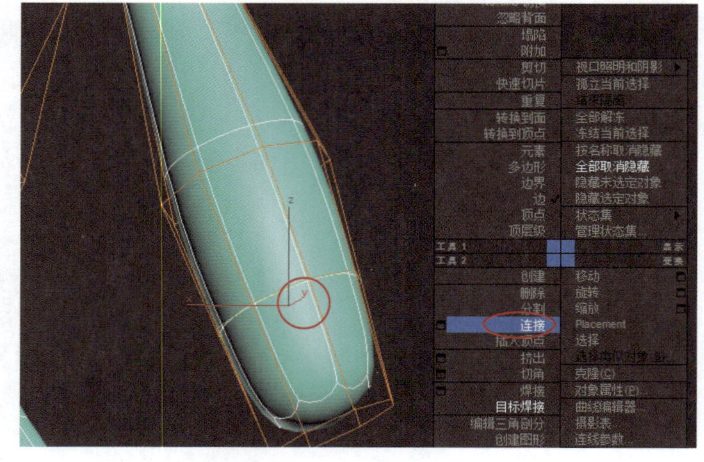

图 7-5-7　连接边

STEP 08 单击主工具栏中的【使用变换坐标中心】按钮，在弹出的下拉列表中选择【使用轴点中心】选项，使用【选择并均匀缩放】工具调整手掌大小，如图 7-5-8 所示。

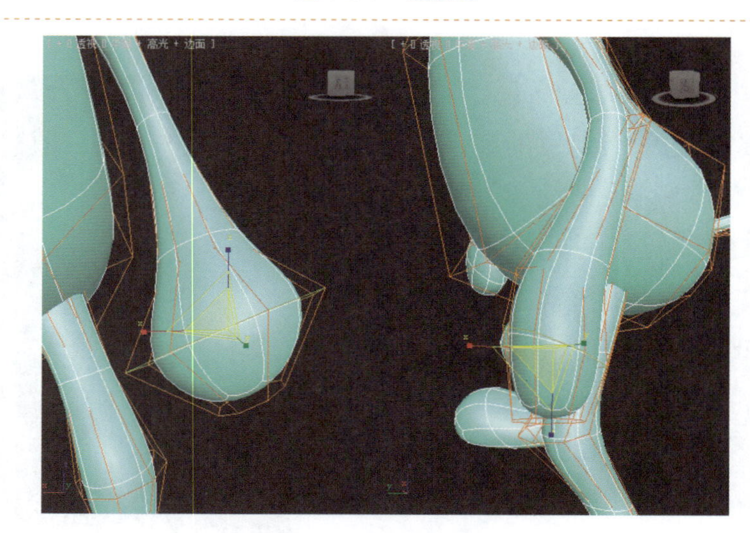

图 7-5-8　调整手掌大小

STEP 09 选择【多边形】对象，选择拇指区域的面，在【编辑多边形】卷展栏中单击【挤出多边形】右侧的按钮，将【高度】设置为 15.0，如图 7-5-9 所示。

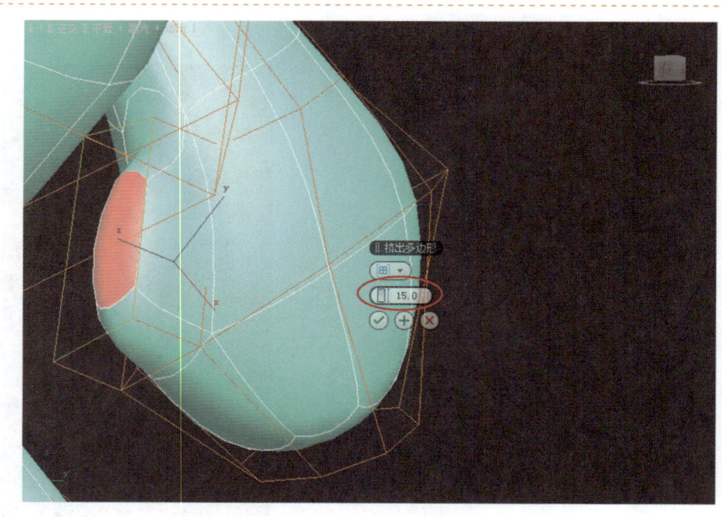

图 7-5-9　创建拇指

STEP 10 选择【顶点】对象，调整拇指顶端的顶点位置，如图 7-5-10 所示。

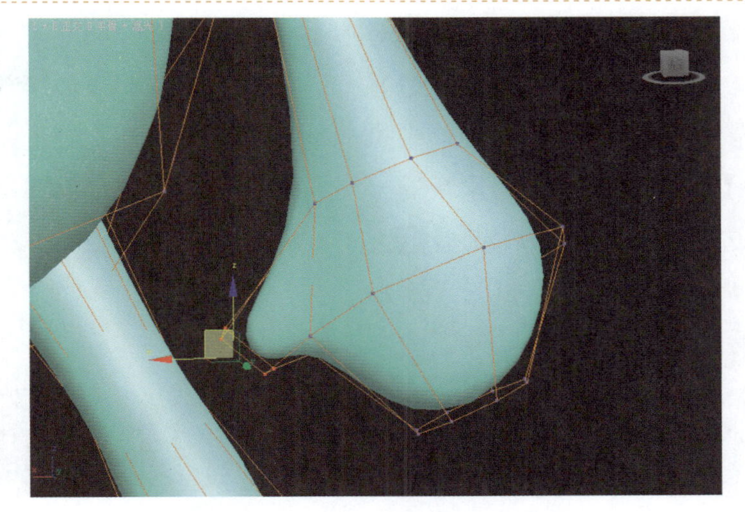

图 7-5-10　调整拇指顶端的顶点位置

STEP 11 在空白位置右击，在弹出的快捷菜单中执行【剪切】命令，在手掌的前端添加两条边，如图 7-5-11 所示。

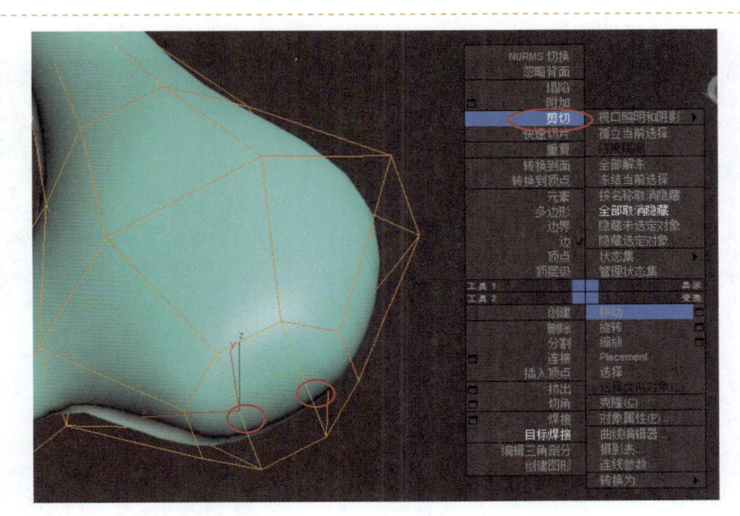

图 7-5-11　在手掌的前端添加边

STEP 12 选择手掌部分的顶点，使用【选择并旋转】工具调整手掌方向，如图 7-5-12 所示。

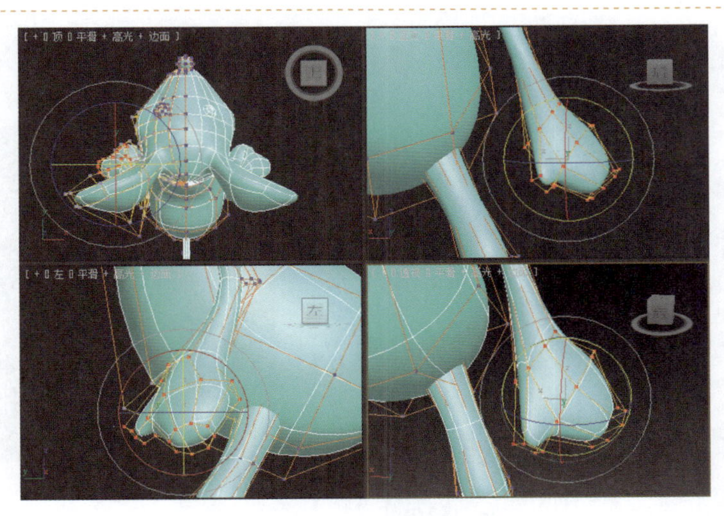

图 7-5-12　调整手掌方向

STEP 13 选择【边】◁对象，选择拇指侧面的一圈边并右击，在弹出的快捷菜单中执行【连接】命令，创建新的一圈边，使用【选择并移动】✥工具调整边的位置，如图 7-5-13 所示。

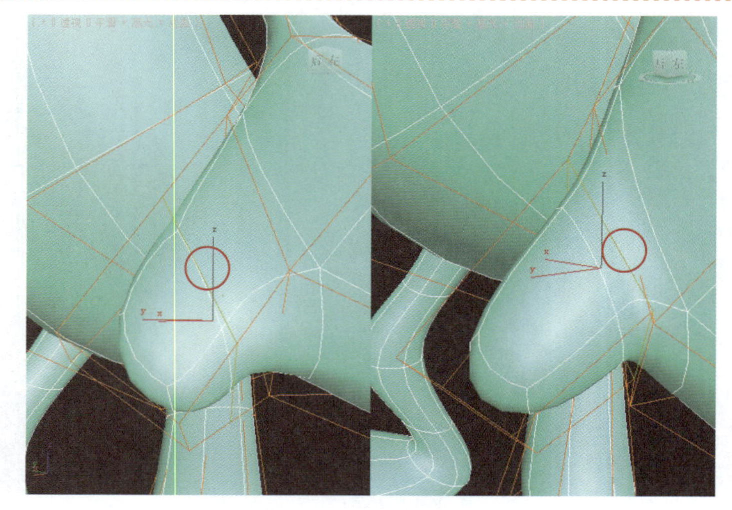

图 7-5-13　修改拇指细节

STEP 14 在空白位置右击，在弹出的快捷菜单中执行【快速切片】命令，在手腕位置创建新的一圈边，如图 7-5-14 所示。

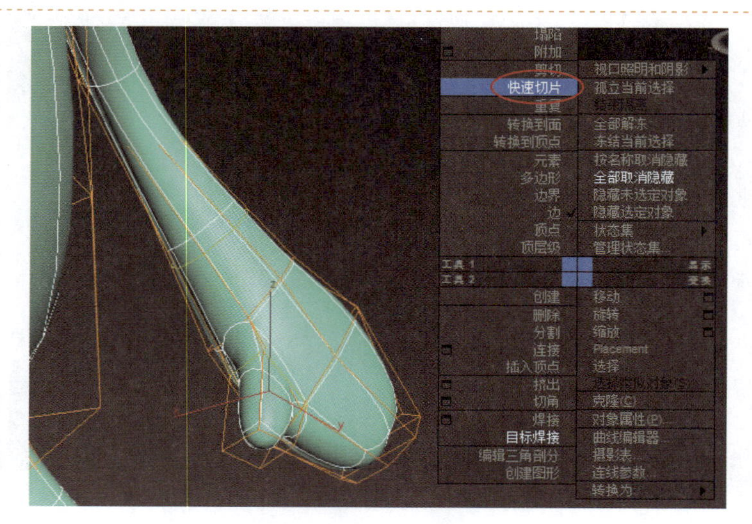

图 7-5-14　快速切片

STEP 15 选择手腕部分新生成的一圈面，在【编辑多边形】卷展栏中单击【倒角】右侧的□按钮，将【倒角类型】设置为局部法线，【高度】设置为 3.0，【轮廓量】设置为-1.0，单击【确定】☑按钮；继续将【高度】设置为 5.0，单击【确定】☑按钮，如图 7-5-15 所示。

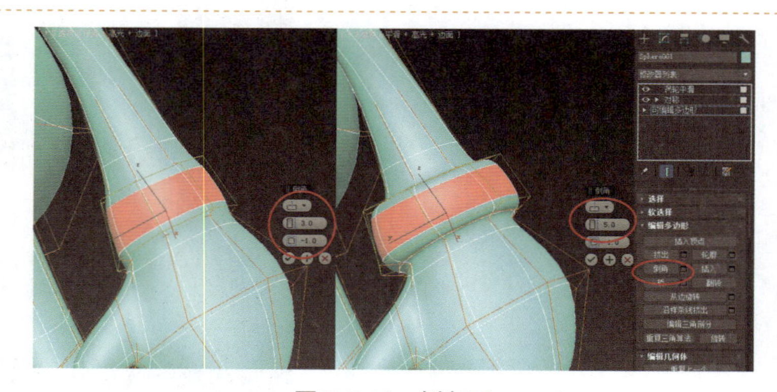

图 7-5-15　倒角面

STEP 16 选择倒角生成的面，使用【选择并均匀缩放】工具调整其大小，使用【选择并移动】工具调整其位置，修改手套形状，如图 7-5-16 所示。

图 7-5-16　修改手套形状

STEP 17 适当调整身体各部分的大小比例，完成小老鼠角色模型的创建，最终效果如图 7-5-17 所示。

图 7-5-17　小老鼠的最终效果

7.6　相关知识

1. 目标焊接

选择【顶点】对象，在【编辑顶点】卷展栏中单击【目标焊接】按钮，在视图中先选择第一个点，再选择第二个点，即可在第二个点的位置将两者合并，如图 7-6-1 所示。

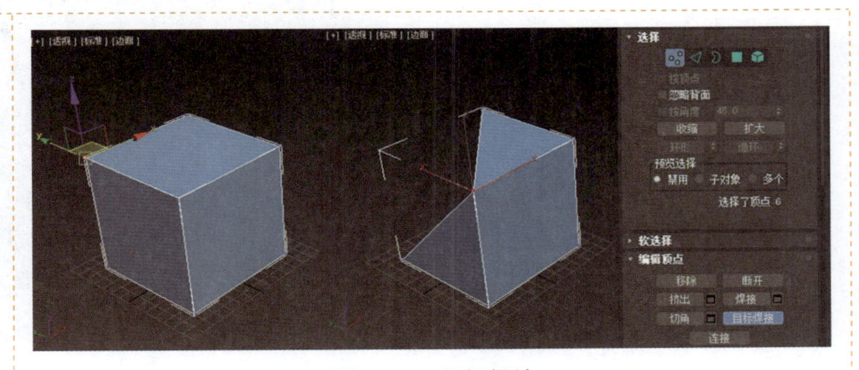

图 7-6-1　目标焊接

2. 连接

选择【边】对象，选择任意两条平行边，在【编辑边】卷展栏中单击【连接】右侧的按钮，在选中的线段之间产生连接线，并通过连接分段数设置连接线的数量，如图 7-6-2 所示。

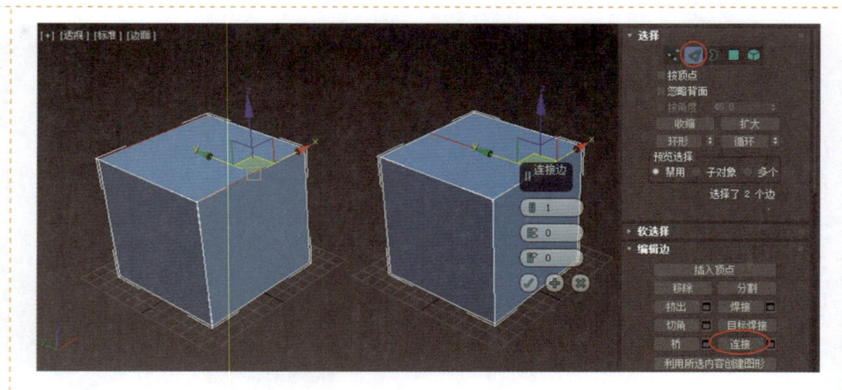

图 7-6-2　连接

3. 剪切

在空白位置右击，在弹出的快捷菜单中执行【剪切】命令，在物体表面依次单击生成新的边，单击的对象可以是顶点、线段或面，如图 7-6-3 所示。

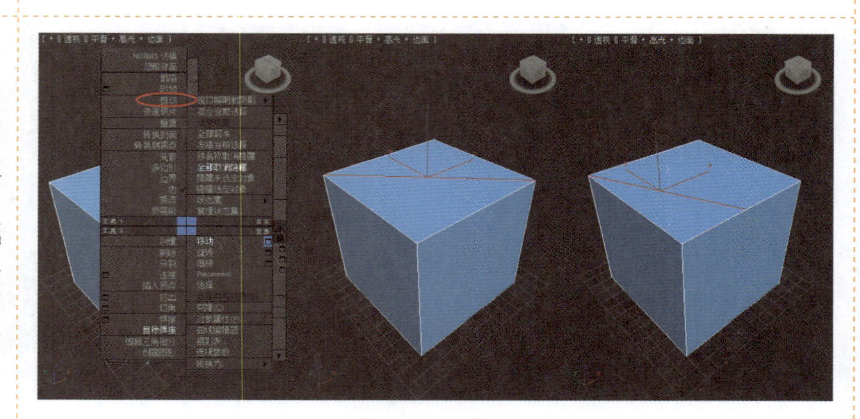

图 7-6-3　剪切

4. 挤出

选择【多边形】对象，选择任意多边形，在【编辑多边形】卷展栏中单击【挤出】右侧的按钮，使该多边形凸出，形成新的结构，并通过设置【挤出类型】和【数量】来调整挤出的效果与程度，如图 7-6-4 所示。

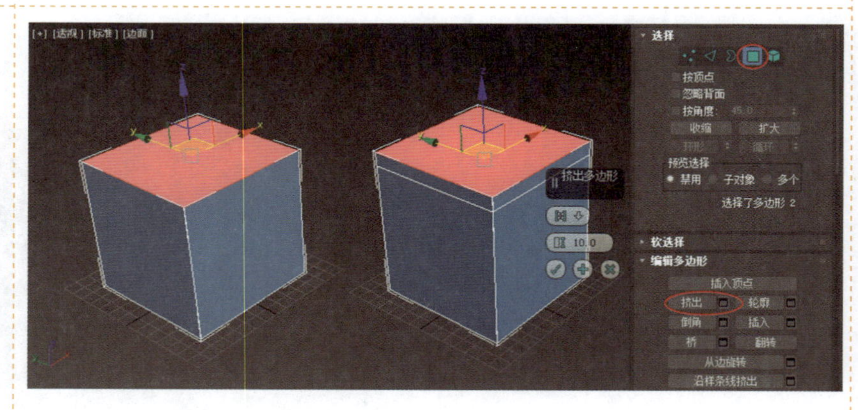

图 7-6-4　挤出

5. 倒角

选择【多边形】■对象，选择任意多边形，在【编辑多边形】卷展栏中单击【倒角】右侧的■按钮，使该多边形凸出并倒角成新的结构，通过设置【倒角类型】、【高度】和【轮廓】来调整倒角的效果与程度，如图 7-6-5 所示。

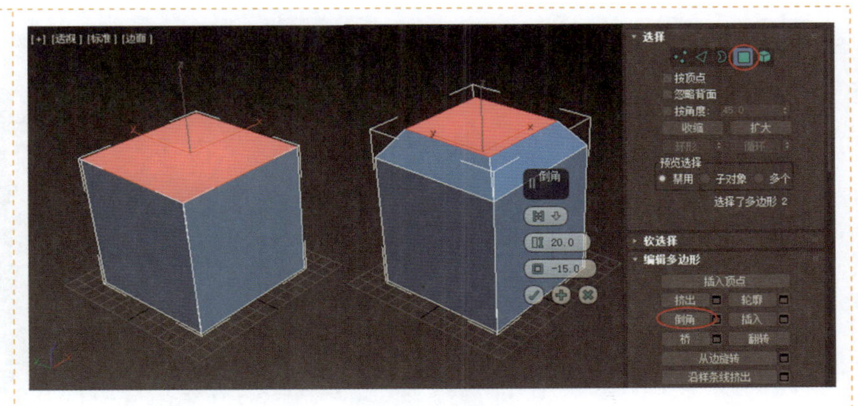

图 7-6-5　倒角

6. 插入

选择【多边形】■对象，选择任意多边形，在【编辑多边形】卷展栏中单击【插入】右侧的■按钮，可以在该多边形内部生成新的多边形，通过设置【数量】可以调整新生成面的大小，如图 7-6-6 所示。

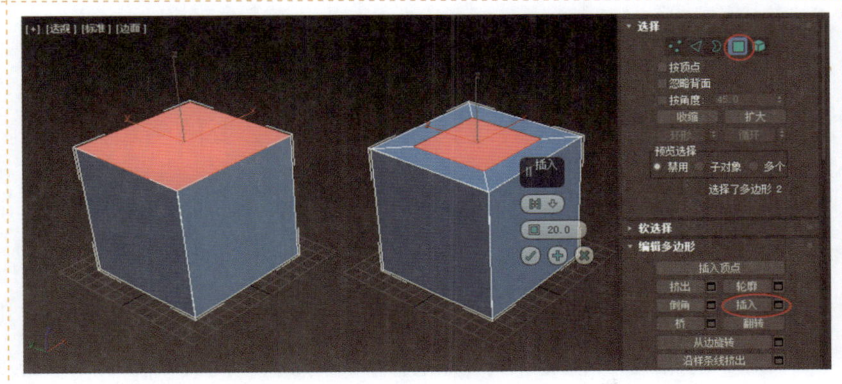

图 7-6-6　插入

7. 桥

选择【多边形】■对象，选择任意两个形状相同的多边形，在【编辑多边形】卷展栏中单击【桥】右侧的■按钮，可以生成新的多边形，将这两个面连接起来，如图 7-6-7 所示。

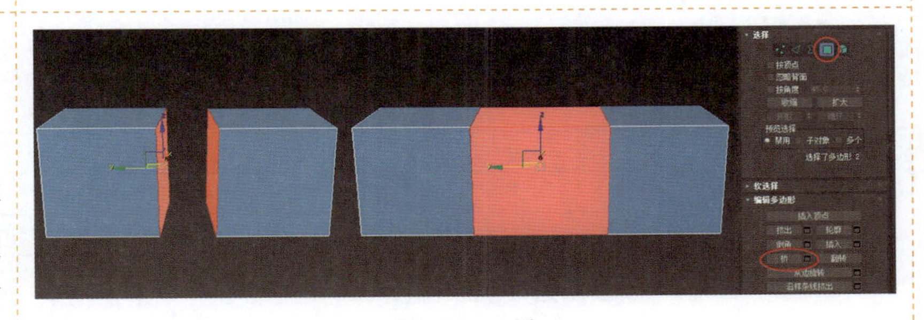

图 7-6-7　桥

7.7 实战演练

三维动画中的角色除了拟人化的卡通角色，还有一些动物形态的卡通角色，因此我们需要对动物身体的大致结构有一个基本的认识。下面请读者尝试制作一只小狗的卡通角色形象，如图 7-7-1 所示。

图 7-7-1　小狗的制作效果

制作要求

（1）模型结构正确，比例恰当。

（2）模型面数控制合理，没有过多不必要的多边形。

（3）能使用软件对角色效果进行简单渲染。

制作提示

（1）将小狗身体的主要结构理解为球体的集合，在球体的基础上进行延伸细化。

（2）利用【挤出】修改器创建小狗的四肢。

（3）通过逐步调整顶点的方式来修改小狗的头部细节。

项目评价

项目实训评价表						
项目	内　容		评定等级			
	学 习 目 标	评 价 项 目	4	3	2	1
职业能力	能熟练掌握卡通角色的建模过程	掌握卡通角色身体结构				
		能灵活使用多边形建模				
	能熟练掌握低模制作技术	能合理控制模型面数				
		能利用低面数体现模型特点				
	能正确塑造卡通角色细节	能正确创建卡通角色五官造型				
		能正确制作卡通角色手脚				
		能根据需求调整细节关系				
	能正确控制卡通角色各部位比例	能根据需求调整各部位大小				
		能通过比例体现卡通角色特点				

续表

项目实训评价表						
项目	内　容		评定等级			
	学 习 目 标	评 价 项 目	4	3	2	1
通用能力	交流表达能力					
	与人合作能力					
	沟通能力					
	组织能力					
	活动能力					
	解决问题的能力					
	自我提高的能力					
	革新、创新的能力					
综合评价						

评定等级说明表	
等　级	说　明
4	能高质、高效地完成项目实训评价表中学习目标的全部内容，并能解决遇到的特殊问题
3	能高质、高效地完成项目实训评价表中学习目标的全部内容
2	能圆满完成项目实训评价表中学习目标的全部内容，不需要任何帮助和指导
1	能圆满完成项目实训评价表中学习目标的全部内容，但偶尔需要帮助和指导

最终等级说明表	
等　级	说　明
优秀	80%项目达到 3 级水平
良好	60%项目达到 2 级水平
合格	全部项目都达到 1 级水平
不合格	不能达到 1 级水平

项目 8　游戏场景的制作

项目描述

一款游戏运行得是否流畅和模型总面数有很大的关系。在大部分的游戏场景中，模型的制作需要考虑创建简模，即用尽可能少的面来表现物体结构，用贴图来表现物体大部分的细节。本项目通过制作一个游戏场景来熟悉相关的制作过程和制作技巧。本项目的最终效果如图 8-0-1 所示。

图 8-0-1　项目效果

- 游戏场景的制作方法。

- 制作各种物体的简模。
- 二维图形可渲染的设置。
- 二维物体的编辑。

项目分析

对于一个游戏场景的制作，我们可以先从游戏场景的主要物体的结构入手，即先确定游戏场景的主体框架，再制作游戏场景中的其他模型。为了使游戏场景的面尽可能少，在制作基础模型时，相关的段数应尽量少用，删除模型中重叠的面。本项目主要需要完成以下 5 个环节。

（1）房屋主体的制作。

（2）屋顶阁楼的制作。

（3）屋顶造型的制作。

（4）阳台模型的创建。

（5）门厅模型的制作。

实现步骤

8.1　房屋主体的制作

STEP 01 在【创建】面板的【几何体】类别中单击【长方体】按钮，在【透视】视图中创建一个长方体，进入【修改】面板，设置长方体参数。这里将【长度】设置为 60.0，【宽度】设置为 50.0，【高度】设置为 38.0，按 W 键切换到移动工具，分别右击主界面下方来调节 X 轴和 Y 轴坐标值的按钮，使坐标值归零，如图 8-1-1 所示。

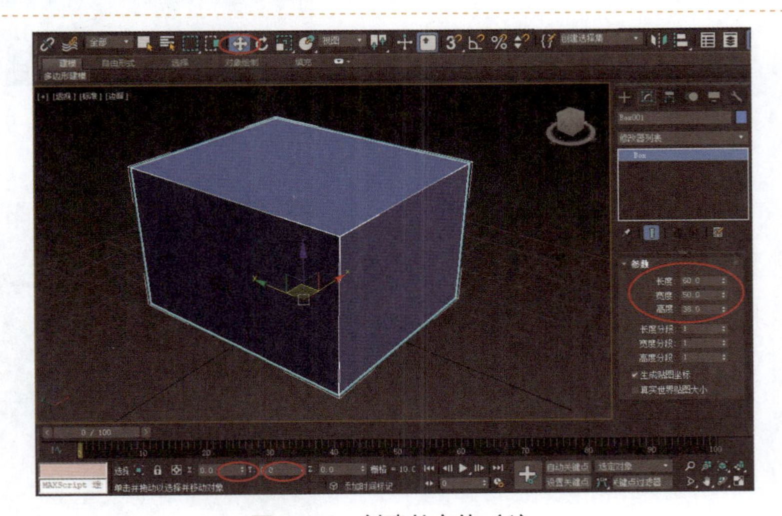

图 8-1-1　创建长方体（1）

STEP 02 在视图中的模型上右击，在弹出的快捷菜单中执行【转换为】→【转换为可编辑多边形】命令，在【修改】面板中选择【多边形】对象，选择上面的多边形并右击，在弹出的快捷菜单中单击【挤出】左侧的按钮，在对话框中将【高度】设置为20.0，单击按钮，如图 8-1-2 所示。

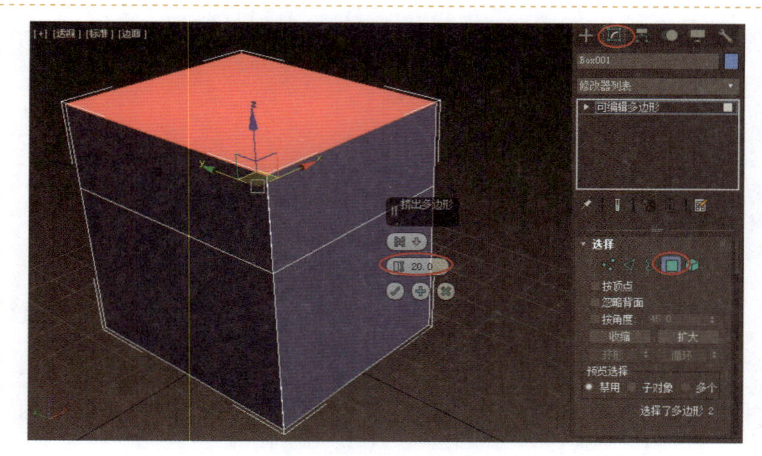

图 8-1-2　多边形挤出

STEP 03 在【可编辑多边形】堆栈中选择【边】子对象，进入【边】子对象层，选择视图中上面的一条边，如图 8-1-3 所示。

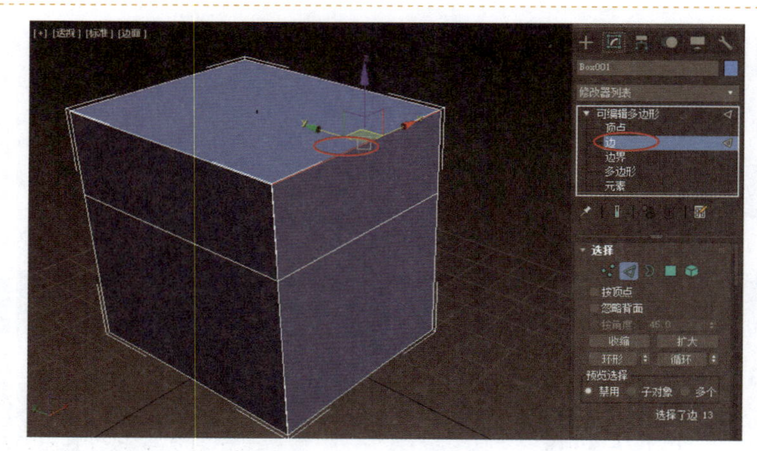

图 8-1-3　选择边

STEP 04 在视图中的模型上右击，在弹出的快捷菜单中执行【塌陷】命令，如图 8-1-4 所示。

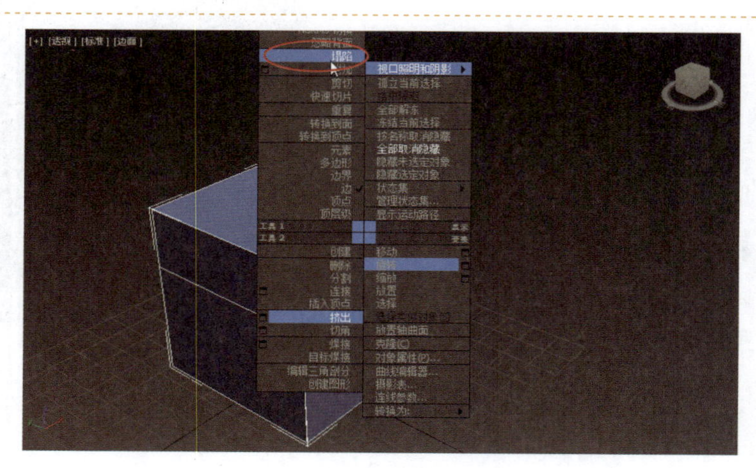

图 8-1-4　塌陷边（1）

STEP 05 选择视图中模型上面的另一条边并右击，在弹出的快捷菜单中执行【塌陷】命令，如图 8-1-5 所示。

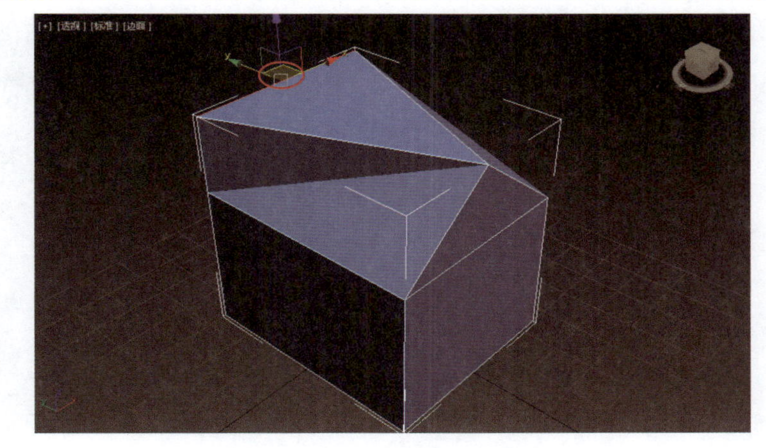

图 8-1-5　塌陷边（2）

STEP 06 单击【图形】按钮，在【对象类型】卷展栏中单击【线】按钮，勾选【自动栅格】复选框，在模型表面绘制图形，如图 8-1-6 所示。

注意：创建物体时开启自动栅格功能，可以很方便地在一个物体表面创建物体。

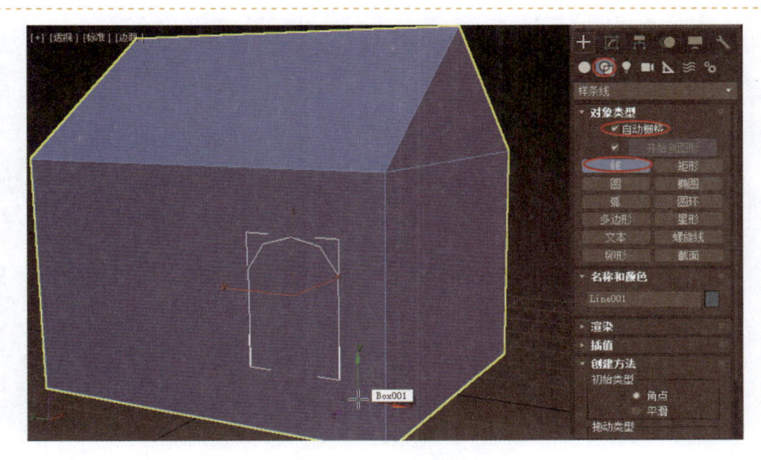

图 8-1-6　绘制图形

STEP 07 进入【修改】面板，在【渲染】卷展栏中勾选【在渲染中启用】和【在视口中启用】两个复选框，选中【矩形】单选按钮，将【长度】设置为 2.0，【宽度】设置为 1.9，使用【选择并移动】工具调整模型 X 轴方向的位置，如图 8-1-7 所示。

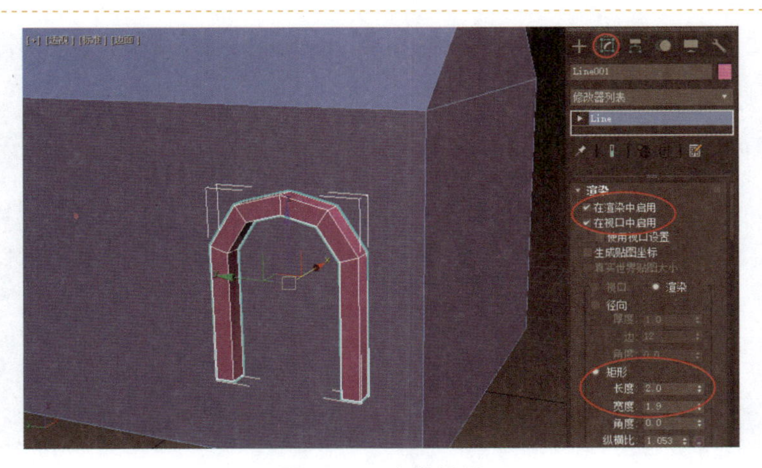

图 8-1-7　参数设置

STEP 08 在【创建】面板的【几何体】类别中，单击【长方体】按钮，勾选【自动栅格】复选框，在【透视】视图中创建一个长方体，使用【选择并移动】工具调整长方体位置，如图 8-1-8 所示。

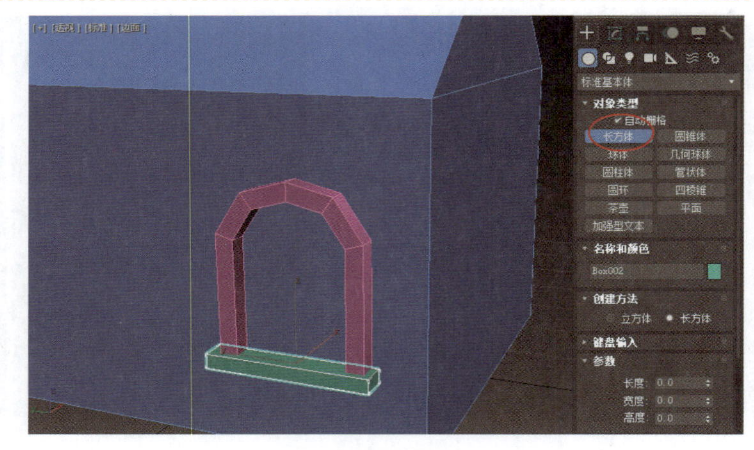
图 8-1-8　创建长方体（2）

STEP 09 选择刚创建的两个窗户结构模型，单击【实用程序】按钮，单击【塌陷】按钮，在【塌陷】卷展栏中单击【塌陷选定对象】按钮，如图 8-1-9 所示。

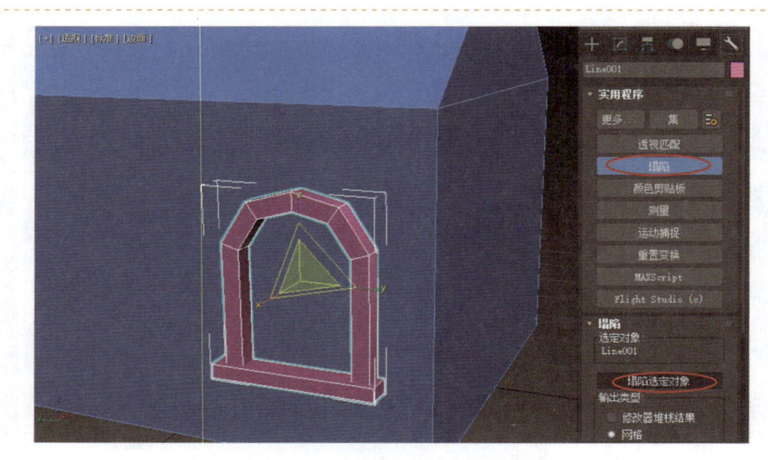
图 8-1-9　塌陷选定物体

STEP 10 先按住 Shift 键，使用【选择并移动】工具沿 *Y* 轴复制一个物体；再选择两个窗户物体，使用主工具栏中的【镜像】工具复制另一面的窗户，如图 8-1-10 所示。

注意：选中物体后，按组合键 Alt+X 可以使选择的物体透明显示。

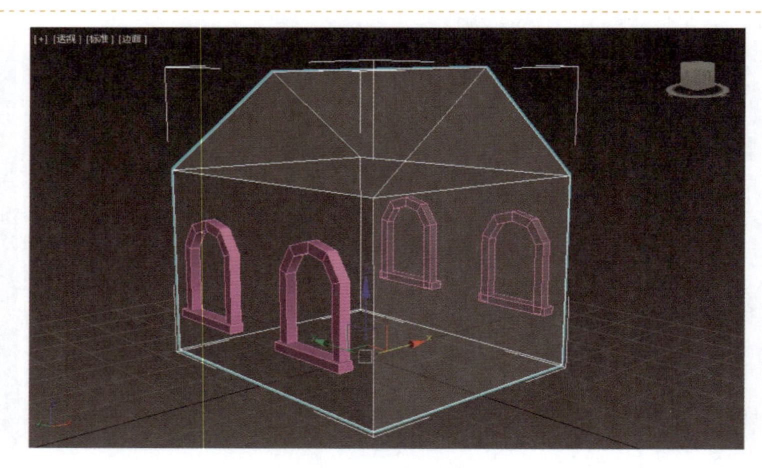
图 8-1-10　复制窗户

STEP 11 单击【图形】按钮，在【对象类型】卷展栏中单击【线】按钮，在【顶】视图中绘制图形，如图 8-1-11 所示。

注意：在绘制图形时，按住 Shift 键可以绘制直线。

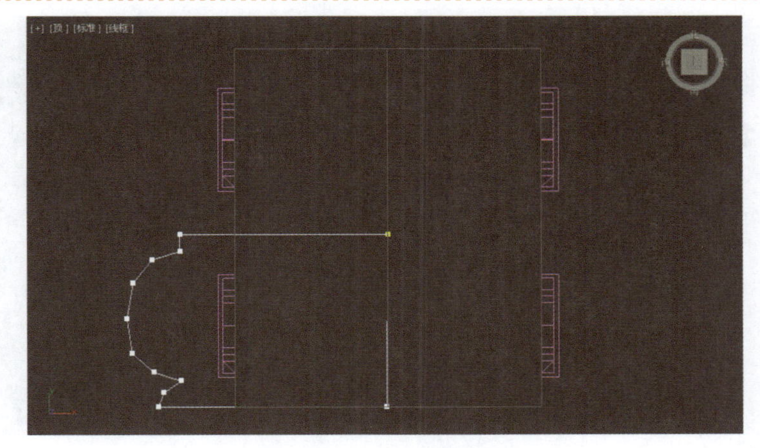

图 8-1-11　绘制图形

STEP 12 进入【修改】面板，选择【挤出】修改器，将【数量】设置为 2.0，使用【选择并移动】工具和【选择并旋转】工具调整物体的位置，效果如图 8-1-12 所示。

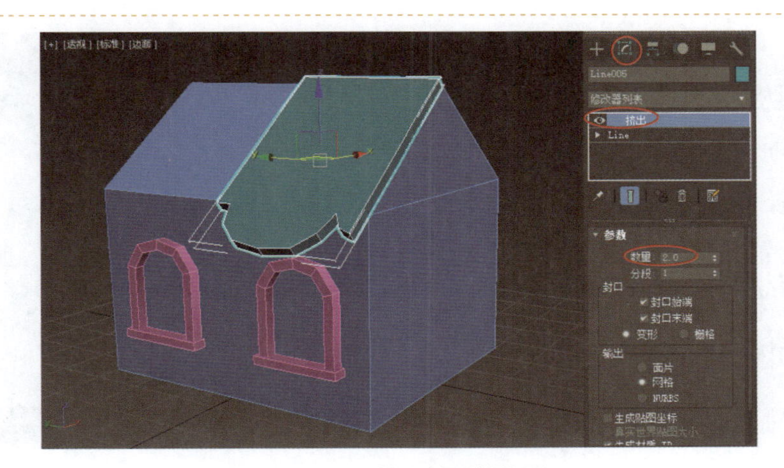

图 8-1-12　挤出并调整位置

STEP 13 使用主工具栏中的【镜像】工具镜像复制一个物体，如图 8-1-13 所示。

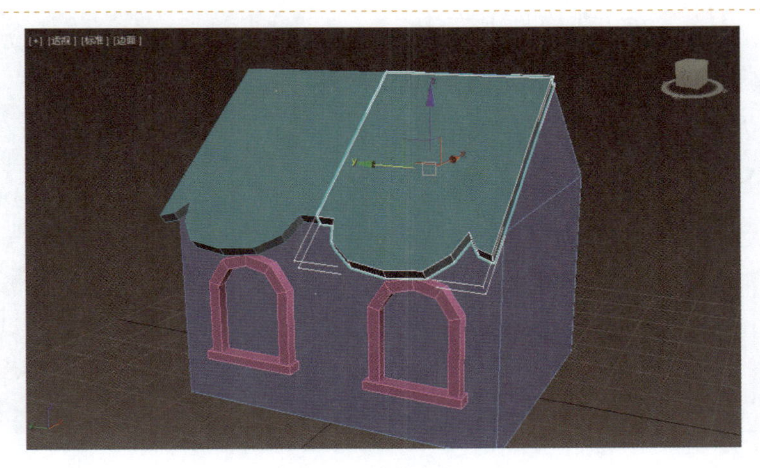

图 8-1-13　镜像复制（1）

STEP 14 选中屋顶的两个物体，再次使用主工具栏中的【镜像】工具镜像复制物体，如图 8-1-14 所示。

图 8-1-14 镜像复制（2）

STEP 15 进入【创建】面板，单击【平面】按钮，在【顶】视图中创建一个平面，将【长度】设置为 66.0，【宽度】设置为 78.0，【长度分段】设置为 1，【宽度分段】设置为 1，如图 8-1-15 所示。

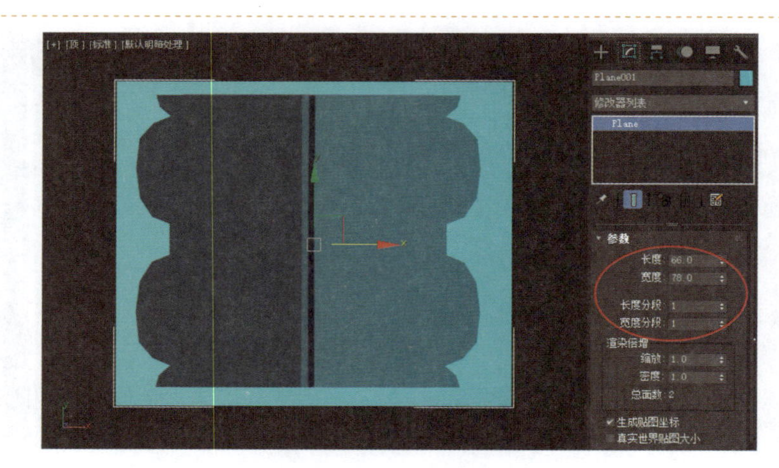

图 8-1-15 创建平面

STEP 16 在模型上右击，在弹出的快捷菜单中执行【转换为】→【转换为可编辑多边形】命令，在【修改】面板中选择【边界】子对象，选择平面的边界，按住 Shift 键，使用【选择并移动】工具沿 Z 轴向上建平面，如图 8-1-16 所示。

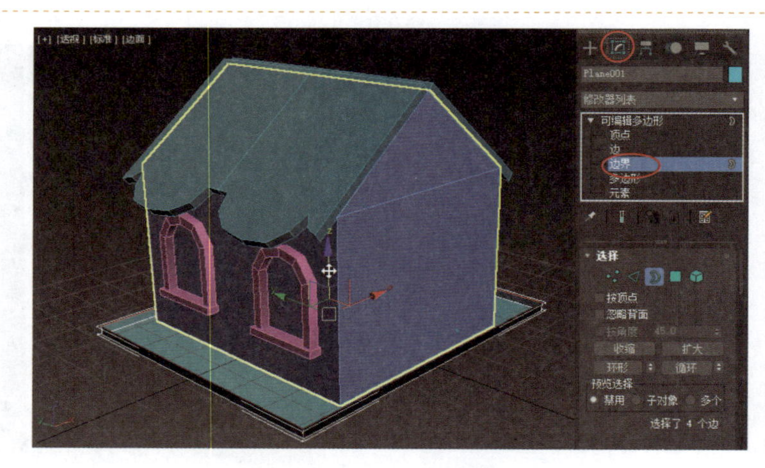

图 8-1-16 向上创建平面

STEP 17 按住 Shift 键，使用【选择并均匀缩放】工具向内挤出平面，如图 8-1-17 所示。

注意：在使用【选择并均匀缩放】工具时，如果将鼠标指针放在物体的中心，鼠标指针变为形状，则说明物体在三轴方向等比例缩放。

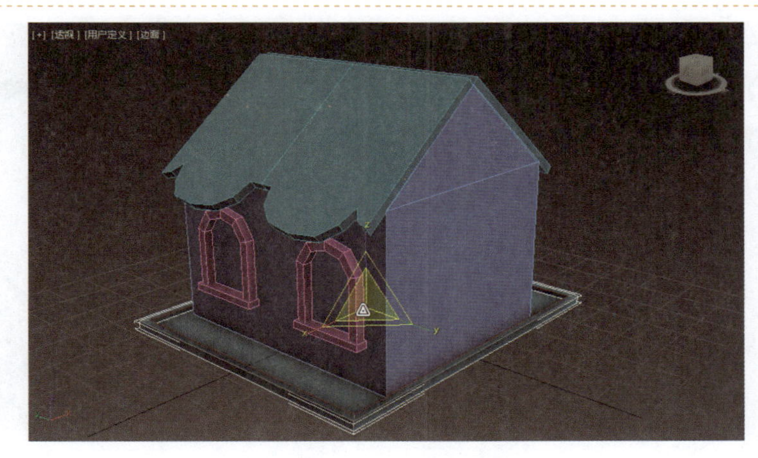

图 8-1-17　向内挤出平面

STEP 18 按住 Shift 键，使用【选择并移动】工具沿 Z 轴向下挤出平面，如图 8-1-18 所示。

注意：通过按住 Shift 键，配合【选择并移动】工具或【选择并均匀缩放】工具可以快速地创建多边形。

图 8-1-18　向下挤出平面

8.2　屋顶阁楼的制作

STEP 01 选择房屋主体，按住 Shift 键，使用【选择并移动】工具沿 Z 轴向上复制一个物体，如图 8-2-1 所示。

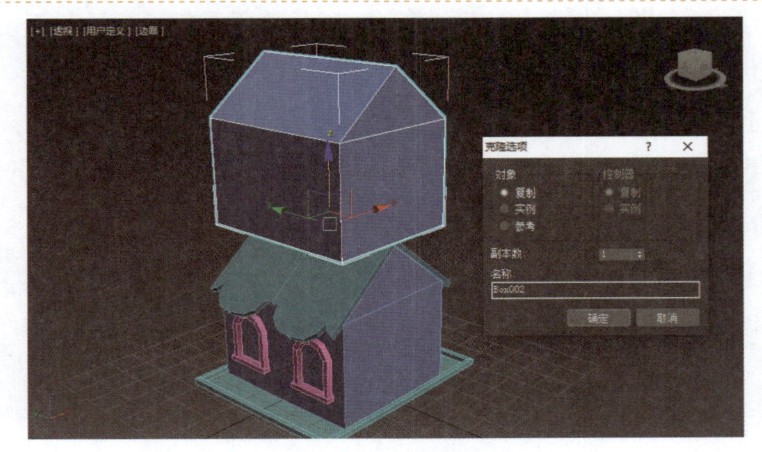

图 8-2-1　复制物体

STEP 02 使用【选择并旋转】工具和【选择并均匀缩放】工具，调整物体的方向和大小，如图 8-2-2 所示。

注意：旋转物体时，开启角度捕捉功能可以精确地旋转角度。

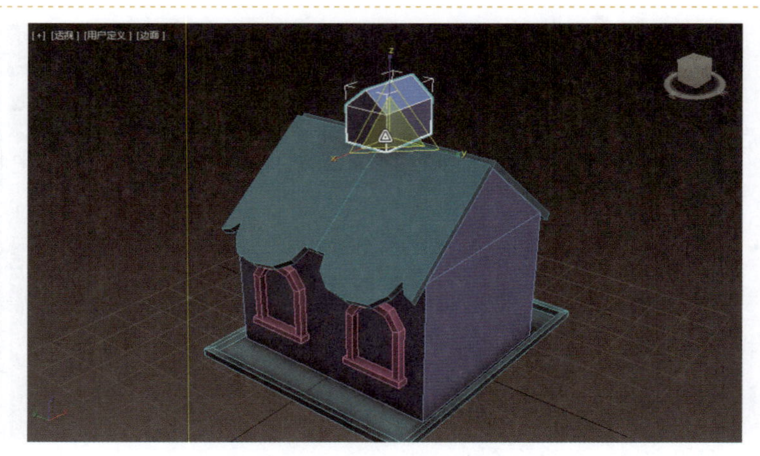

图 8-2-2　缩放与旋转

STEP 03 使用【选择并移动】工具调整物体的位置，如图 8-2-3 所示。

图 8-2-3　调整位置

STEP 04 进入【修改】面板，选择【多边形】子对象，选择上面的两个多边形，单击【编辑几何体】卷展栏中的【分离】按钮，在弹出的【分离】对话框中保持默认设置，如图 8-2-4 所示。

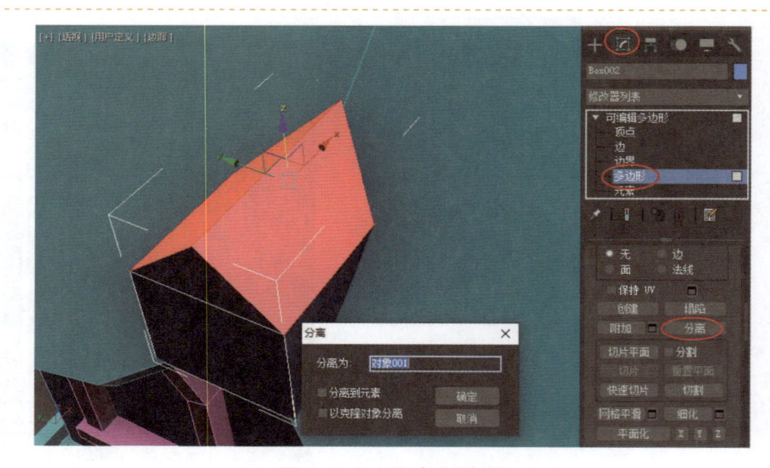

图 8-2-4　分离多边形

STEP 05 返回物体选择层级，选择分离出来的【对象001】物体并右击，在弹出的快捷菜单中执行【剪切】命令，在平面上剪切相交部分的连线，如图 8-2-5 所示。

注意：执行【剪切】命令前，需要按 F4 键，打开物体线框显示。

图 8-2-5　剪切

STEP 06 按组合键 Alt+Q，独立显示表面，选择【多边形】子对象，选择视图中的两个多边形，按 Delete 键将其删除，如图 8-2-6 所示。

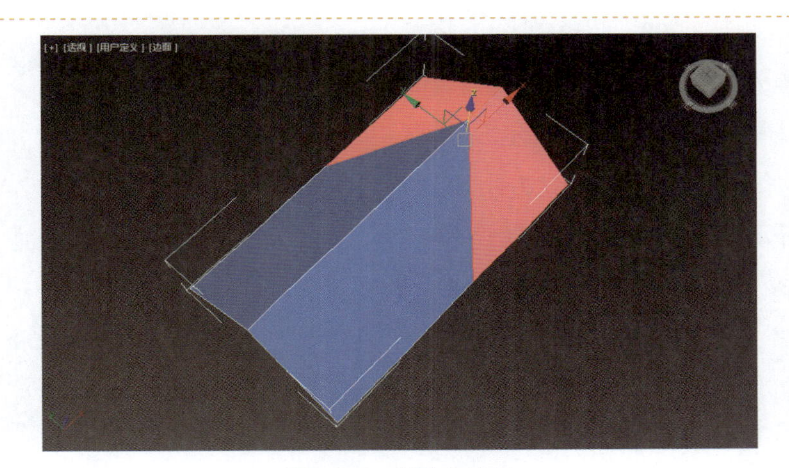

图 8-2-6　删除多边形

STEP 07 选择剩下的多边形并右击，在弹出的快捷菜单中单击【挤出】左侧的■按钮，在对话框中将【高度】设置为 4.5，如图 8-2-7 所示。

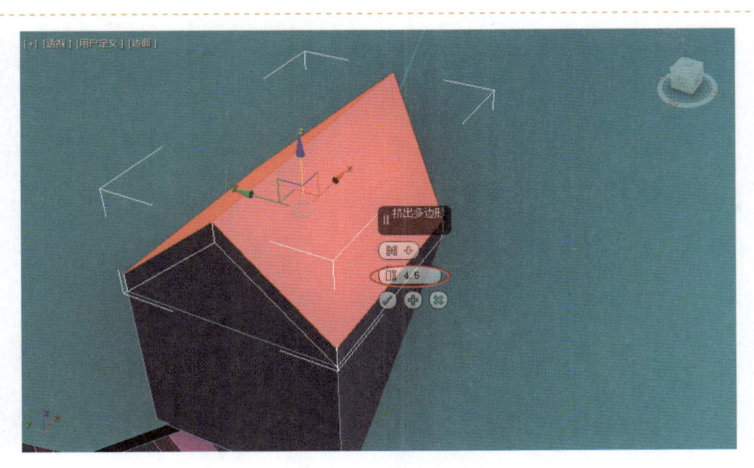

图 8-2-7　挤出多边形

STEP 08 选择【顶点】子对象，框选物体前部的顶点，使用【选择并移动】工具沿 X 轴调整顶点的位置，如图 8-2-8 所示。

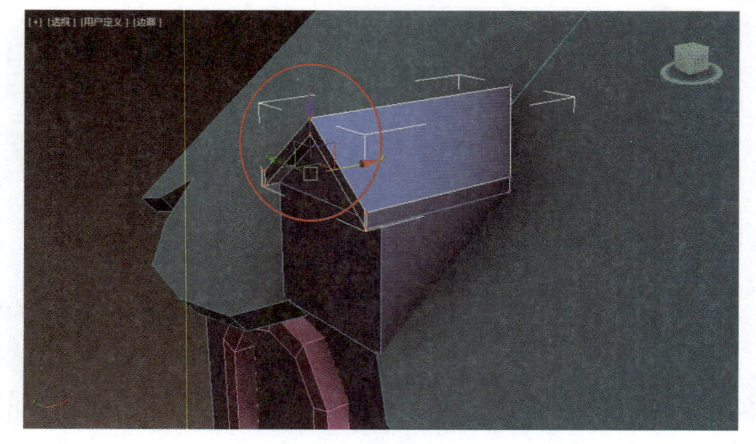

图 8-2-8　调整顶点（1）

STEP 09 调整视图方向，框选物体左侧的所有顶点，使用【选择并移动】工具调整物体顶点的位置，如图 8-2-9 所示。使用同样的方法调整物体右侧的顶点位置。

图 8-2-9　调整顶点（2）

STEP 10 选择【边】子对象，选择物体顶部的一条边并右击，在弹出的快捷菜单中执行【创建图形】命令，在弹出的【创建图形】对话框中选中【线性】单选按钮，单击【确定】按钮退出对话框，如图 8-2-10 所示。

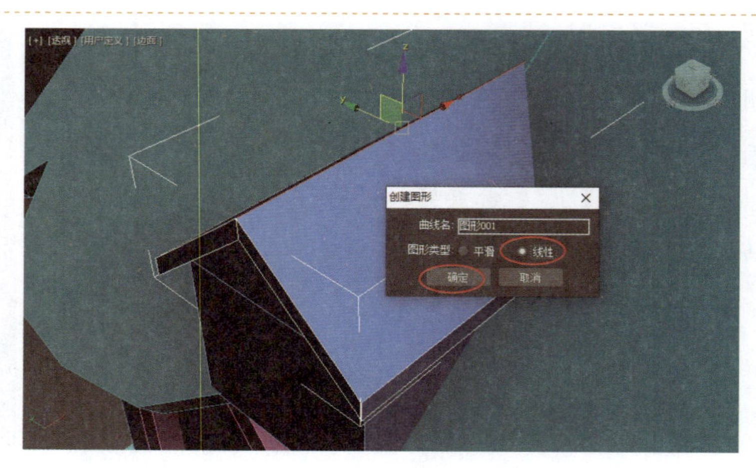

图 8-2-10　创建图形

STEP 11 返回物体选择层级，选择【图形 001】物体，进入【修改】面板，在【渲染】卷展栏中勾选【在渲染中启用】和【在视口中启用】两个复选框，选中【径向】单选按钮，将【厚度】设置为 10.0，【边】设置为 5，如图 8-2-11 所示。

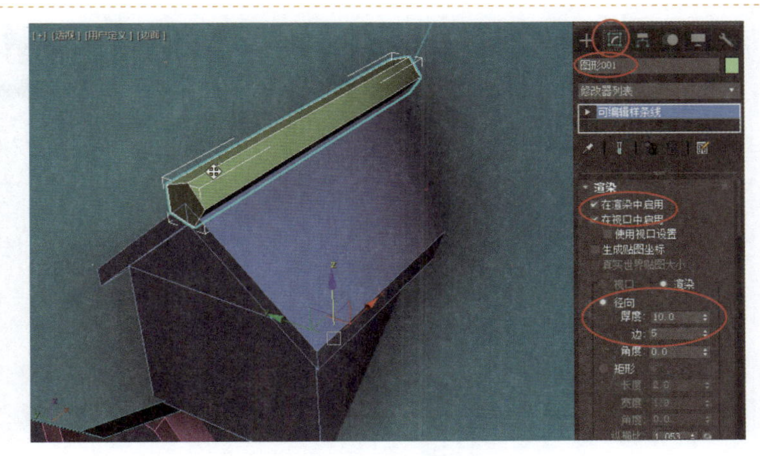

图 8-2-11　设置参数

STEP 12 选择【顶点】子对象，单击【几何体】卷展栏中的【优化】按钮，在物体上添加两个顶点，如图 8-2-12 所示。

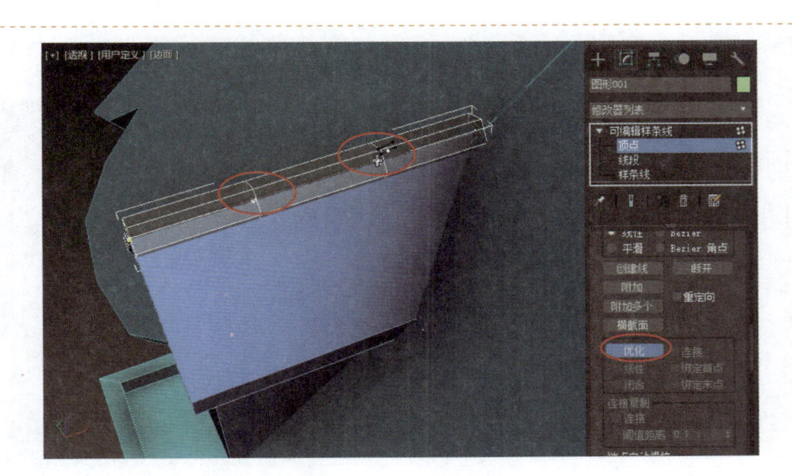

图 8-2-12　添加顶点

STEP 13 选择所有顶点并右击，在弹出的快捷菜单中执行【角点】命令，使用【选择并移动】工具调整物体顶点的位置，如图 8-2-13 所示。

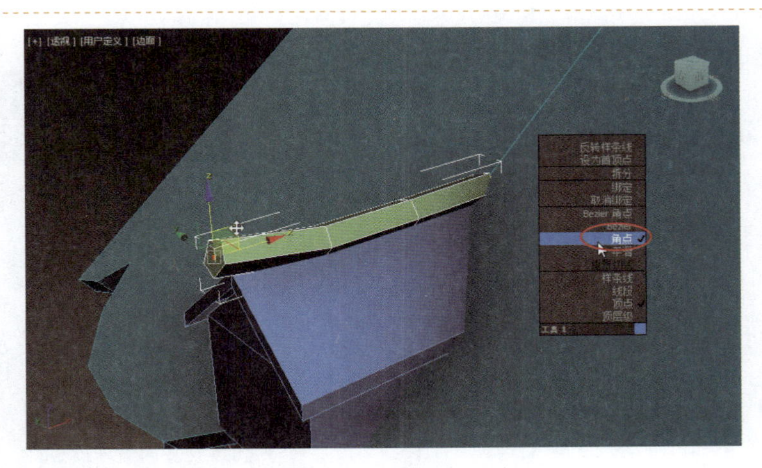

图 8-2-13　调整顶点（3）

STEP 14 选择阁楼物体，使用主工具栏中的【镜像】工具镜像复制一个物体，如图 8-2-14 所示。

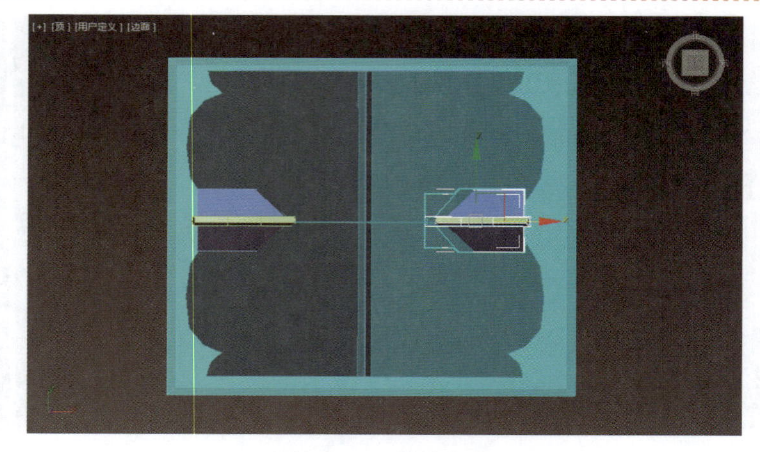

图 8-2-14　镜像复制

8.3　屋顶造型的制作

STEP 01 选择房屋主体，选择【边】子对象，选择物体顶部的一条边并右击，在弹出的快捷菜单中执行【创建图形】命令，在弹出的【创建图形】对话框中选中【线性】单选按钮，如图 8-3-1 所示。

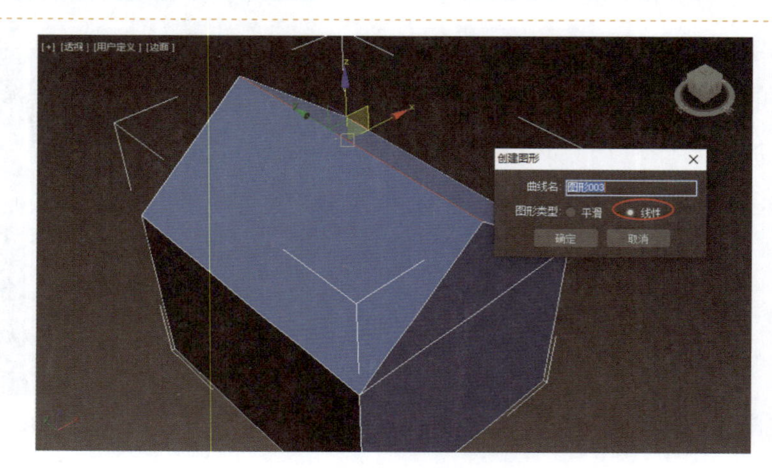

图 8-3-1　创建图形（1）

STEP 02 返回物体选择层级，选择【图形 003】物体，进入【修改】面板，在【渲染】卷展栏中勾选【在渲染中启用】和【在视口中启用】两个复选框，选中【径向】单选按钮，将【厚度】设置为 8.0，【边】设置为 5，如图 8-3-2 所示。

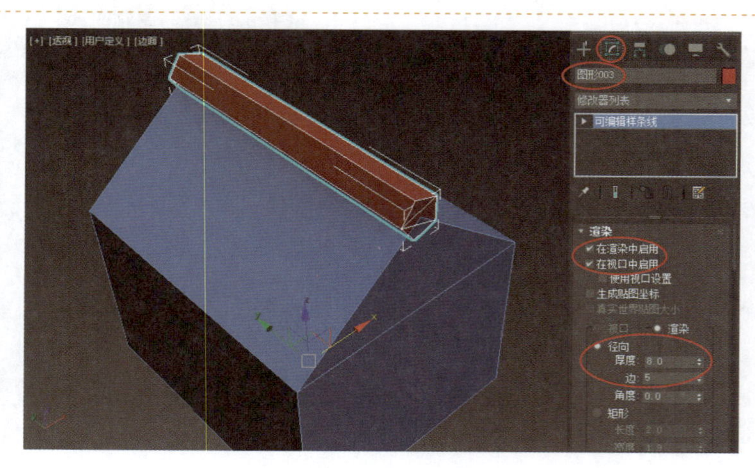

图 8-3-2　设置参数（1）

STEP 03 选择【顶点】子对象，单击【几何体】卷展栏中的【优化】按钮，在图形中间添加一个顶点，如图 8-3-3 所示。

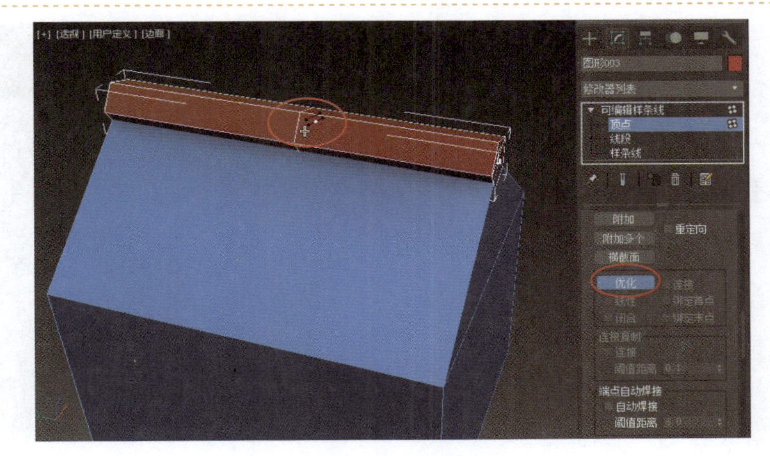

图 8-3-3　添加顶点

STEP 04 选择所有顶点并右击，在弹出的快捷菜单中执行【角点】命令，使用【选择并移动】工具调整物体顶点的位置，如图 8-3-4 所示。

图 8-3-4　调整顶点（1）

STEP 05 返回物体选择层级，选择房屋主体，选择【边】子对象，选择物体的两条边并右击，在弹出的快捷菜单中执行【创建图形】命令，在弹出的【创建图形】对话框中选中【线性】单选按钮，如图 8-3-5 所示。

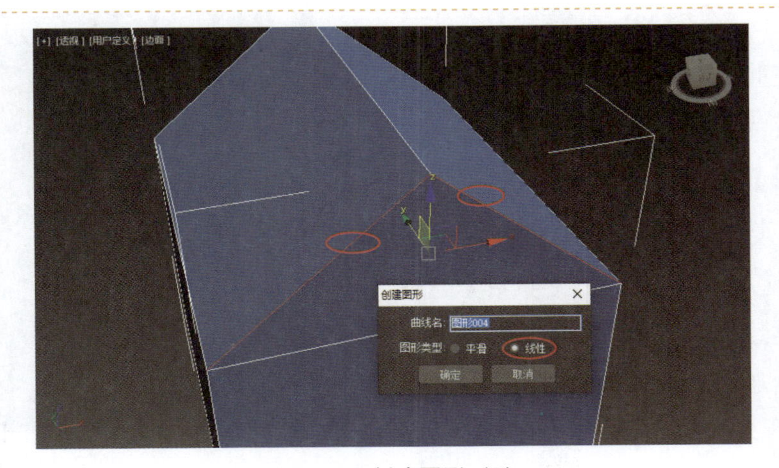

图 8-3-5　创建图形（2）

STEP 06 返回物体选择层级，选择【图形 004】物体，进入【修改】面板，在【渲染】卷展栏中勾选【在渲染中启用】和【在视口中启用】两个复选框，选中【矩形】单选按钮，将【长度】设置为 5.0，【宽度】设置为 5.0，如图 8-3-6 所示。

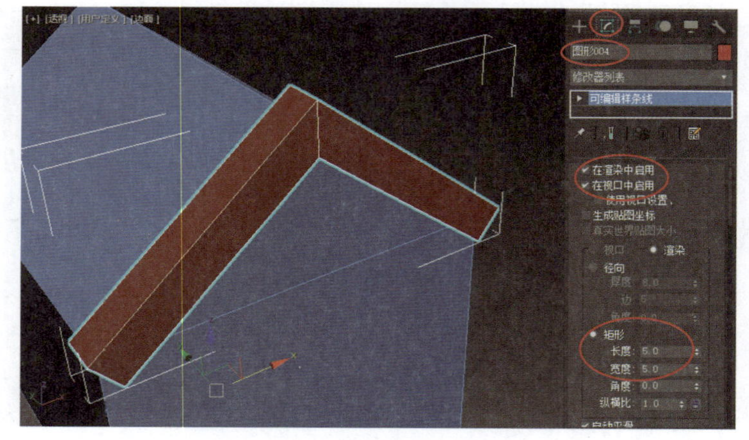

图 8-3-6　设置参数（2）

STEP 07 选择【顶点】子对象，单击【几何体】卷展栏中的【优化】按钮，在图形中间添加两个顶点，如图 8-3-7 所示。

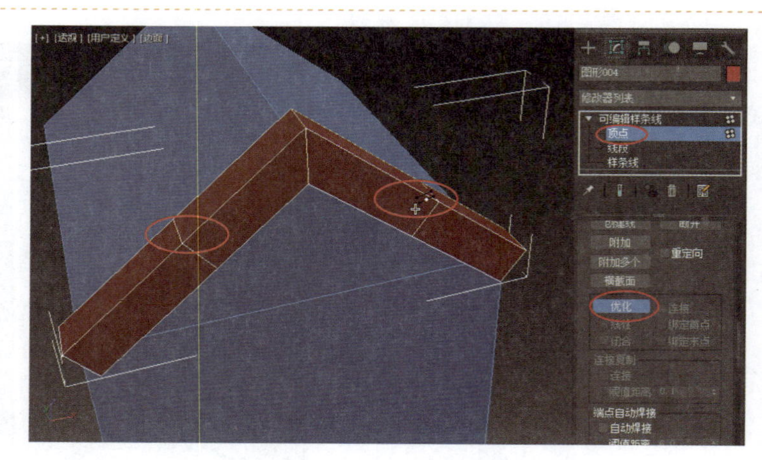

图 8-3-7　添加顶点（2）

STEP 08 在模型上右击，在弹出的快捷菜单中执行【转换为】→【转换为可编辑多边形】命令，在【修改】面板中选择【顶点】子对象，使用【选择并移动】工具和【选择并均匀缩放】工具调整物体结构，如图 8-3-8 所示。

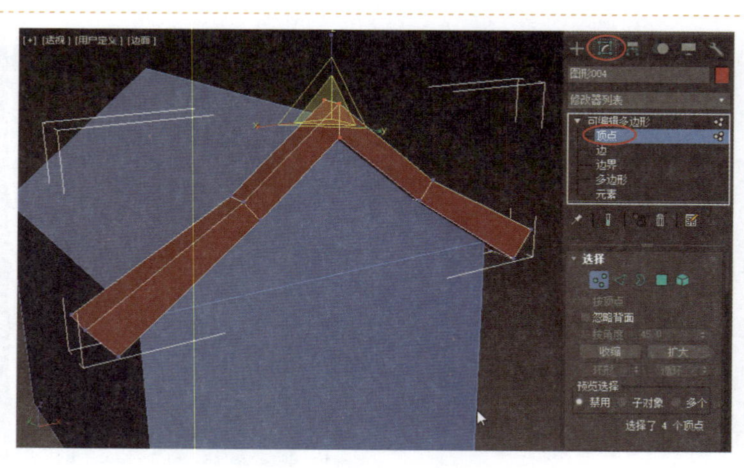

图 8-3-8　调整物体结构（1）

STEP 09 返回物体选择层级，选择【图形 004】物体，按住 Shift 键，使用【选择并移动】工具沿 *Y* 轴复制一个物体，如图 8-3-9 所示。

图 8-3-9　复制物体

STEP 10 选择顶部的【图形 003】物体并右击，在弹出的快捷菜单中执行【转换为】→【转换为可编辑多边形】命令，在【修改】面板中选择【多边形】子对象，框选视图中的多边形，如图 8-3-10 所示。

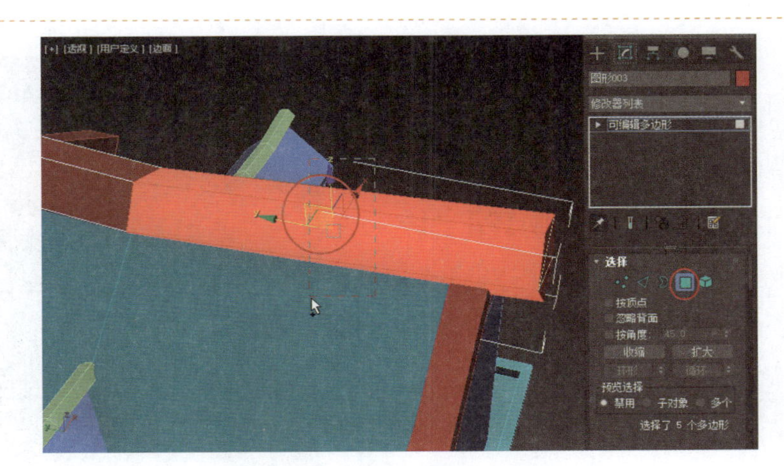

图 8-3-10　框选视图中的多边形

STEP 11 按住 Shift 键，使用【选择并旋转】工具沿 *X* 轴旋转复制多边形，在弹出的【克隆部分网格】对话框中，选中【克隆到对象】单选按钮，如图 8-3-11 所示。

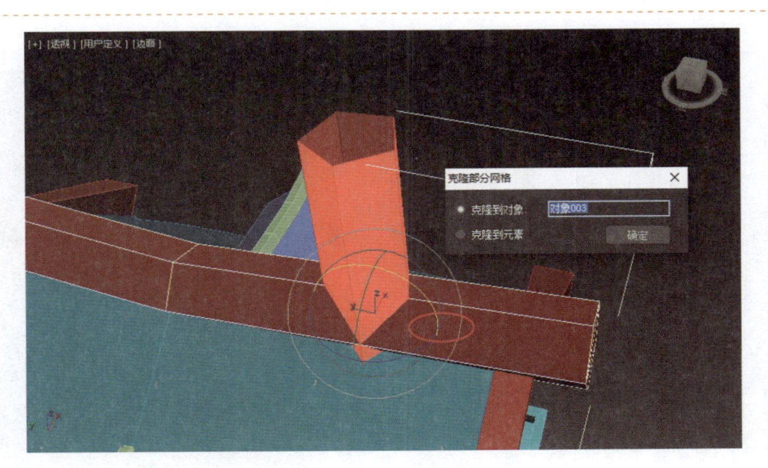

图 8-3-11　复制多边形

STEP 12 返回物体选择层级，选择【对象 003】物体，在【修改】面板中选择【顶点】子对象，使用【选择并移动】和【选择并均匀缩放】工具调整物体结构，如图 8-3-12 所示。

图 8-3-12 调整物体结构（2）

STEP 13 按住 Shift 键，使用【选择并旋转】工具沿 Y 轴旋转复制一个物体，并使用【选择并均匀缩放】工具调整物体大小，如图 8-3-13 所示。

图 8-3-13 复制物体并调整其大小

STEP 14 切换至【前】视图，在【创建】面板中，单击【平面】按钮，在【前】视图中创建一个平面，将【长度】设置为 20.0，【宽度】设置为 14.0，【长度分段】设置为 3，【宽度分段】设置为 2，如图 8-3-14 所示。

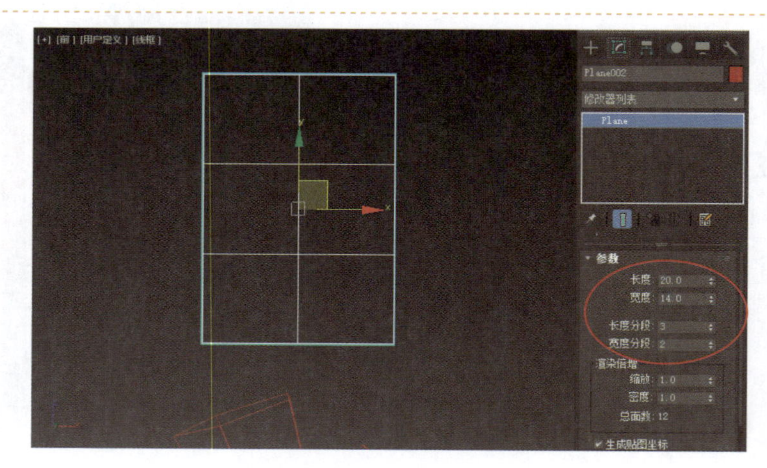

图 8-3-14 创建平面

STEP 15 在视图中的模型上右击，在弹出的快捷菜单中执行【转换为】→【转换为可编辑多边形】命令，在【修改】面板中选择【顶点】子对象，使用【选择并移动】工具和【选择并均匀缩放】工具调整物体结构，如图 8-3-15 所示。

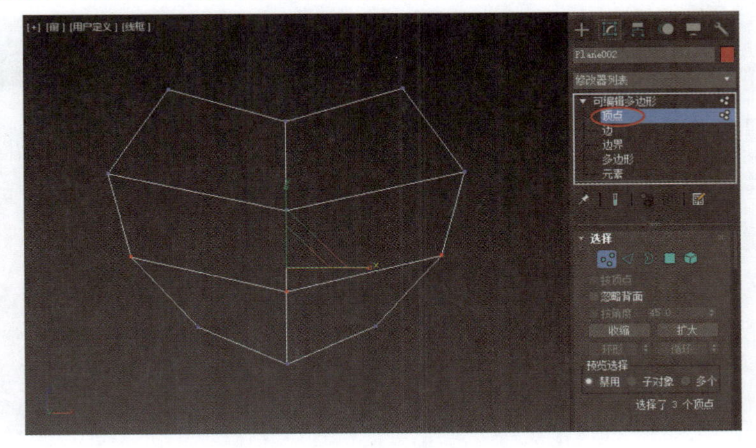

图 8-3-15　调整物体结构（3）

STEP 16 进入【多边形】子对象层，选择所有多边形并右击，在弹出的快捷菜单中单击【挤出】左侧的按钮，在对话框中将【高度】设置为 4.0，如图 8-3-16 所示。

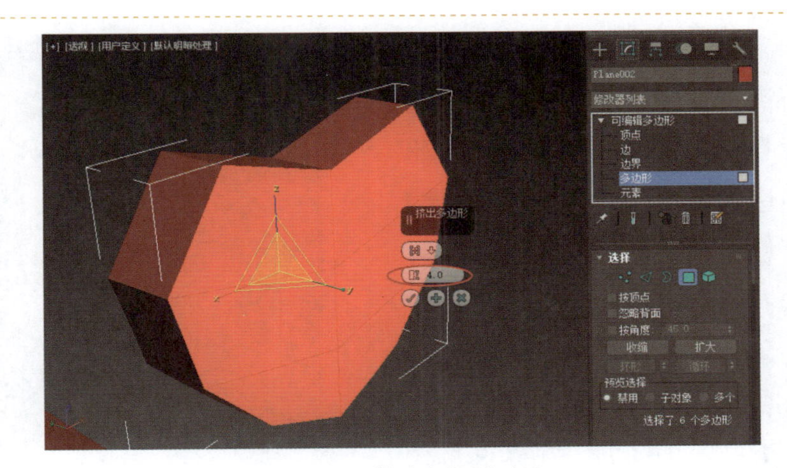

图 8-3-16　挤出多边形（1）

STEP 17 使用【选择并均匀缩放】工具调整多边形的大小，如图 8-3-17 所示。

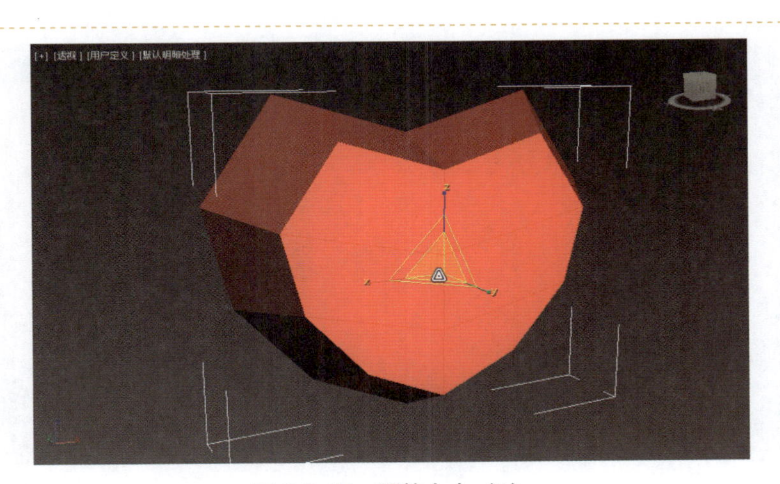

图 8-3-17　调整大小（1）

STEP 18 在【创建】面板的【几何体】类别中单击【圆柱体】按钮，在【前】视图中创建一个圆柱体，将【半径】设置为 1.2，【高度】设置为 0.5，【高度分段】设置为 1，如图 8-3-18 所示。

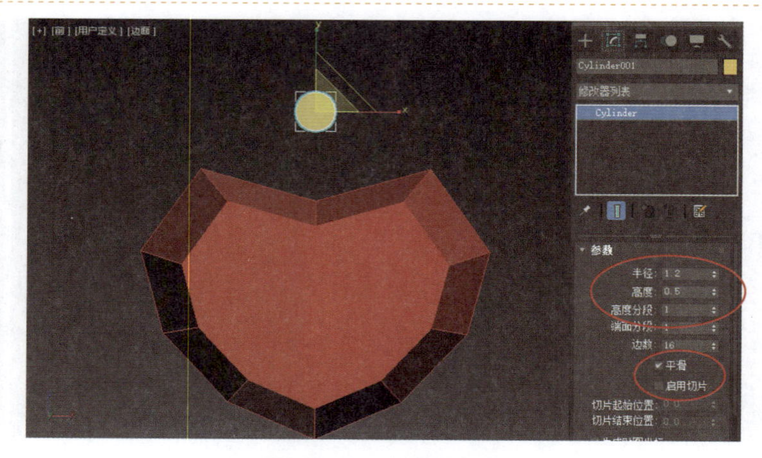

图 8-3-18　创建圆柱体

STEP 19 选择圆柱体并右击，在弹出的快捷菜单中执行【转换为】→【转换为可编辑多边形】命令；在【修改】面板中选择【多边形】对象，选择底部的两个多边形并右击，在弹出的快捷菜单中单击【挤出】左侧的按钮，将【高度】设置为 4.71，如图 8-3-19 所示。

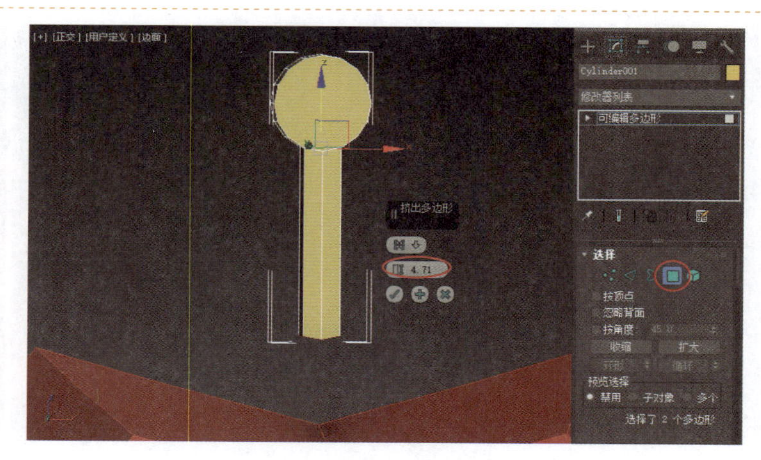

图 8-3-19　挤出多边形（2）

STEP 20 使用【选择并均匀缩放】工具调整多边形的大小，如图 8-3-20 所示。

图 8-3-20　调整大小（2）

STEP 21 返回物体选择层级，复制其他 5 个物体，并调整其位置，如图 8-3-21 所示。

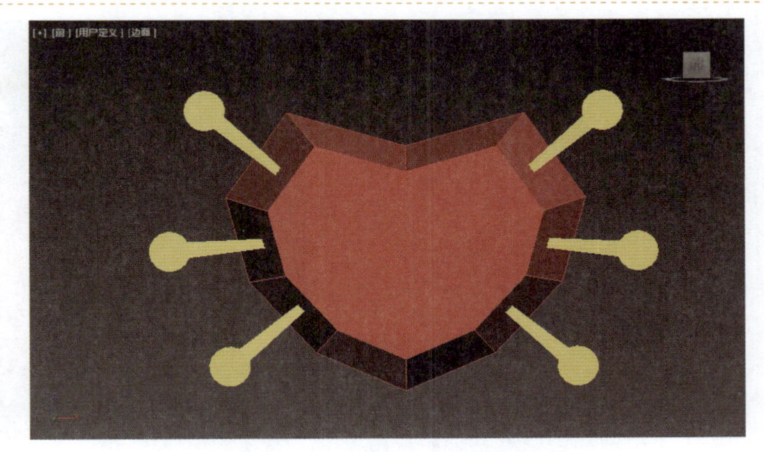

图 8-3-21　复制物体并调整其位置

STEP 22 调节屋顶模型位置，显示屋顶结构效果，如图 8-3-22 所示。

图 8-3-22　屋顶结构效果

8.4　阳台模型的创建

STEP 01 在【创建】面板的【几何体】类别中，单击【长方体】按钮，勾选【自动栅格】复选框，在物体表面创建一个长方体，如图 8-4-1 所示。

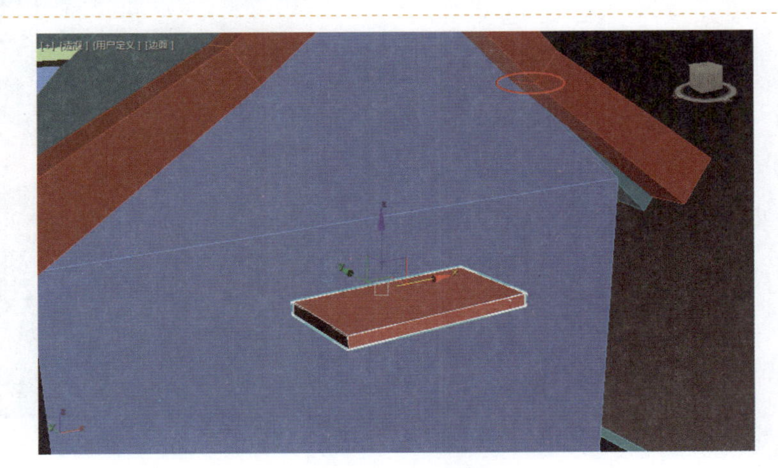

图 8-4-1　创建长方体（1）

STEP 02 再次使用【长方体】工具，勾选【自动栅格】复选框，在刚创建的长方体表面创建一个长方体，参数如图 8-4-2 所示。

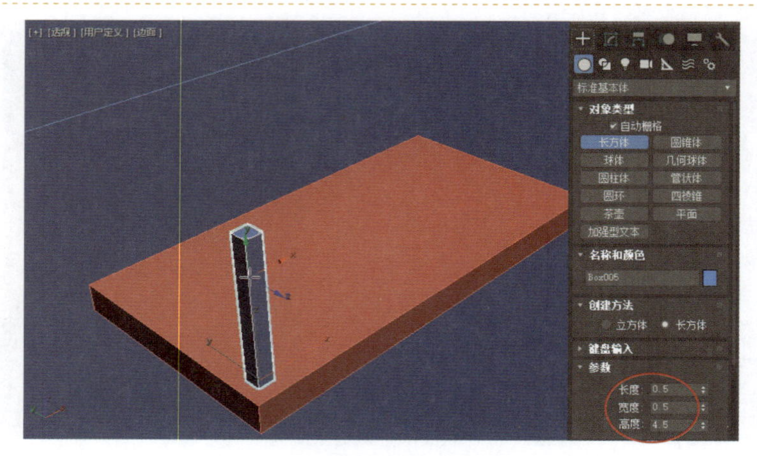

图 8-4-2 创建长方体（2）

STEP 03 选择长方体并右击，在弹出的快捷菜单中执行【转换为】→【转换为可编辑多边形】命令，在【修改】面板中选择【多边形】子对象，选择上面的多边形，如图 8-4-3 所示。

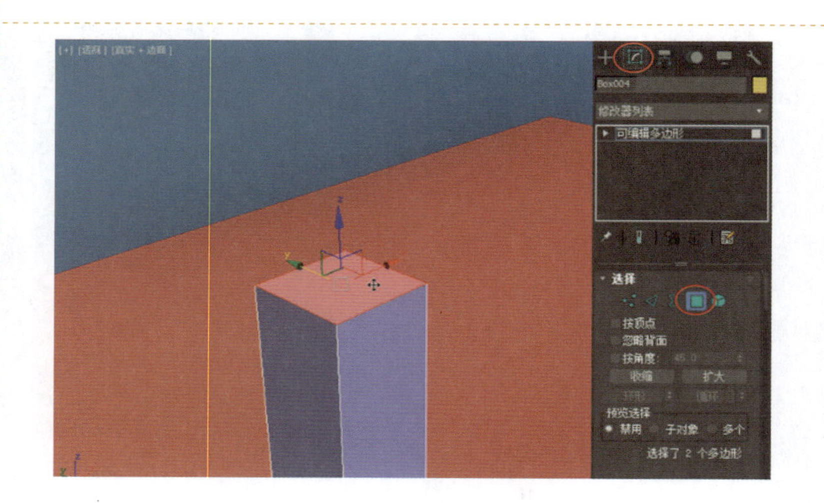

图 8-4-3 选择多边形

STEP 04 右击选中的多边形，在弹出的快捷菜单中单击【挤出】左侧的按钮，将【高度】设置为 0.15，单击【应用并继续】按钮，如图 8-4-4 所示。

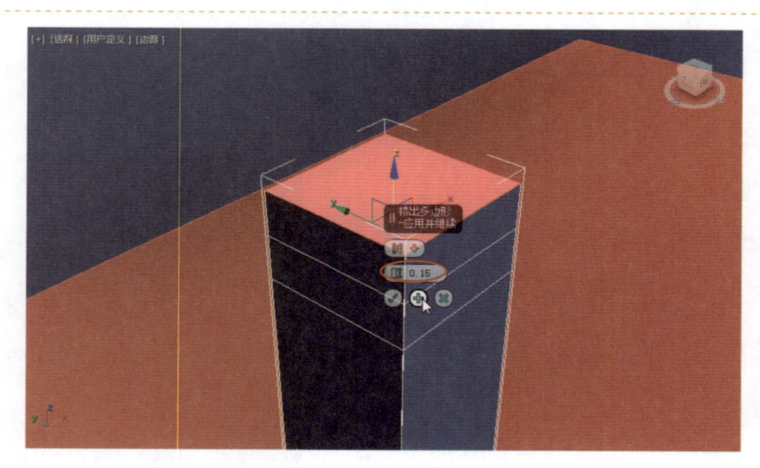

图 8-4-4 挤出多边形（1）

STEP 05 选择【边】子对象，选择中间一圈边，使用【选择并均匀缩放】工具调整边的大小，如图 8-4-5 所示。

注意：双击一条边，可以快速选中这条边所处的一圈边。

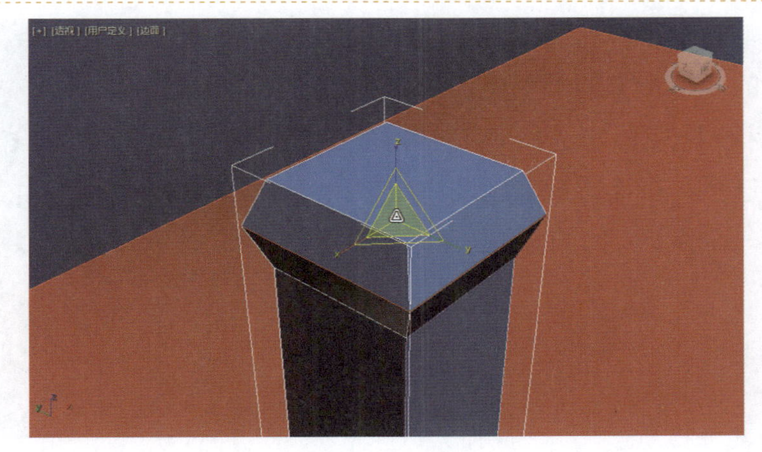

图 8-4-5　调整边

STEP 06 返回物体选择层级，设置模型颜色，按住 Shift 键，使用【选择并移动】工具沿 *X* 轴复制物体，如图 8-4-6 所示。

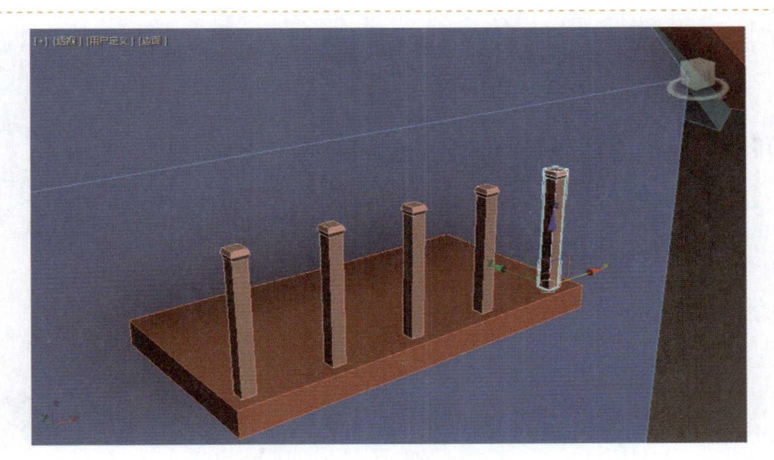

图 8-4-6　复制物体（1）

STEP 07 选择头、尾两个栏杆物体，按住 Shift 键，使用【选择并移动】工具沿 *Y* 轴复制物体，如图 8-4-7 所示。

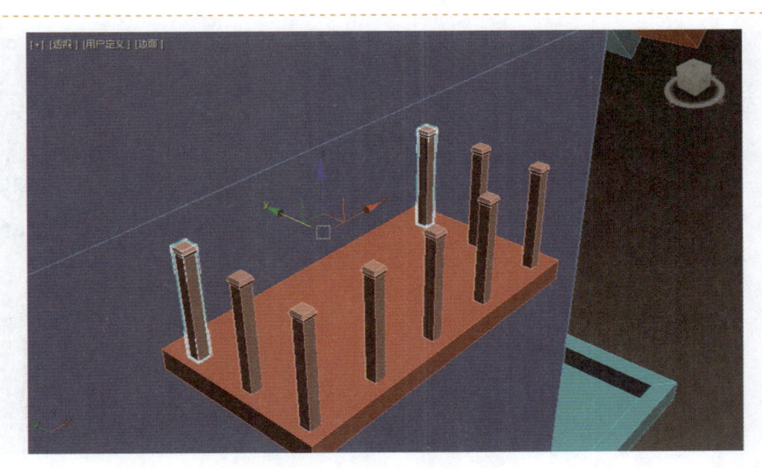

图 8-4-7　复制物体（2）

STEP 08 在【创建】面板的【图形】类别中，单击【矩形】按钮，勾选【自动栅格】复选框，在【透视】视图中绘制一个矩形，如图 8-4-8 所示。

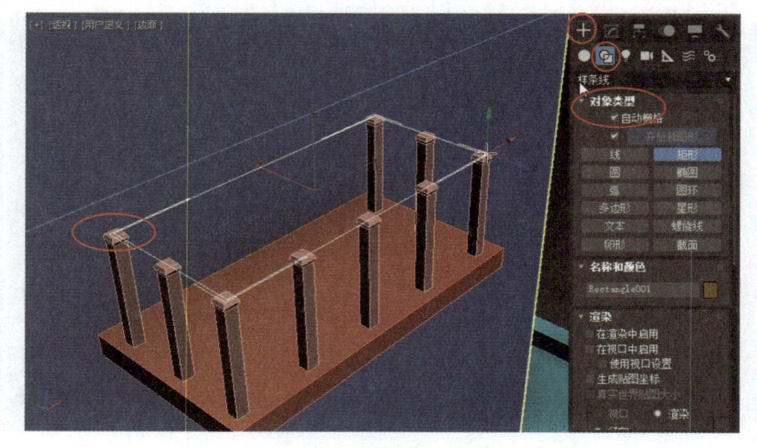

图 8-4-8　绘制矩形

STEP 09 选择矩形并右击，在弹出的快捷菜单中执行【转换为】→【转换为可编辑样条线】命令，如图 8-4-9 所示。

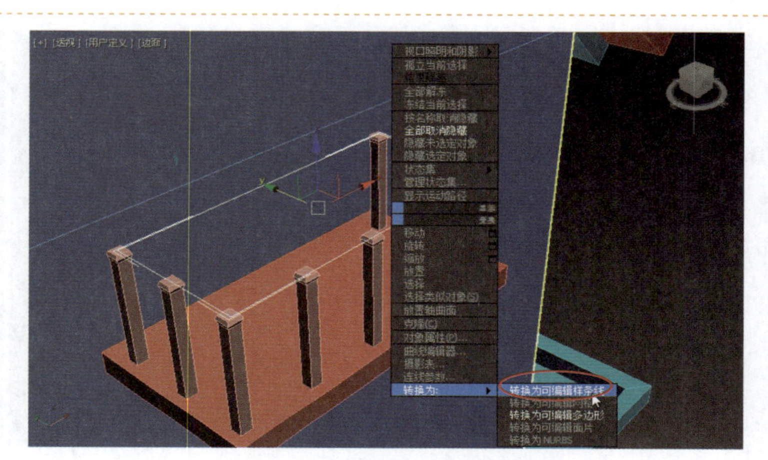

图 8-4-9　转换为可编辑样条线

STEP 10 进入【修改】面板，选择【线段】子对象，选择靠近墙面的一条线段，按 Delete 键将其删除，如图 8-4-10 所示。

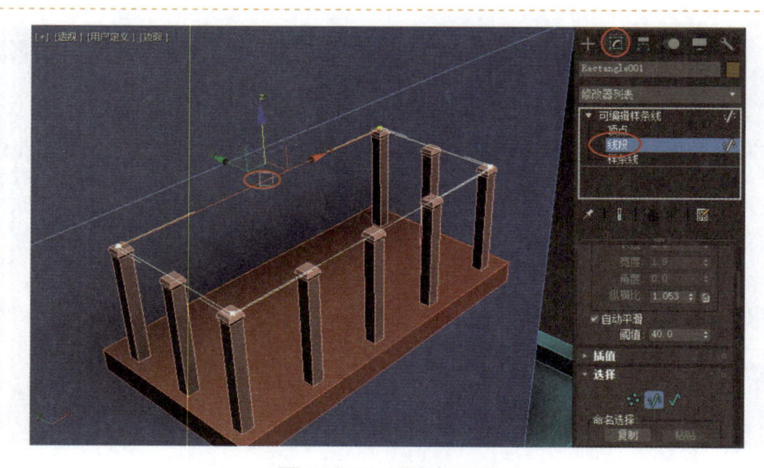

图 8-4-10　删除线段

STEP 11 选择【顶点】子对象，使用【选择并移动】工具沿 *Y* 轴调整点至墙面的位置，如图 8-4-11 所示。

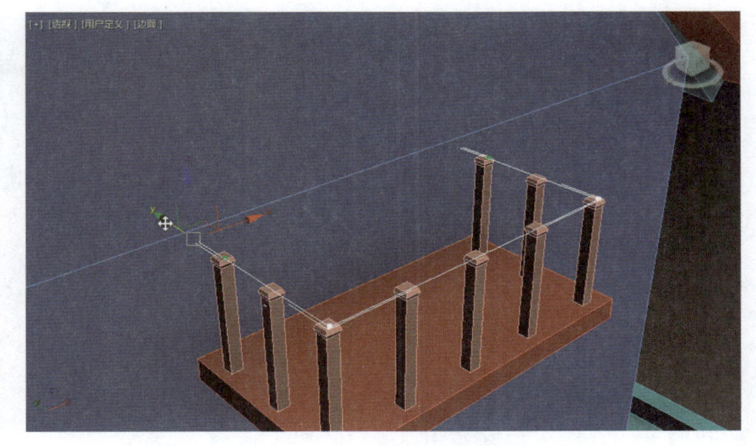

图 8-4-11　调整点的位置

STEP 12 在【渲染】卷展栏中勾选【在渲染中启用】和【在视口中启用】两个复选框，选中【矩形】单选按钮，将【长度】设置为 0.6，【宽度】设置为 0.7，如图 8-4-12 所示。

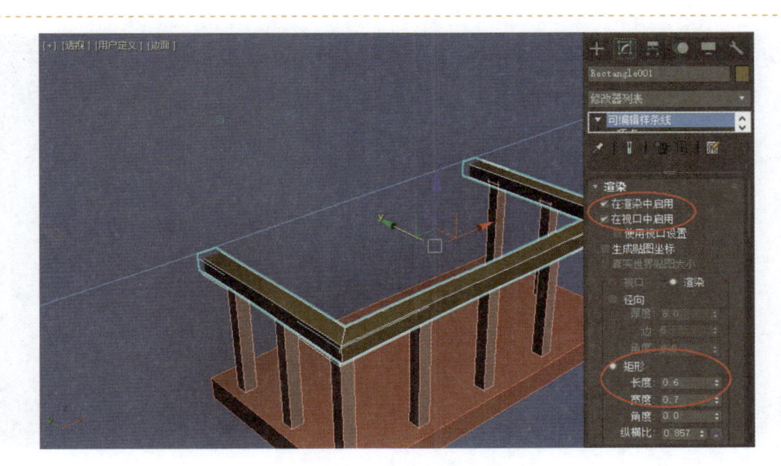

图 8-4-12　设置参数

STEP 13 在【创建】面板的【几何体】类别中，单击【对象类型】卷展栏中的【长方体】按钮，勾选【自动栅格】复选框，在墙体表面创建一个长方体，如图 8-4-13 所示。

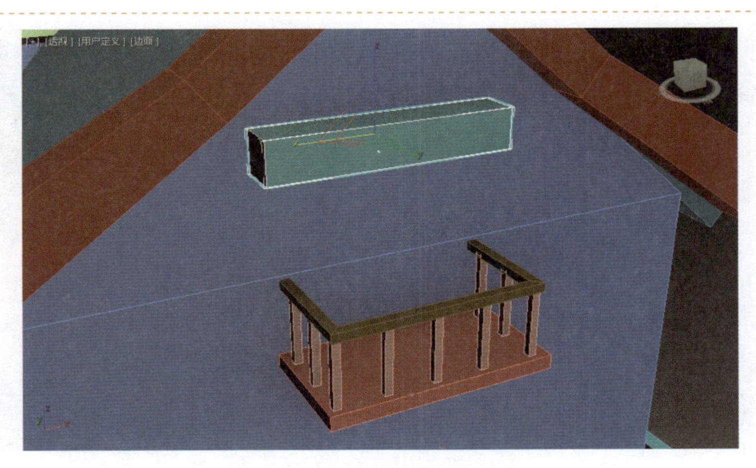

图 8-4-13　创建长方体（3）

STEP 14 选择长方体并右击，在弹出的快捷菜单中执行【转换为】→【转换为可编辑的多边形】命令，在【修改】面板中选择【多边形】子对象，选择长方体靠外的多边形并右击，在弹出的快捷菜单中单击【挤出】左侧的按钮，将【高度】设置为10.0，如图8-4-14所示。

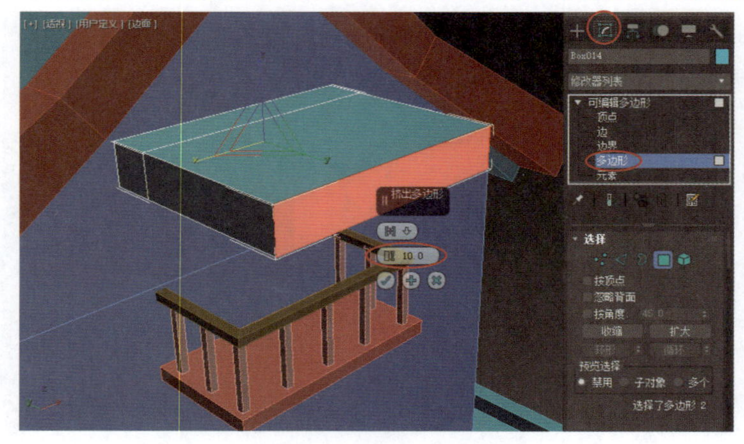

图 8-4-14　挤出多边形（2）

STEP 15 使用【选择并移动】工具和【选择并均匀缩放】工具调整多边形的大小和位置，如图8-4-15所示。

图 8-4-15　调整多边形

STEP 16 选择下方的两个多边形，按Delete键将其删除，如图8-4-16所示。

图 8-4-16　删除多边形

STEP 17 返回物体选择层级，使用【选择并移动】工具调整顶棚的位置，如图 8-4-17 所示。

图 8-4-17　调整顶棚位置

STEP 18 选择阳台上的所有物体，单击【实用程序】按钮，在【实用程序】卷展栏中单击【塌陷】按钮，在【塌陷】卷展栏中单击【塌陷选定对象】按钮，如图 8-4-18 所示。

图 8-4-18　塌陷物体

8.5　门厅模型的制作

STEP 01 在【创建】面板的【几何体】类别中单击【长方体】按钮，在【透视】视图中创建一个长方体，参数如图 8-5-1 所示。

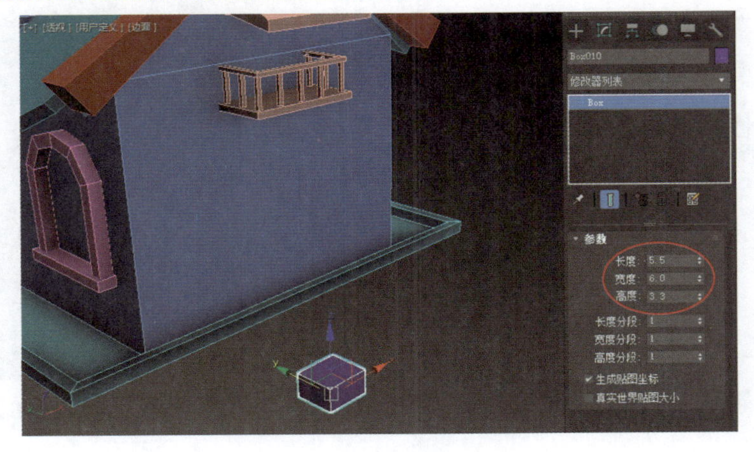

图 8-5-1　创建长方体（1）

STEP 02 在刚创建的模型上右击，在弹出的快捷菜单中执行【转换为】→【转换为可编辑多边形】命令，在【修改】面板中选择【多边形】子对象，选择上面的多边形，使用【选择并均匀缩放】工具调整多边形的大小，如图 8-5-2 所示。

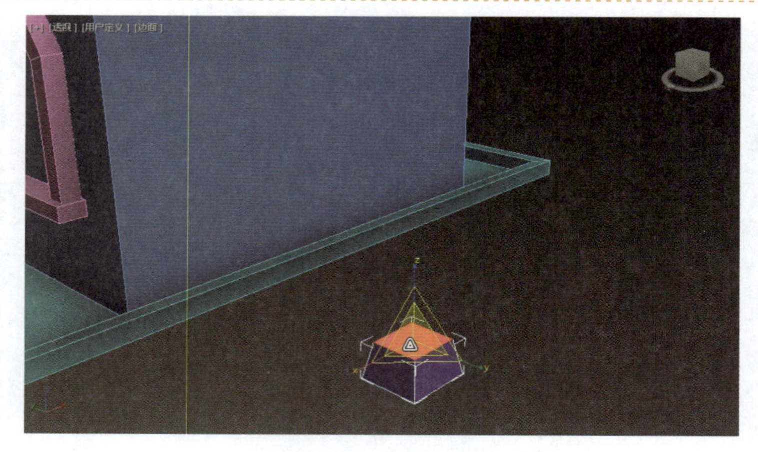

图 8-5-2　缩放多边形

STEP 03 在选中的多边形上右击，在弹出的快捷菜单中单击【挤出】左边的按钮，将【高度】设置为 18.8，如图 8-5-3 所示。

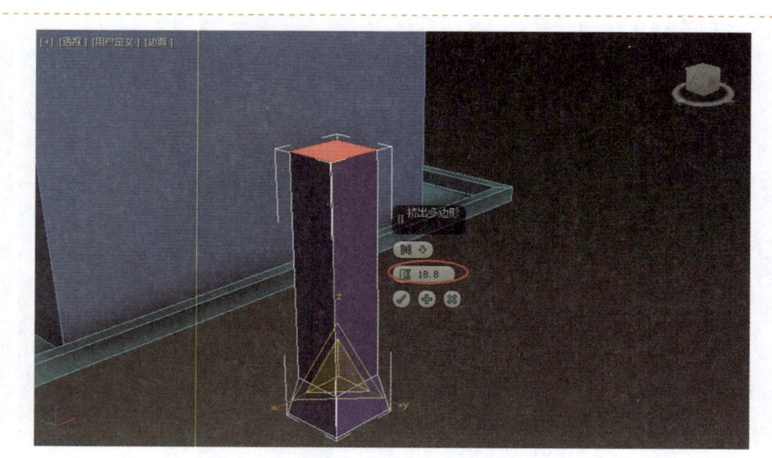

图 8-5-3　挤出多边形

STEP 04 返回物体选择层级，按住 Shift 键，使用【选择并移动】工具复制物体，如图 8-5-4 所示。

图 8-5-4　复制物体（1）

STEP 05 在【创建】面板的【图形】类别中，单击【线】按钮，勾选【自动栅格】复选框，在墙体表面绘制图形，如图 8-5-5 所示。

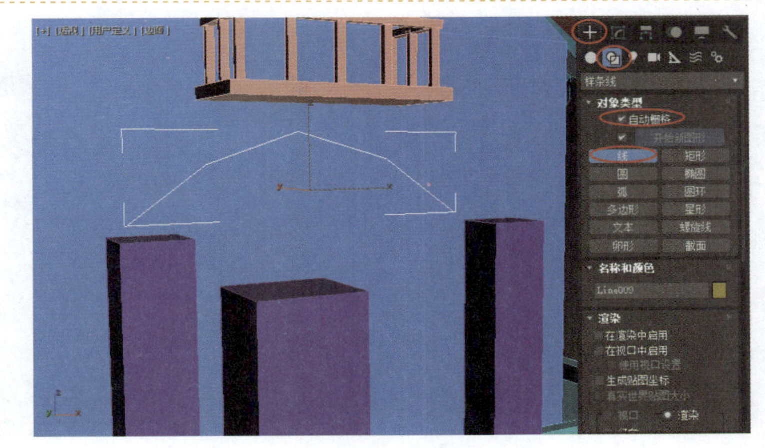

图 8-5-5　绘制图形

STEP 06 在【渲染】卷展栏中，勾选【在渲染中启用】和【在视口中启用】两个复选框，选中【矩形】单选按钮，将【长度】设置为 35.0，【宽度】设置为 3.0，如图 8-5-6 所示。

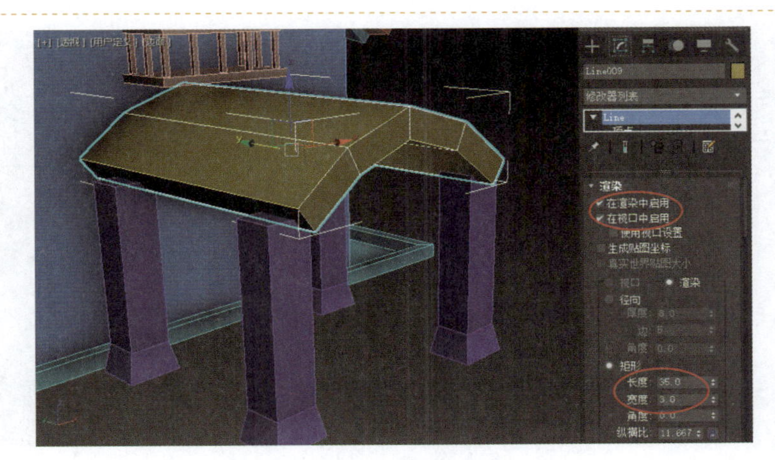

图 8-5-6　设置参数

STEP 07 在刚创建的模型上右击，在弹出的快捷菜单中执行【转换为】→【转换为可编辑多边形】命令，在【修改】面板中选择【边】子对象，选择视图中的边，按组合键 Ctrl+Backspace 将其清除，如图 8-5-7 所示。

图 8-5-7　清除边

STEP 08 选择【顶点】子对象，使用【选择并移动】工具调整物体的结构，如图 8-5-8 所示。

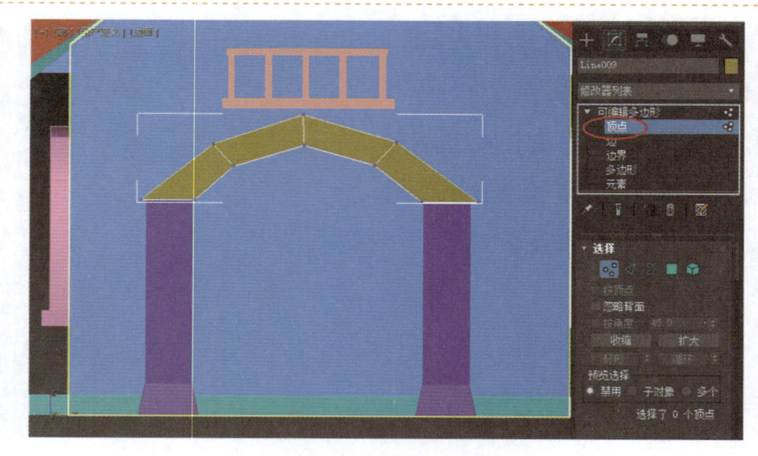

图 8-5-8　调整物体的结构（1）

STEP 09 返回物体选择层级，按住 Shift 键，使用【选择并移动】工具沿 Z 轴向上复制物体，如图 8-5-9 所示。

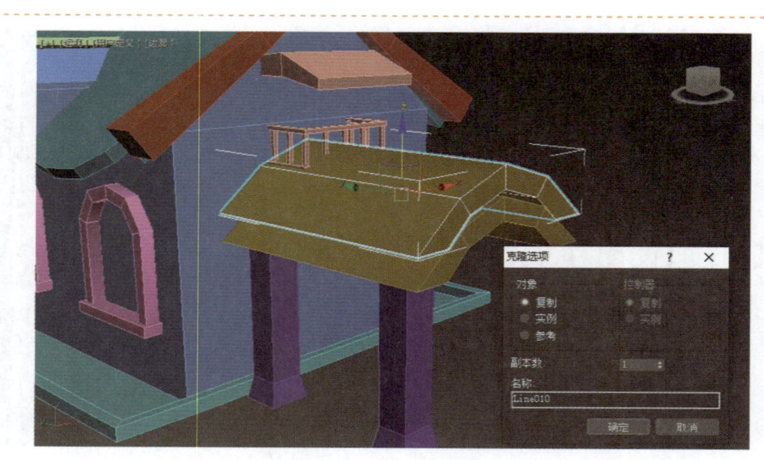

图 8-5-9　复制物体（2）

STEP 10 选择复制的物体，选择【顶点】子对象，使用【选择并移动】工具调整物体的结构，如图 8-5-10 所示。

图 8-5-10　调整物体的结构（2）

STEP 11 在【创建】面板的【几何体】类别中单击【长方体】按钮，在视图中创建一个长方体，调整长方体位置，其参数如图 8-5-11 所示。

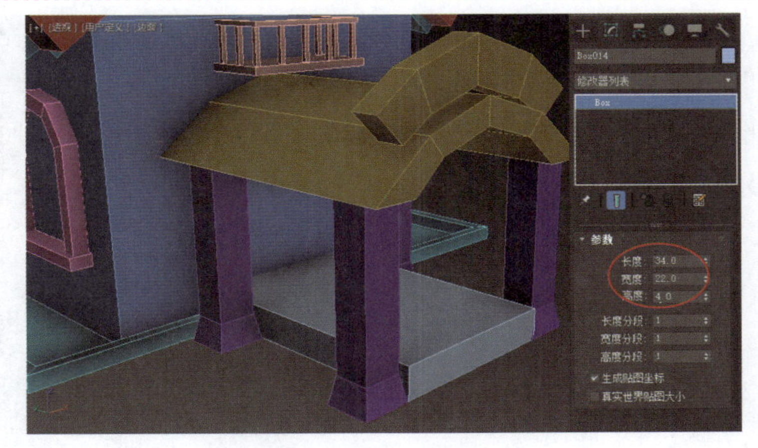

图 8-5-11　创建长方体（2）

STEP 12 在刚创建的长方体上右击，在弹出的快捷菜单中执行【转换为】→【转换为可编辑多边形】命令，在【修改】面板中选择【多边形】子对象，选择上面的多边形，使用【选择并均匀缩放】工具调整多边形的大小，如图 8-5-12 所示。

图 8-5-12　缩放多边形

STEP 13 返回物体选择层级，显示完成的整体房屋模型，如图 8-5-13 所示。

图 8-5-13　整体房屋模型

STEP 14 参考前面章节中的贴图设置知识，完成房屋贴图的设置，效果如图 8-5-14 所示。

图 8-5-14　贴图效果

STEP 15 参考前面章节中的灯光设置与效果图制作知识，完成游戏场景的制作，效果如图 8-5-15 所示。

图 8-5-15　游戏场景效果

8.6 相关知识

UV 导出与绘制的具体操作步骤如下。

STEP 01 打开提供的素材文件【包装盒】，如图 8-6-1 所示

图 8-6-1　打开素材文件

STEP 02 进入【修改】面板，选择【UVW 展开】修改器，单击【打开 UV 编辑器】按钮，在弹出的【编辑 UVW】窗口中查看模型各个面对应的 UV 贴图位置，如图 8-6-2 所示。

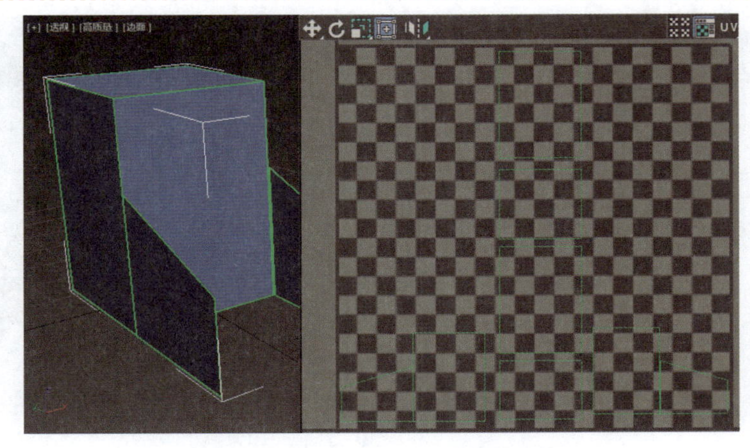

图 8-6-2　盒子的 UV 贴图位置

STEP 03 执行菜单栏中的【工具】→【渲染 UVW 模板】命令，在弹出的【渲染 UVs】对话框中将【宽度】设置为 512，【高度】设置为 512，单击【渲染 UV 模板】按钮，将模板保存为 JPG 格式的图片，如图 8-6-3 所示。

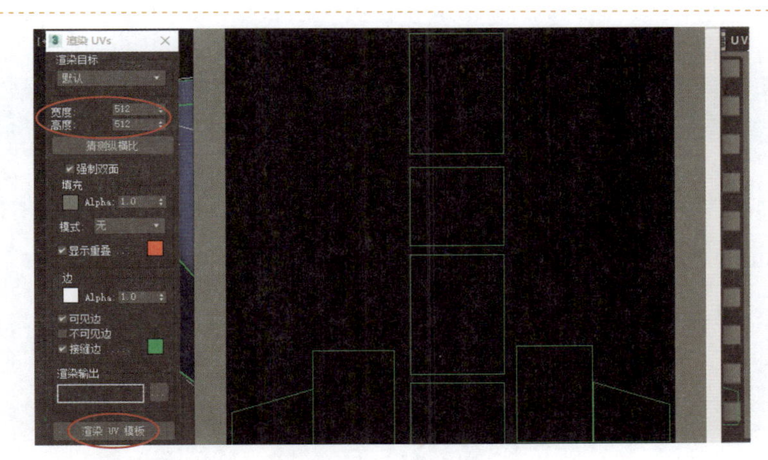

图 8-6-3　渲染 UV

STEP 04 启动 Adobe Photoshop 软件，打开渲染的 UV 模板图片，使用 Photoshop 的相关工具在 UV 有效区域内绘制图形，绘制完成后保存为 JPG 格式的图片，如图 8-6-4 所示。

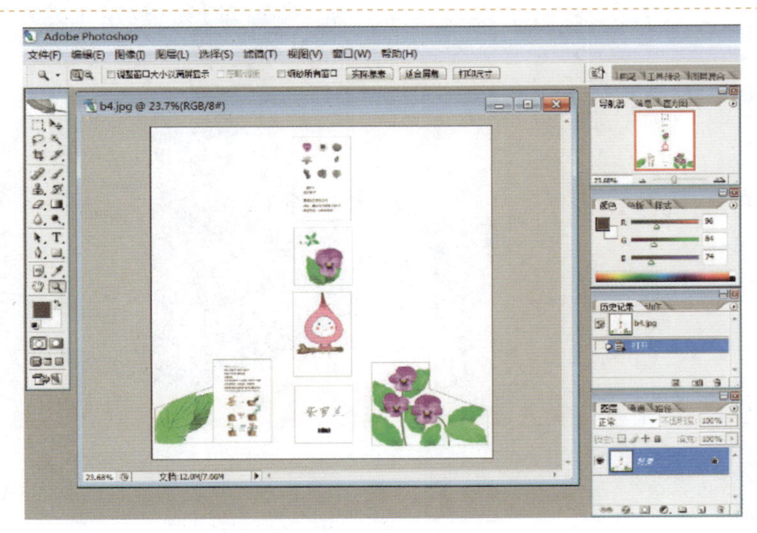

图 8-6-4　绘制 UV

STEP 05 选择一个新材质球，给【漫反射】添加一个绘制的贴图，将材质赋予盒子模型，查看盒子各面效果，如图 8-6-5 所示。

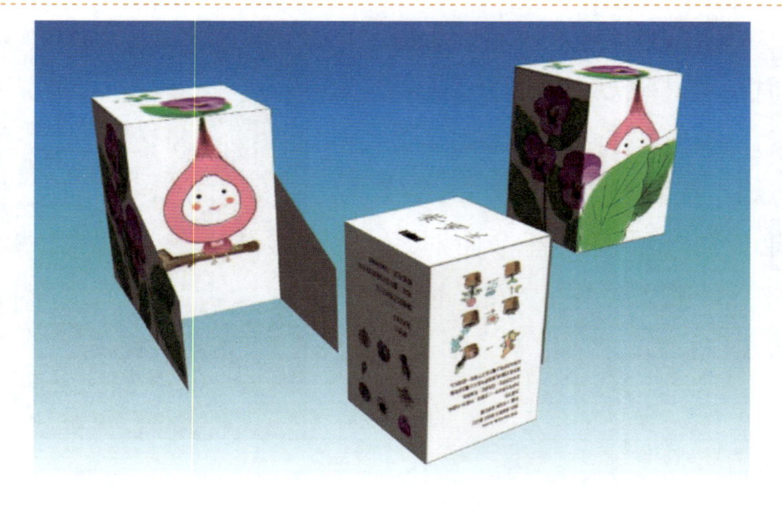

图 8-6-5　盒子各面效果

8.7　实战演练

请读者仔细分析所给的木塔贴图，制作相关的简模结构，并能正确设置木塔的贴图。木塔的效果图如图 8-7-1 所示。

图 8-7-1　木塔的效果图

制作要求

（1）创建精简的模型结构。

（2）设置准确合理的贴图。

制作提示

（1）使用可编辑多边形制作木塔模型。

（2）使用【UVW 展开】修改器设置木塔的贴图。

项目评价

项目实训评价表

<table>
<tr><th rowspan="2">项　目</th><th colspan="2">内　容</th><th colspan="4">评定等级</th></tr>
<tr><th>学 习 目 标</th><th>评 价 项 目</th><th>4</th><th>3</th><th>2</th><th>1</th></tr>
<tr><td rowspan="6">职业能力</td><td rowspan="2">能熟练使用自动栅格创建物体</td><td>能正确使用自动栅格</td><td></td><td></td><td></td><td></td></tr>
<tr><td>能在各种物体表面创建模型</td><td></td><td></td><td></td><td></td></tr>
<tr><td rowspan="2">能熟练设置二维图形的渲染效果</td><td>熟练掌握二维图形的渲染参数设置</td><td></td><td></td><td></td><td></td></tr>
<tr><td>能利用二维图形的渲染设置来创建模型</td><td></td><td></td><td></td><td></td></tr>
<tr><td rowspan="2">能熟练运用可编辑多边形制作模型</td><td>能熟练使用子对象调整模型结构</td><td></td><td></td><td></td><td></td></tr>
<tr><td>能熟练使用各种命令修改模型</td><td></td><td></td><td></td><td></td></tr>
<tr><td rowspan="8">通用能力</td><td colspan="2">交流表达能力</td><td></td><td></td><td></td><td></td></tr>
<tr><td colspan="2">与人合作能力</td><td></td><td></td><td></td><td></td></tr>
<tr><td colspan="2">沟通能力</td><td></td><td></td><td></td><td></td></tr>
<tr><td colspan="2">组织能力</td><td></td><td></td><td></td><td></td></tr>
<tr><td colspan="2">活动能力</td><td></td><td></td><td></td><td></td></tr>
<tr><td colspan="2">解决问题的能力</td><td></td><td></td><td></td><td></td></tr>
<tr><td colspan="2">自我提高的能力</td><td></td><td></td><td></td><td></td></tr>
<tr><td colspan="2">革新、创新的能力</td><td></td><td></td><td></td><td></td></tr>
<tr><td>综合评价</td><td colspan="6"></td></tr>
</table>

评定等级说明表

等　级	说　明
4	能高质、高效地完成项目实训评价表中学习目标的全部内容，并能解决遇到的特殊问题
3	能高质、高效地完成项目实训评价表中学习目标的全部内容
2	能圆满完成项目实训评价表中学习目标的全部内容，不需要任何帮助和指导
1	能圆满完成项目实训评价表中学习目标的全部内容，但偶尔需要帮助和指导

最终等级说明表

等　级	说　明
优秀	80%项目达到 3 级水平
良好	60%项目达到 2 级水平
合格	全部项目都达到 1 级水平
不合格	不能达到 1 级水平

项目9 展梦未来

项目描述

丰富的想象力是制作动画非常重要的元素。在人生的不同阶段，我们会有不同的梦想，让梦想之翼带着我们美好的愿望飞向远方，坚持下去，总有一天，梦想终能实现。拿起鼠标，发挥我们的想象力和创造力，为我们精彩的未来尽情展望吧！本项目的动画效果的部分截图如图 9-0-1 所示。

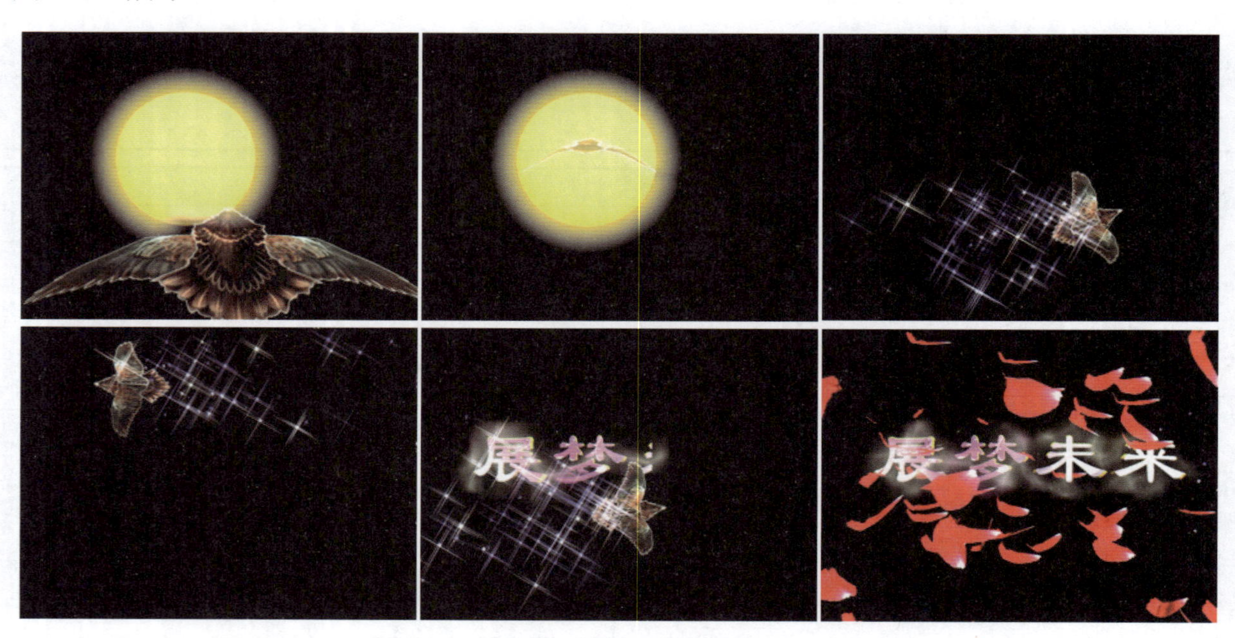

图 9-0-1　动画效果的部分截图

学习目标

- 对象的链接，以及子对象和父对象的关系。
- 摄像机的设置。

- 关键帧动画与路径约束动画的制作。
- 无光/投影材质的设置。
- 粒子系统的创建与视频后期的处理。

项目分析

本项目主要涉及对象的链接操作、摄像机的设置、关键帧动画的制作、路径约束动画的制作、无光/投影材质的设置、粒子系统的创建、视频后期的处理等方面的内容。后面的文字显示动画是通过文字前面的一个平面移动的。平面设置了无光/投影材质，虽然设置了这种材质的物体本身是看不见的，但是这种物体有接收阴影和遮挡物体的功能。本项目主要需要完成以下 7 个环节。

（1）对象的链接。

（2）镜头的确定。

（3）翅膀动画的制作。

（4）飞翔动画的制作。

（5）遮挡板动画的制作。

（6）粒子系统的创建。

（7）视频后期的处理。

9.1　对象的链接

STEP 01 单击主工具栏中的【选择并链接】按钮，选择左右两个翅膀平面，将它们链接至身体平面上，如图 9-1-1 所示。

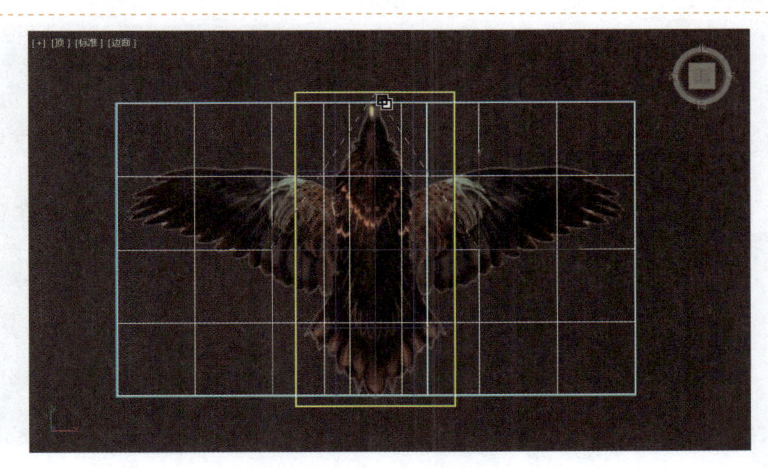

图 9-1-1　链接对象

STEP 02 在【创建】面板的【辅助对象】类别中单击【虚拟对象】按钮，在【顶】视图中创建 3 个虚拟对象，并依次命名为【左翅膀】、【身体】和【右翅膀】，如图 9-1-2 所示。

图 9-1-2　创建虚拟对象

STEP 03 切换至【前】视图，调整虚拟对象的位置，单击主工具栏中的【选择并链接】按钮，选择【左翅膀】和【右翅膀】两个虚拟对象，将它们链接至中间的【身体】虚拟对象上，如图 9-1-3 所示。

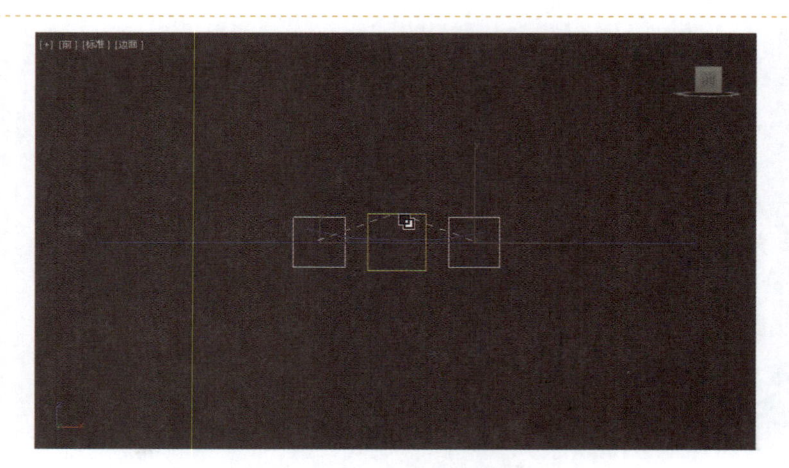

图 9-1-3　链接虚拟对象

STEP 04 切换至【顶】视图，单击主工具栏中的【选择并链接】按钮，选择身体平面，将它链接至中间的【身体】虚拟对象上，如图 9-1-4 所示。

图 9-1-4　链接身体平面

STEP 05　单击主工具栏中的【图解视图】按钮，在弹出的【图解视图】窗口中查看各对象的链接关系，如图 9-1-5 所示。

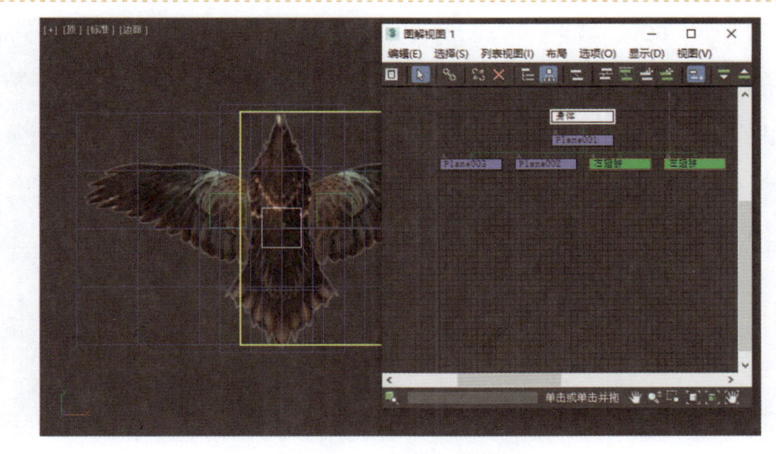

图 9-1-5　查看图解视图

STEP 06　选择左翅膀平面，进入【修改】面板，选择【顶点】子对象，框选左侧 3 列顶点，如图 9-1-6 所示。

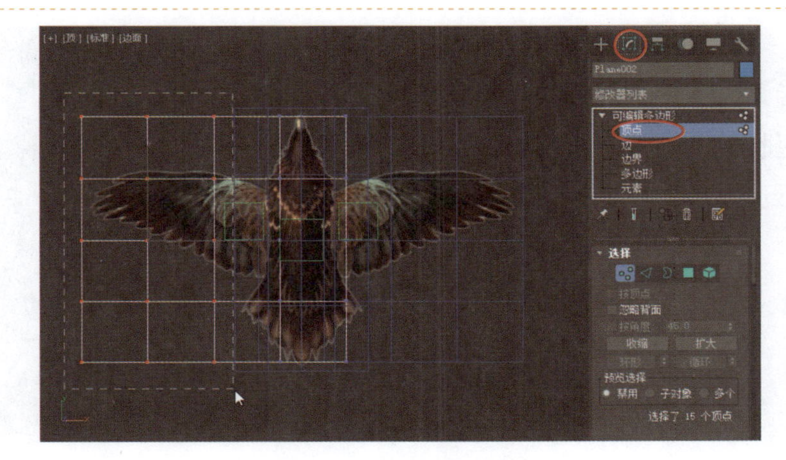

图 9-1-6　选择部分顶点

STEP 07　在【修改器列表】下拉列表中，选择【链接变换】修改器，单击【参数】卷展栏中的【拾取控制对象】按钮，选择视图中的【左翅膀】虚拟对象，如图 9-1-7 所示。

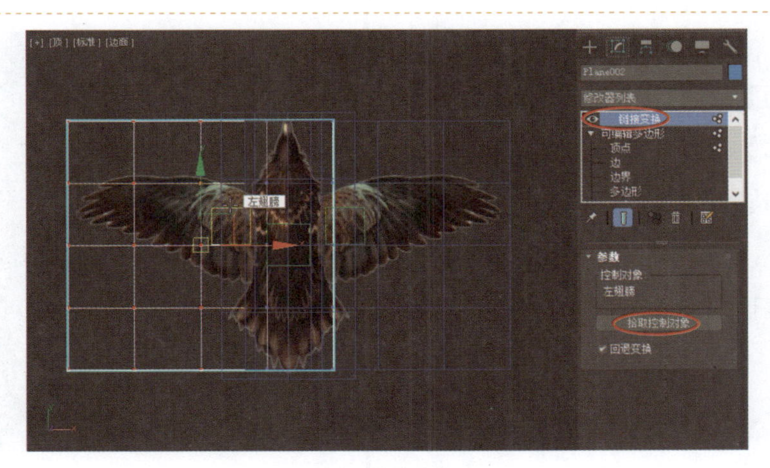

图 9-1-7　链接变换（1）

STEP 08 参照左翅膀平面的链接变换操作，设置右翅膀平面的链接变换，将平面右侧3列的顶点链接至【右翅膀】虚拟对象上，如图9-1-8所示。

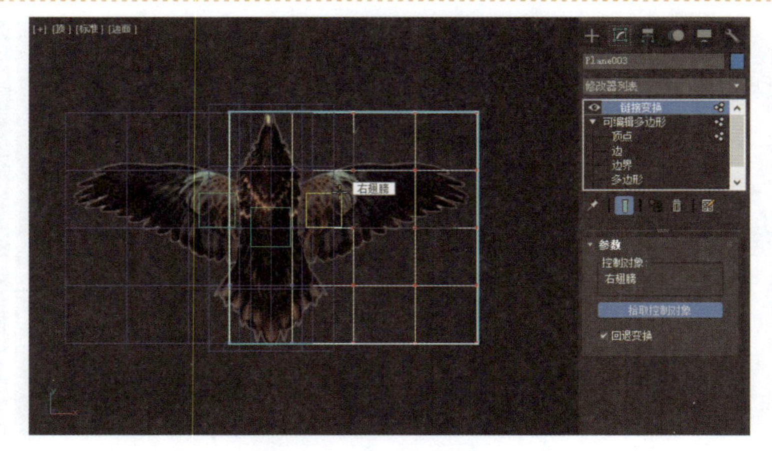

图 9-1-8　链接变换（2）

STEP 09 使用【选择并旋转】工具，测试左翅膀和右翅膀的旋转效果，如图9-1-9所示。

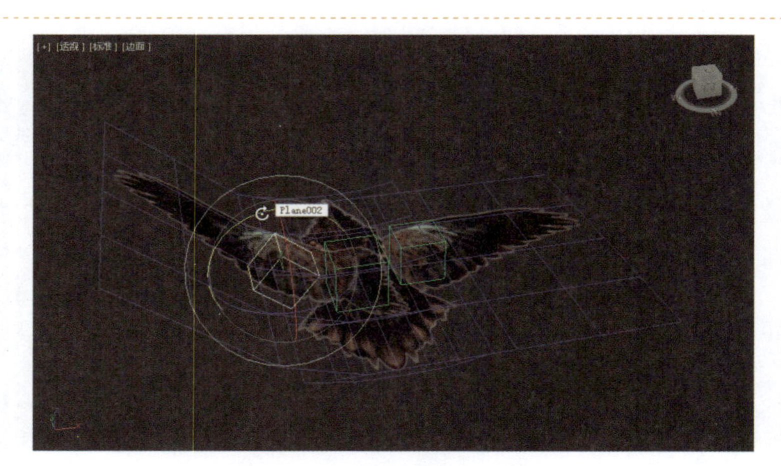

图 9-1-9　测试翅膀的旋转效果

STEP 10 使用【选择并移动】工具，移动中间的【身体】虚拟对象，测试移动效果，如图9-1-10所示。在正常情况下，中间的【身体】虚拟对象能控制鸟的全部部件的位置。

图 9-1-10　测试移动效果

9.2　镜头的确定

STEP 01 单击动画控制区中的【时间配置】按钮，弹出【时间配置】对话框，在【动画】选项组中将【结束时间】设置为 300，如图 9-2-1 所示。

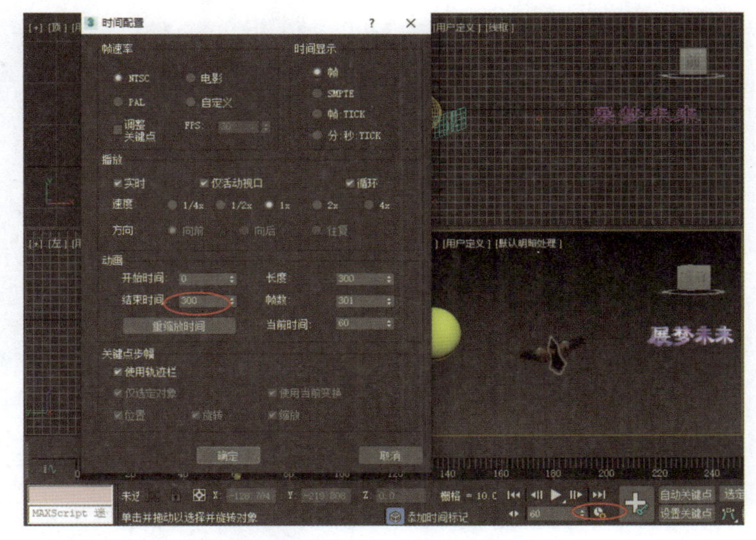

图 9-2-1　设置动画时长

STEP 02 单击视图左上角[+]按钮，在弹出的下拉列表中选择【配置视口】选项，在弹出的【视口配置】对话框中选择【布局】选项卡，选择【左右】布局，单击左侧视口，在弹出的下拉列表中，选择【顶】选项，如图 9-2-2 所示。

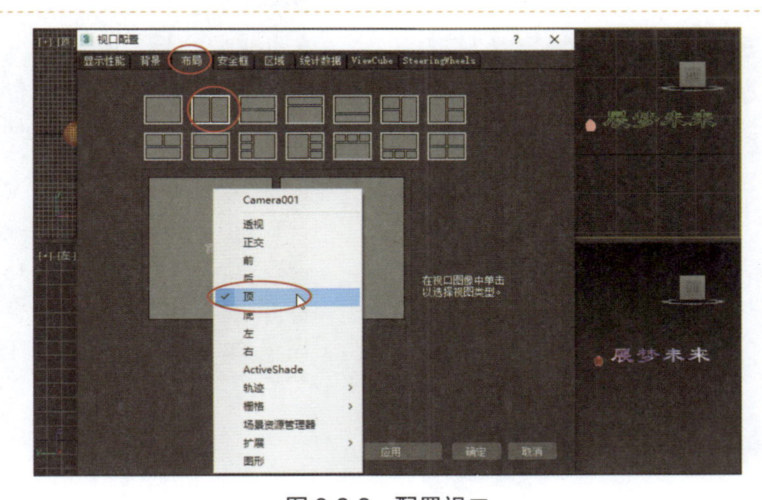

图 9-2-2　配置视口

STEP 03 单击右侧视图中的【透视】按钮，在弹出的下拉列表中，选择【显示安全框】选项，如图 9-2-3 所示

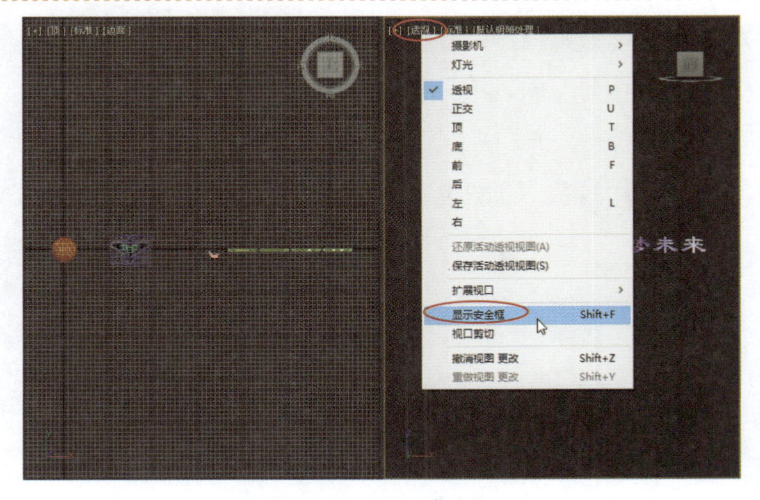

图 9-2-3　显示安全框

STEP 04 在【创建】面板的【摄像机】类别中单击【目标】按钮，在左侧的【顶】视图中创建一个目标摄像机，如图 9-2-4 所示，这样可以将右侧视图切换为摄像机视图。

注意：右侧为摄像机视图，用于监看镜头效果，主要的操作都集中在左侧的视图中。

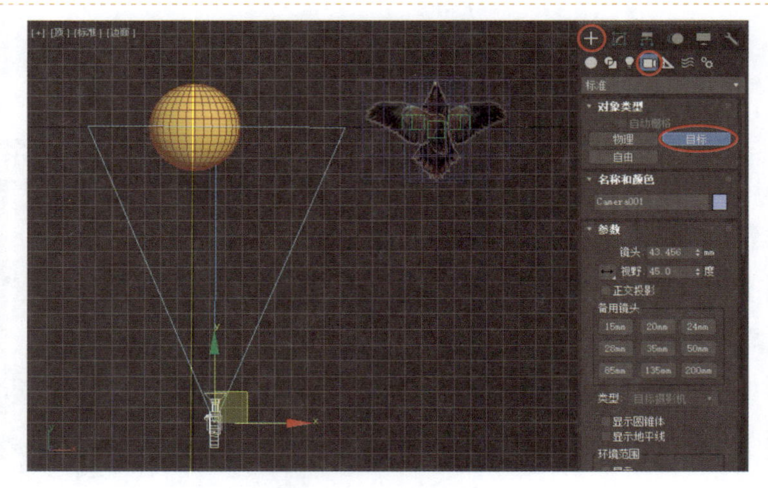

图 9-2-4　创建摄像机

STEP 05 将左侧的视图切换为【前】视图，选择摄像机起点和终点，使用【选择并移动】工具调整摄像机的位置，如图 9-2-5 所示。

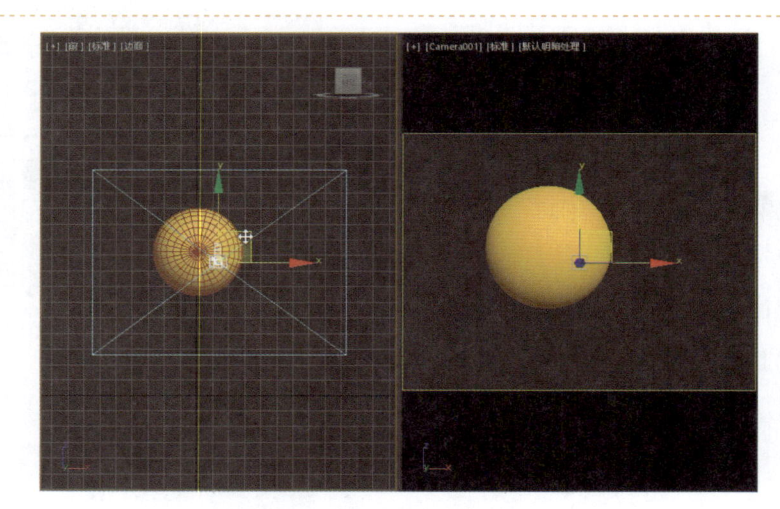

图 9-2-5　调整摄像机

STEP 06 选择摄像机的【目标点】和【起点】，单击【自动关键点】按钮，将时间滑块移至 120 帧处，单击【设置关键点】按钮，如图 9-2-6 所示。

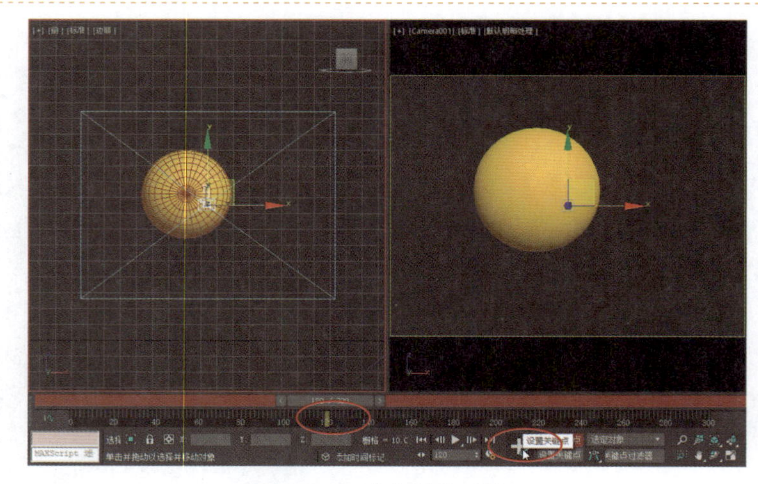

图 9-2-6　确定镜头（1）

STEP 07 单击【下一帧】按钮，使用【选择并移动】工具将摄像机沿 X 轴往右移至文字的位置，单击【设置关键点】按钮，如图 9-2-7 所示。

通过这几步操作，确定了动画中的镜头一（0～120 帧）和镜头二（121～300 帧）两个镜头画面。

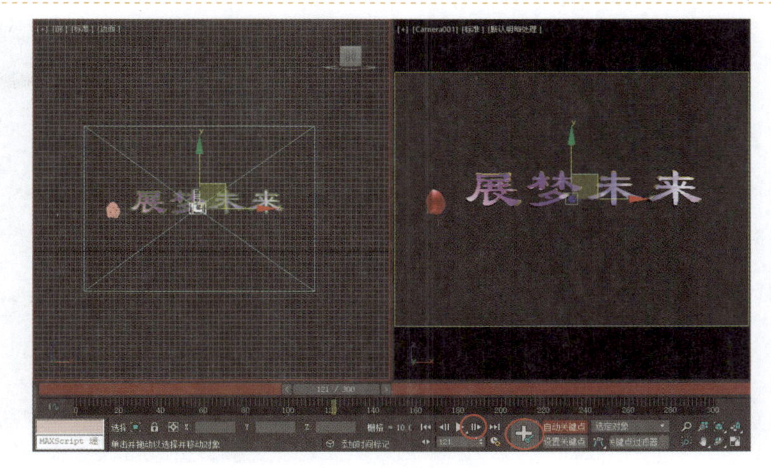

图 9-2-7　确定镜头（2）

9.3　翅膀动画的制作

STEP 01 选择鸟相关的物体，包括 3 个虚拟对象、3 个平面对象共 6 个对象，按组合键 Alt+Q 孤立显示这些对象，如图 9-3-1 所示。

图 9-3-1　孤立显示

STEP 02 将时间滑块移至 0 帧处，单击【自动关键点】按钮，使用【选择并旋转】工具将【左翅膀】虚拟对象沿 Y 轴旋转 40°，将【右翅膀】虚拟对象沿 Y 轴旋转-40°，如图 9-3-2 所示。

图 9-3-2　旋转翅膀（1）

STEP 03 将时间滑块移至 20 帧处，使用【选择并旋转】工具将【左翅膀】虚拟对象沿 *Y* 轴旋转-40°，将【右翅膀】虚拟对象沿 *Y* 轴旋转 40°，如图 9-3-3 所示。

图 9-3-3　旋转翅膀（2）

STEP 04 将时间滑块移至 40 帧处，使用【选择并旋转】工具将【左翅膀】虚拟对象沿 *Y* 轴旋转-40°，将【右翅膀】虚拟对象沿 *Y* 轴旋转 40°，如图 9-3-4 所示。

图 9-3-4　旋转翅膀（3）

STEP 05 将时间滑块移至 60 帧处，使用【选择并旋转】工具将【左翅膀】虚拟对象沿 *Y* 轴旋转 40°，将【右翅膀】虚拟对象沿 *Y* 轴旋转-40°，如图 9-3-5 所示。

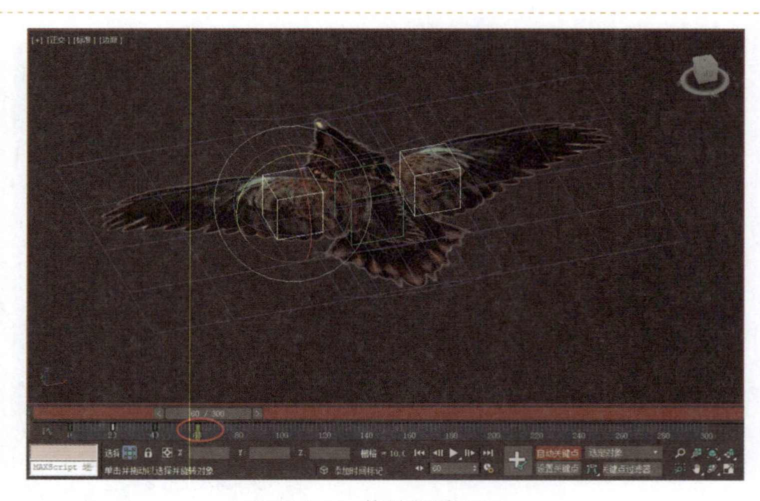

图 9-3-5　旋转翅膀（4）

STEP 06 将时间滑块移至 80 帧处，使用【选择并旋转】工具将【左翅膀】虚拟对象沿 *Y* 轴旋转 40°，将【右翅膀】虚拟对象沿 *Y* 轴旋转-40°，如图 9-3-6 所示。

图 9-3-6　旋转翅膀（5）

STEP 07 选择【右翅膀】虚拟对象，单击主工具栏中的【编辑曲线】按钮，弹出【轨迹视图-曲线编辑器】对话框，如图 9-3-7 所示。

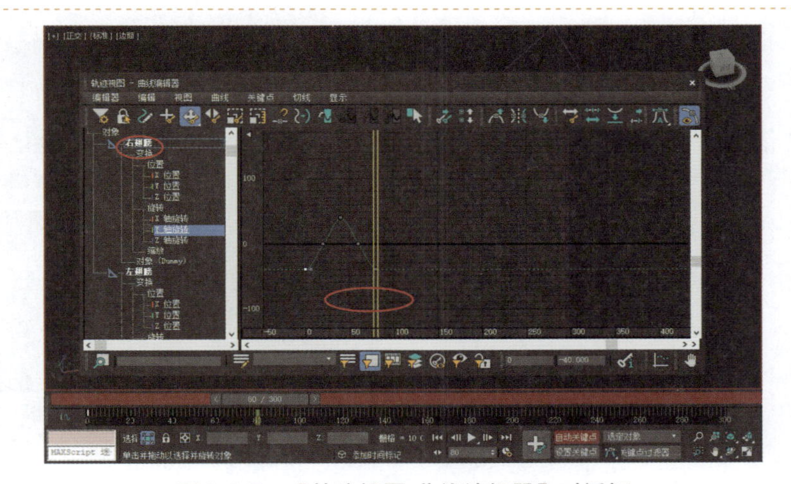

图 9-3-7　【轨迹视图-曲线编辑器】对话框

STEP 08 在【轨迹视图-编辑器】对话框中执行【编辑】→【控制器】→【超出范围类型】命令，如图 9-3-8 所示。

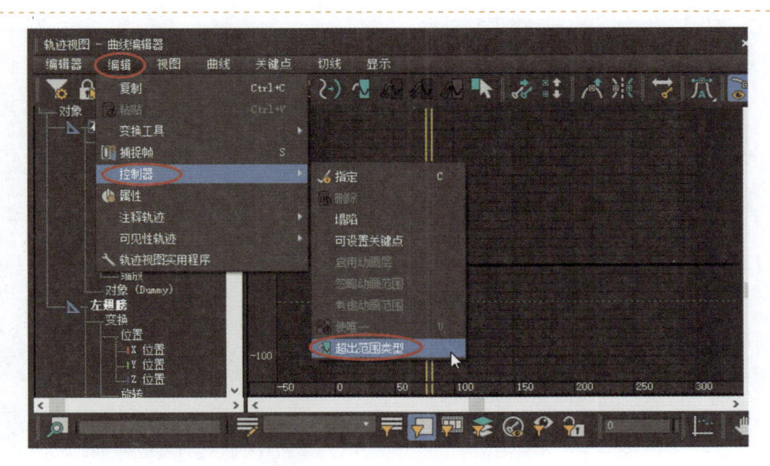

图 9-3-8　选择控制器

STEP 09 在弹出的【参数曲线超出范围类型】对话框中，单击【循环】下方的按钮和按钮，如图 9-3-9 所示。

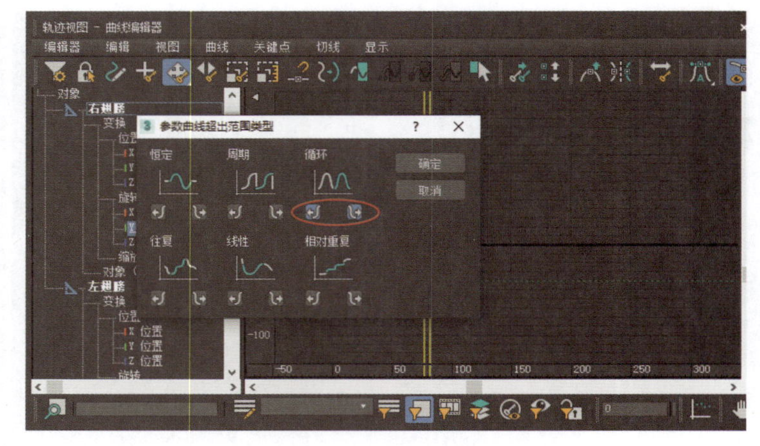

图 9-3-9　设置循环（1）

STEP 10 选择【左翅膀】虚拟对象，参考刚才的设置，完成左翅膀循环动画的设置，如图 9-3-10 所示。

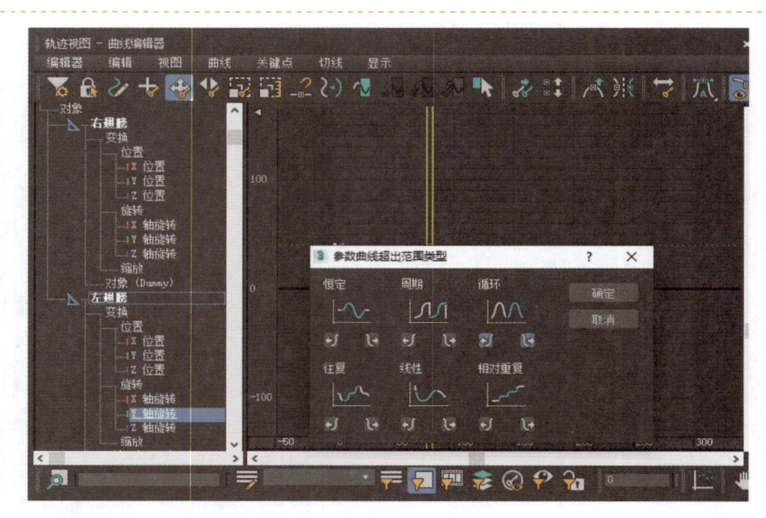

图 9-3-10　设置循环（2）

9.4　飞翔动画的制作

STEP 01 单击下方状态行右侧的【孤立当前选择切换】按钮，开启自动关键点功能，将时间滑块移至 120 帧处，选择视图中的摄像机起点，使用【选择并移动】工具，向上移动起点，位置如图 9-4-1 所示。

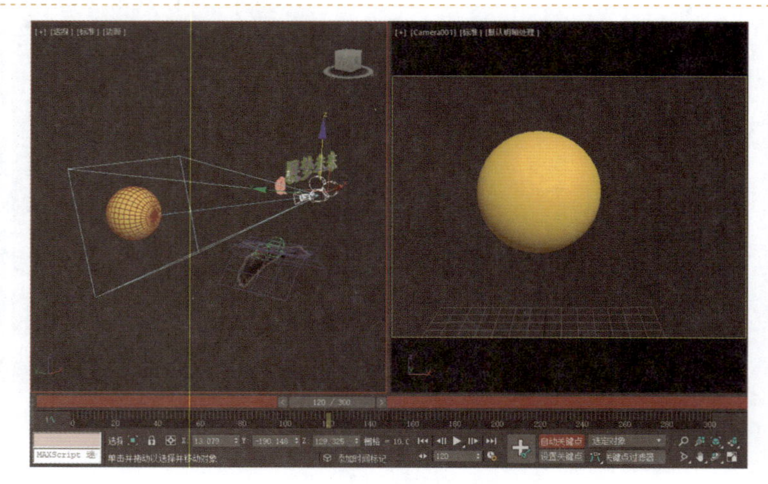

图 9-4-1　调整摄像机起点位置

STEP 02 将时间滑块移至 0 帧处，选择中间的【身体】虚拟对象，使用【选择并移动】工具，调整鸟的起始位置，如图 9-4-2 所示。

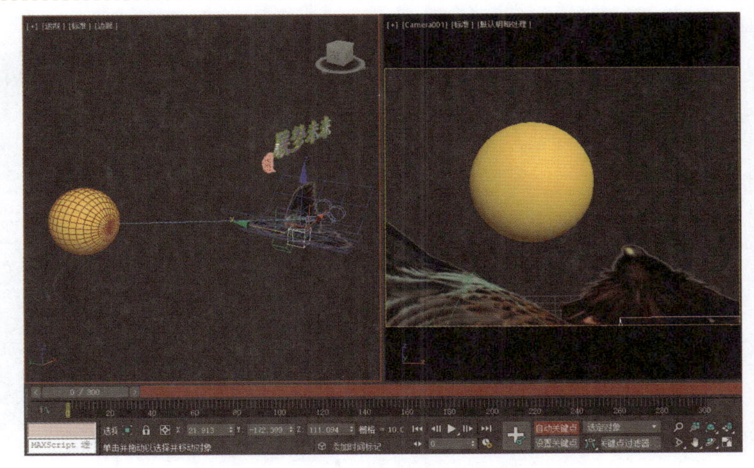

图 9-4-2　调整鸟的起始位置

STEP 03 将时间滑块移至 65 帧处，使用【选择并移动】工具，继续调整鸟的位置，如图 9-4-3 所示。

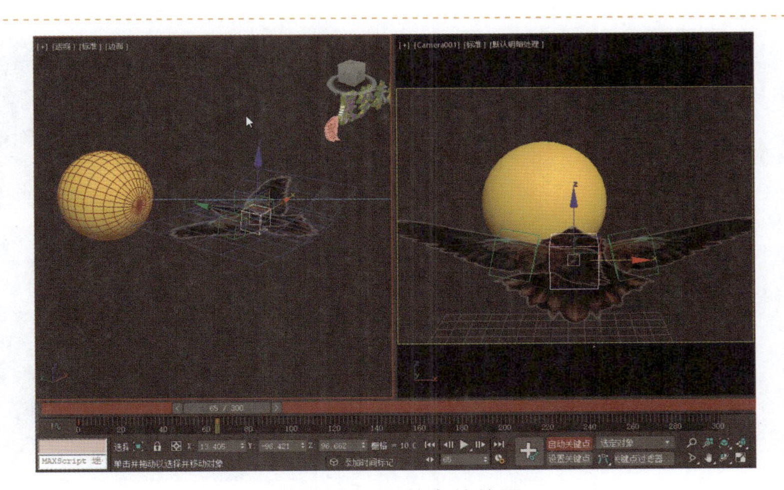

图 9-4-3　调整鸟的位置

STEP 04 将时间滑块移至 120 帧处，使用【选择并移动】工具和【选择并均匀缩放】工具调整【身体】虚拟对象的位置和大小，如图 9-4-4 所示。

注意：鸟的所有部件都链接到了【身体】虚拟对象上，因此对【身体】虚拟对象的移动和缩放都会直接影响鸟的各个部件。

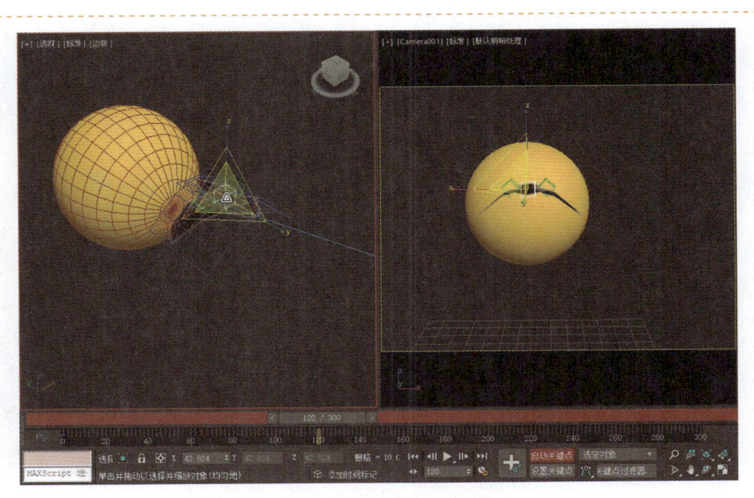

图 9-4-4　调整鸟的位置与大小

STEP 05 单击主工具栏中的【按名称选择】按钮，弹出【从场景选择】对话框，按住 Ctrl 键，依次单击对话框中的物体，单击【确定】按钮，即可选中物体，如图 9-4-5 所示。

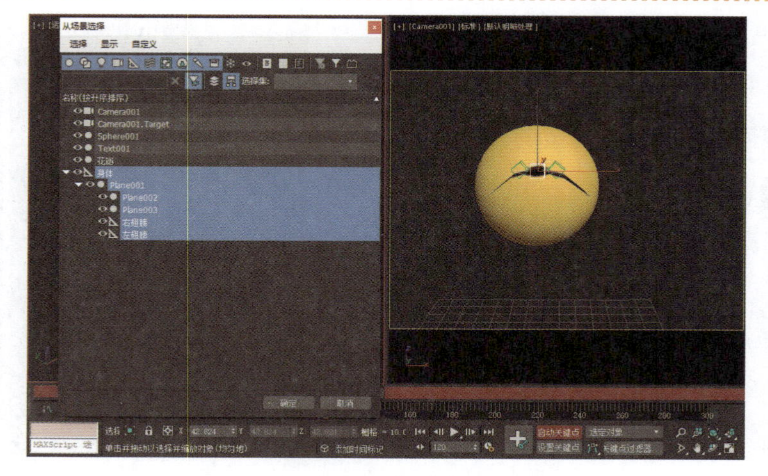

图 9-4-5 选中物体

STEP 06 按住 Shift 键，使用【选择并移动】工具将选择的物体沿 X 轴向右移至第二个镜头中，在弹出的【克隆选项】对话框中选中【复制】单选按钮，如图 9-4-6 所示。

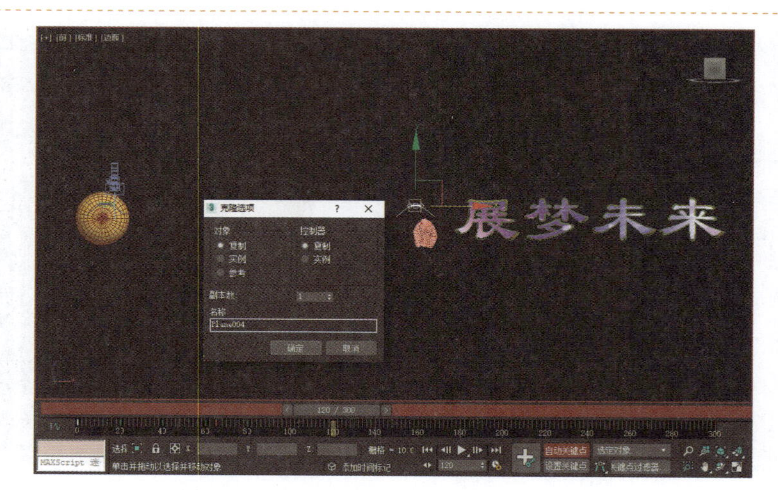

图 9-4-6 复制

STEP 07 选择【身体】虚拟对象，框选下方所有关键帧，按键盘上的 Delete 键，将它们删除，如图 9-4-7 所示。

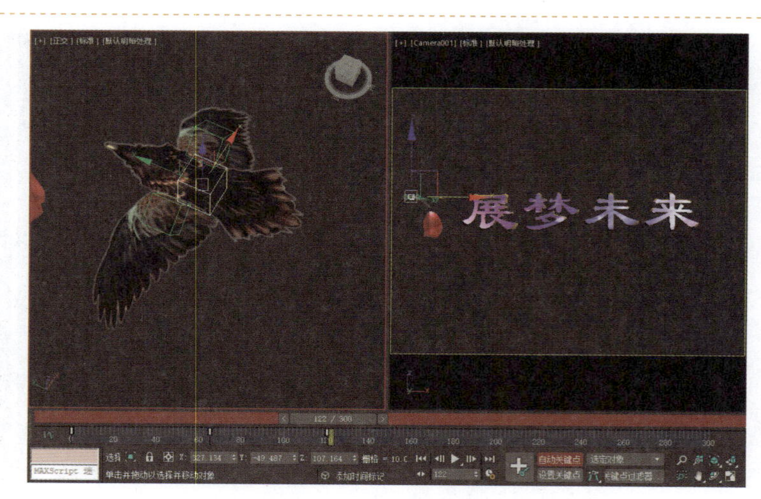

图 9-4-7 删除关键帧

STEP 08 关闭自动关键点功能，单击【图形】按钮，在【对象类型】卷展栏中单击【线】按钮，勾选【平滑】复选框，在【前】视图中绘制曲线，如图 9-4-8 所示。

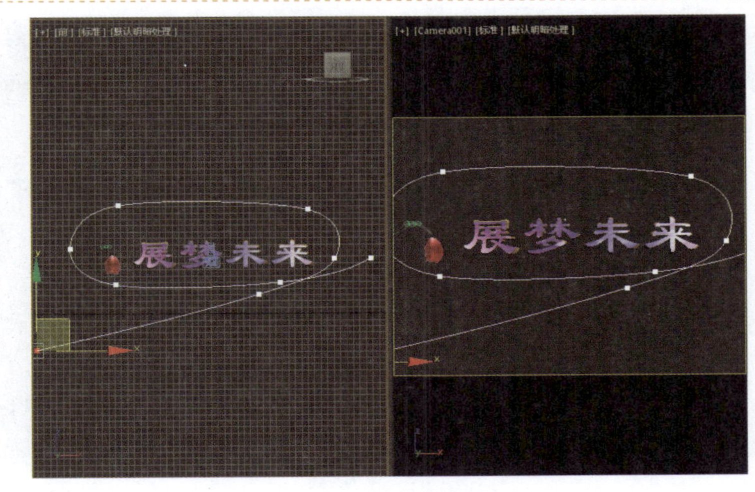

图 9-4-8　绘制曲线

STEP 09 选择花瓣，使用【选择并移动】工具在【前】视图中向左移动，使它不出现在右侧的摄像机镜头里，如图 9-4-9 所示。

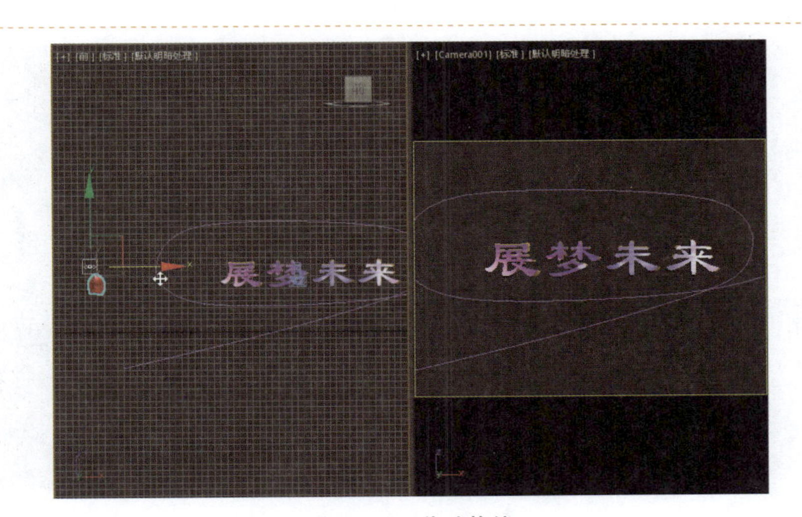

图 9-4-9　移动物体

STEP 10 选择【身体】虚拟对象，执行菜单栏中的【动画】→【约束】→【路径约束】命令，出现一条虚线，单击视图中的曲线路径，如图 9-4-10 所示。

图 9-4-10　创建路径约束动画

STEP 11 选择下方第0帧的关键帧，将它移至121帧处，如图9-4-11所示。

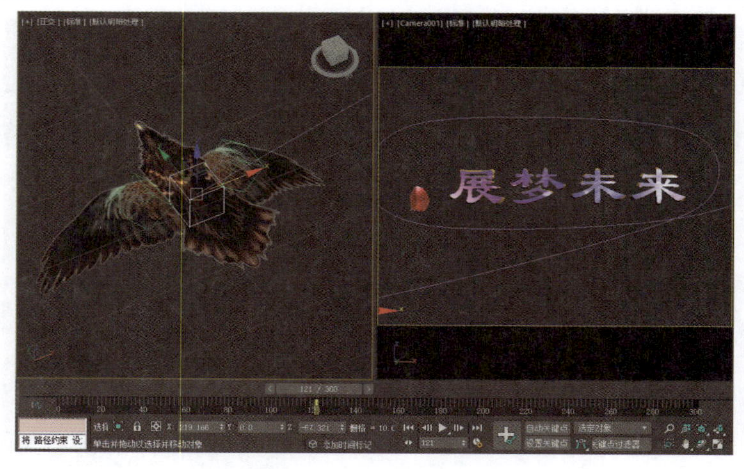

图 9-4-11　移动关键帧（1）

STEP 12 选择第300帧的关键帧，将它移至260帧处，如图9-4-12所示。

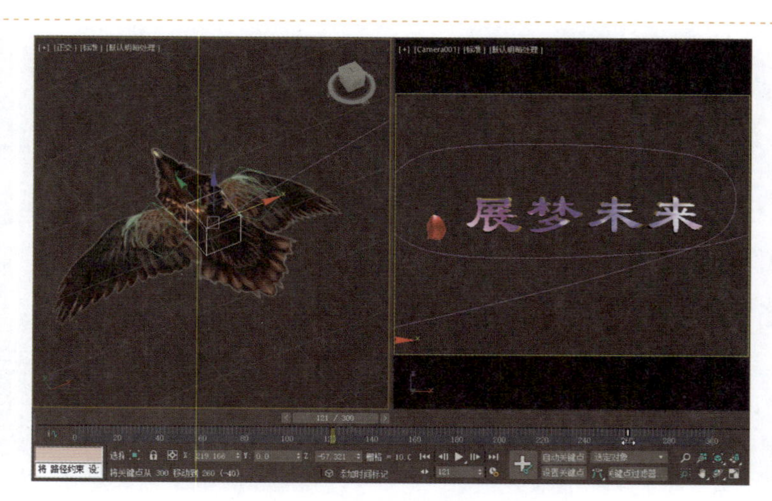

图 9-4-12　移动关键帧（2）

STEP 13 进入【运动】面板，在【路径选项】选项组中勾选【跟随】复选框，如图9-4-13所示。

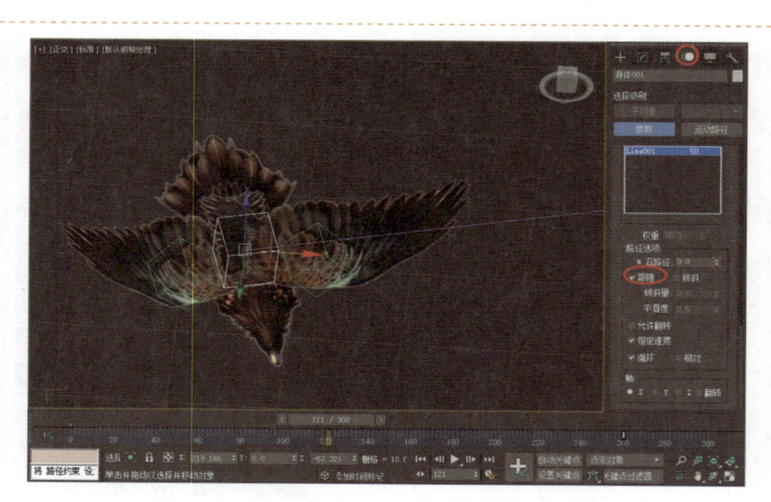
图 9-4-13　设置跟随

STEP 14　将时间滑块移至 146 帧处，使用【选择并旋转】工具调整【身体】虚拟对象，使鸟的姿态与路径保持正确方向，如图 9-4-14 所示。

图 9-4-14　旋转虚拟对象

STEP 15　拖动时间滑块，浏览鸟在路径上的运动状态，鸟将保持和路径曲线一致的方向，如图 9-4-15 所示。

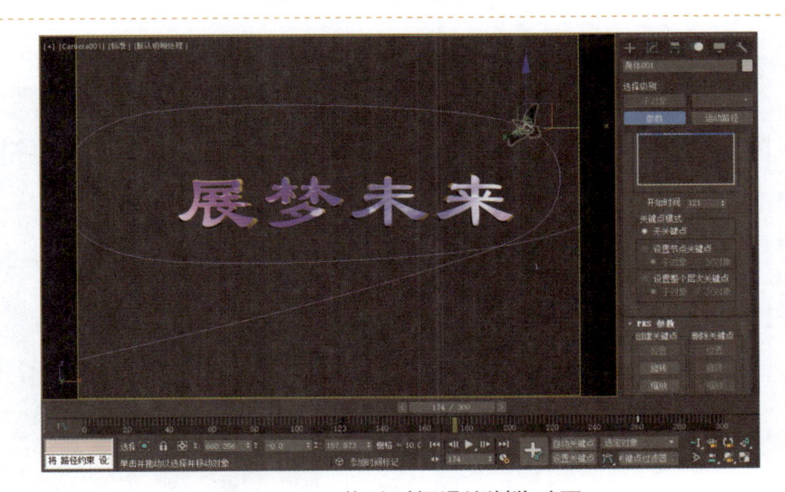

图 9-4-15　拖动时间滑块浏览动画

9.5　遮挡板动画的制作

STEP 01　在【创建】面板的【几何体】类别中单击【平面】按钮，在【参数】卷展栏中将【长度分段】设置为 1，【宽度分段】设置为 1，在【前】视图中创建一个平面，如图 9-5-1 所示。

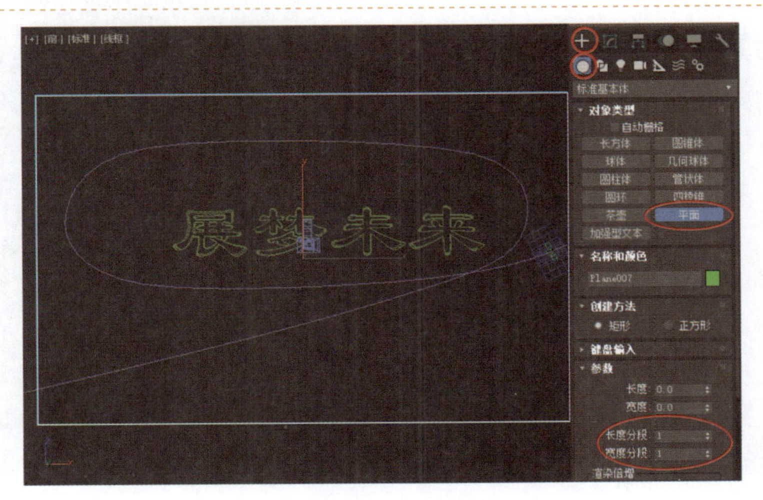

图 9-5-1　创建平面

STEP 02 选择平面，使用【选择并移动】工具在【顶】视图中沿 Y 轴向上移动，将平面移至文字和蝴蝶之间，如图 9-5-2 所示。

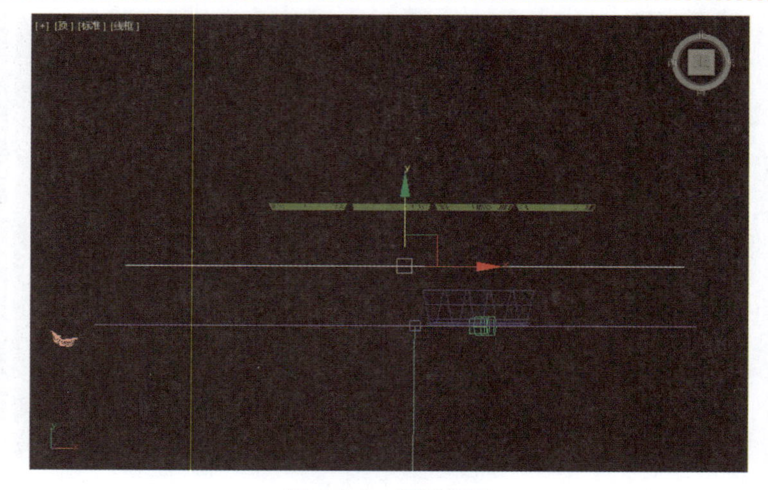

图 9-5-2　调整平面

STEP 03 切换至摄像机视图，调整平面在摄像机视图中的位置，使平面完全遮住摄像机视图，开启自动关键点功能，将时间滑块移至 260 帧处，如图 9-5-3 所示。

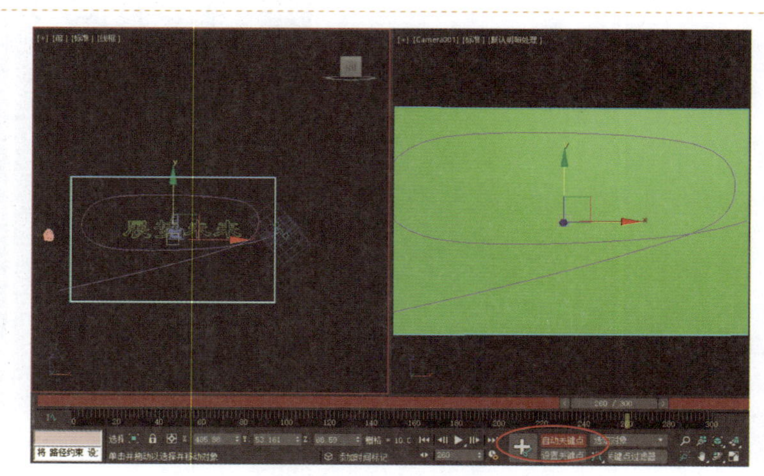

图 9-5-3　开启自动关键点功能

STEP 04 使用【选择并移动】工具在左侧视图中沿 X 轴向右移动，使平面刚好移出摄像机视图，如图 9-5-4 所示。

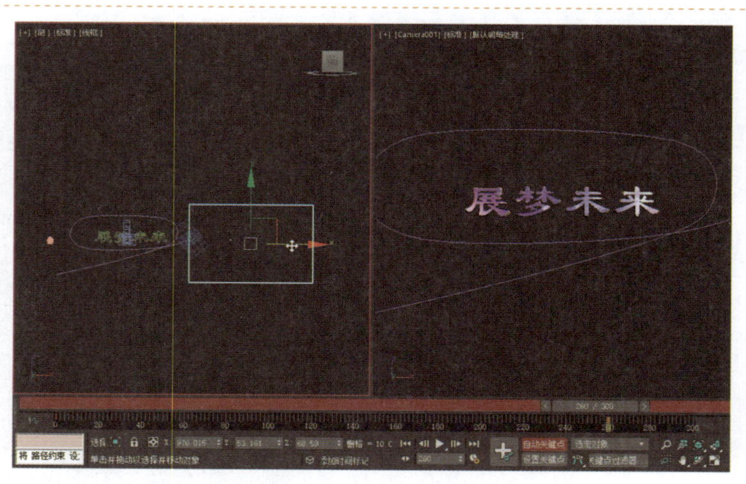

图 9-5-4　移动平面

STEP 05 选择平面第 0 帧的关键帧，将它移至 210 帧处，如图 9-5-5 所示。

注意：此操作的目的是，让遮挡板平面移出摄像机的速度与鸟飞出的速度同步。

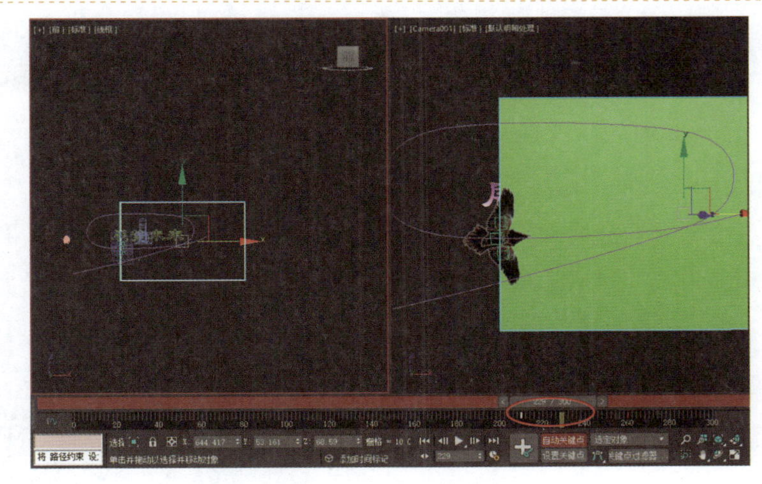

图 9-5-5　移动关键帧

STEP 06 在【材质编辑器】窗口中，选择一个材质球，单击下面的【Standard】按钮，在弹出的【材质/贴图浏览器】对话框中选择【无光/投影】选项，如图 9-5-6 所示。

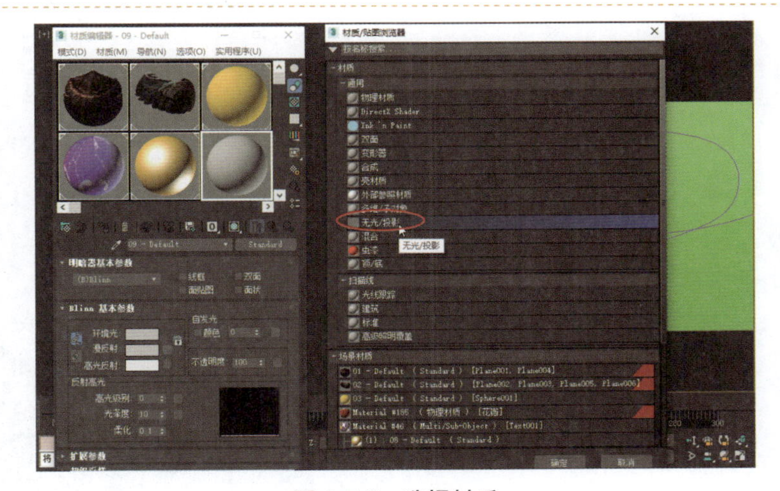

图 9-5-6　选择材质

STEP 07 选择平面，单击【将材质指定给选定对象】按钮，如图 9-5-7 所示。

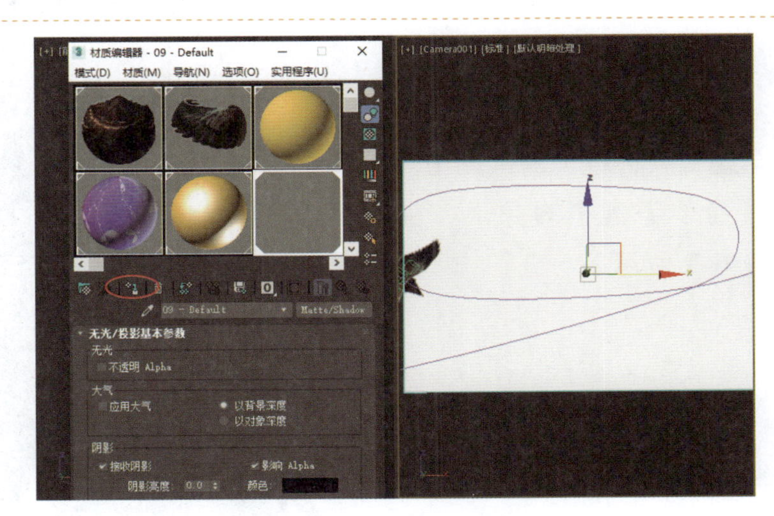

图 9-5-7　赋予材质

9.6 粒子系统的创建

STEP 01 在【创建】面板的【几何体】类别中选择【粒子系统】选项，单击【雪】按钮，在【透视】视图中创建一个雪粒子，将【视口计数】设置为180，【渲染计数】设置为180，如图9-6-1所示。

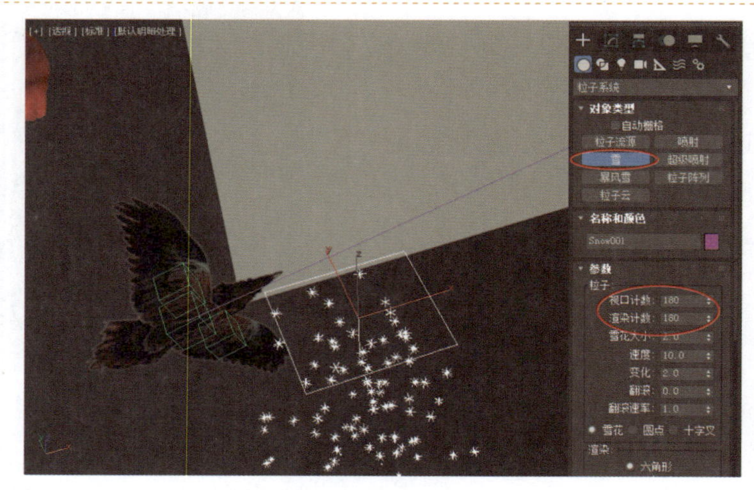

图9-6-1 创建雪

STEP 02 使用【选择并移动】工具和【选择并旋转】工具调整雪的位置和方向，如图9-6-2所示。

图9-6-2 调整雪

STEP 03 使用【选择并链接】工具将粒子链接到中间的【身体】虚拟对象上，如图9-6-3所示。

图9-6-3 链接雪

STEP 04 选择粒子，进入【修改】面板，将【变化】设置为 10.0；在【计时】选项组中将【开始】设置为 120，如图 9-6-4 所示。

图 9-6-4　设置参数（1）

STEP 05 在【创建】面板的【几何体】类别中的选择【粒子系统】选项，单击【粒子云】按钮，在【透视】视图中创建一个粒子云，如图 9-6-5 所示。

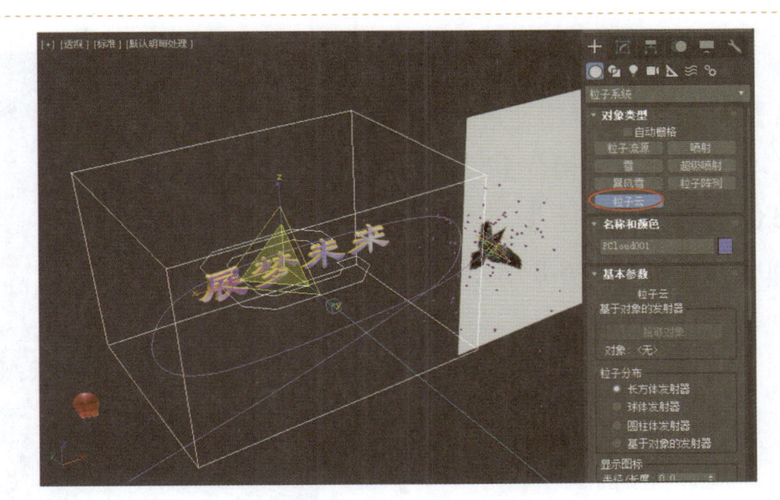

图 9-6-5　创建粒子云

STEP 06 选择粒子云，进入【修改】面板，在【粒子生成】卷展栏中，选中【使用总数】单选按钮，输入 150，将【速度】设置为 10.0；在【粒子计时】选项组中，将【发射开始】设置为 260，【发射停止】设置为 280，【显示时限】设置为 295；在【粒子类型】卷展栏中，选中【实例几何体】单选按钮，如图 9-6-6 所示。

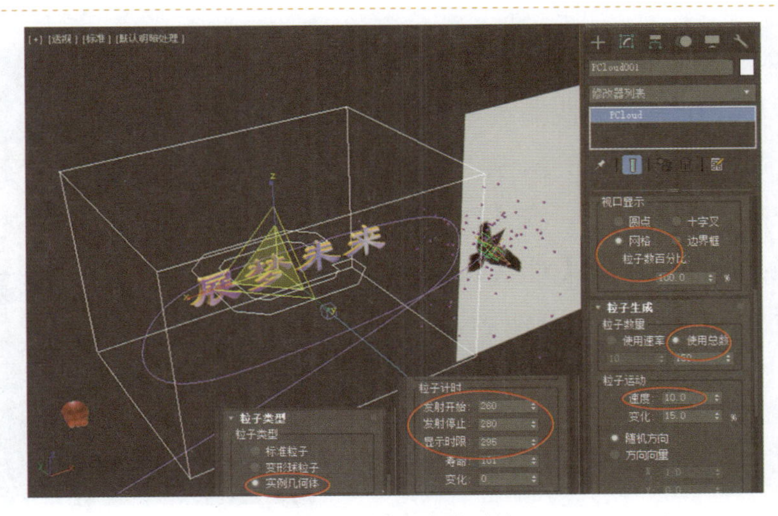

图 9-6-6　设置参数（2）

STEP 07 在【粒子类型】卷展栏中单击【拾取对象】按钮，选择视图中的花瓣，单击【材质来源】按钮，如图 9-6-7 所示。

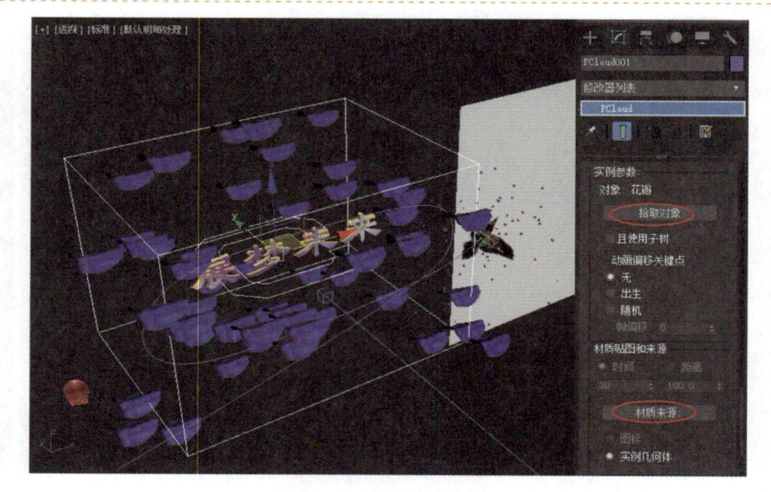

图 9-6-7　设置对象

STEP 08 在【旋转和碰撞】卷展栏的【自旋速度控制】选项组中，将【相位】设置为 50.0 度，【变化】设置为 100.0%，如图 9-6-8 所示。

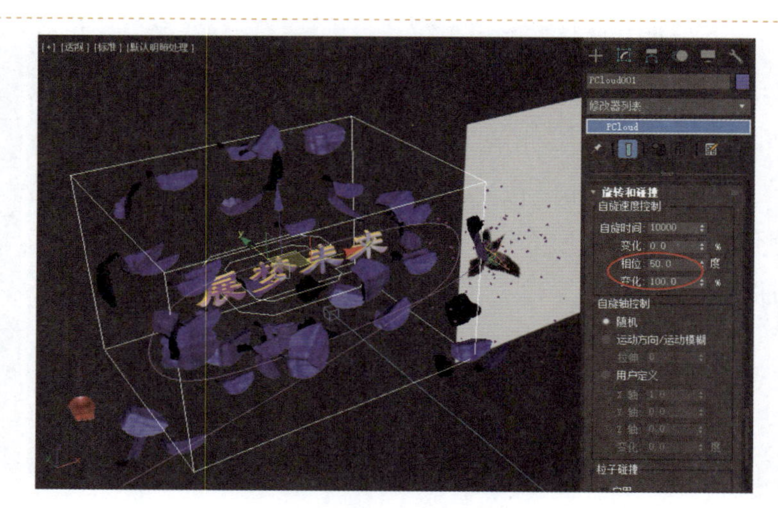

图 9-6-8　设置旋转

STEP 09 右击视图中的球体，在弹出的快捷菜单中执行【对象属性】命令，弹出【对象属性】对话框，在【G 缓冲区】选项组中将【对象 ID】设置为 1，如图 9-6-9 所示。

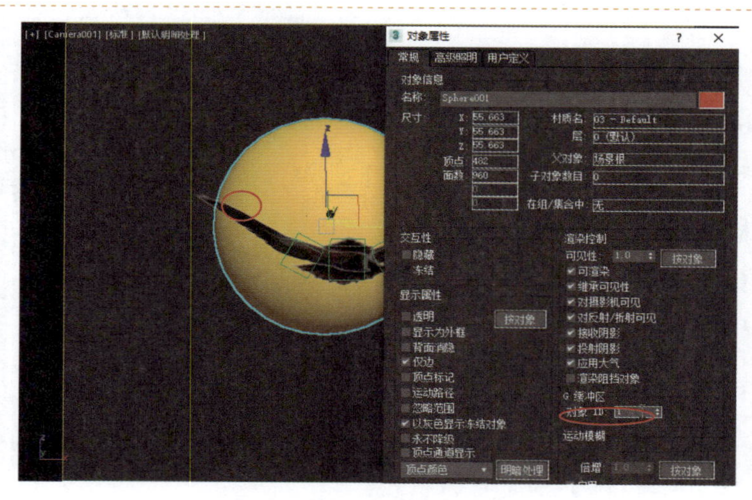

图 9-6-9　设置对象 ID（1）

STEP 10 右击视图中的雪，在弹出的快捷菜单中执行【对象属性】命令，弹出【对象属性】对话框，在【G 缓冲区】选项组中将【对象 ID】设置为 2，如图 9-6-10 所示。

使用同样的方法，将文字的【对象 ID】设置为 3。

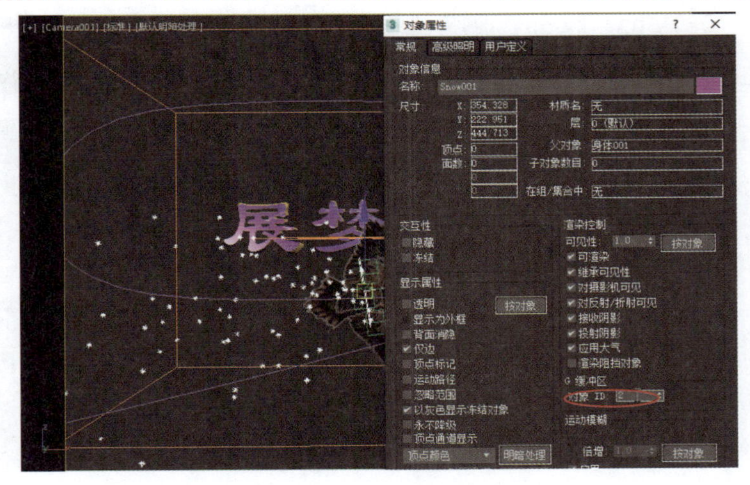

图 9-6-10　设置对象 ID（2）

9.7　视频后期的处理

STEP 01 执行菜单栏中的【渲染】→【视频后期处理】命令，在弹出的【视频后期处理】窗口中单击【添加场景事件】按钮，在弹出的【添加场景事件】对话框中选择【Camera001】选项，单击【确定】按钮退出对话框，如图 9-7-1 所示。

图 9-7-1　加入场景

STEP 02 选择【视频后期处理】窗口中的【Camera001】事件，单击【添加图像过滤事件】按钮，在弹出的【添加图像过滤事件】对话框中选择【星空】选项，如图 9-7-2 所示，单击【确定】按钮退出对话框。

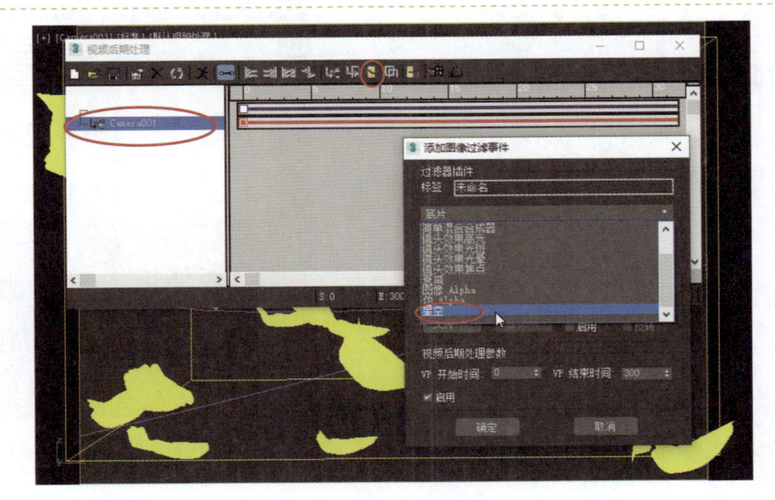

图 9-7-2　添加星空

STEP 03 双击【视频后期处理】窗口中的【星空】事件，在弹出的【编辑过滤事件】对话框中单击【设置】按钮，在弹出的【星星控制】对话框中将【源摄影机】设置为【Camera001】，如图 9-7-3 所示，依次单击【确定】按钮退出对话框。

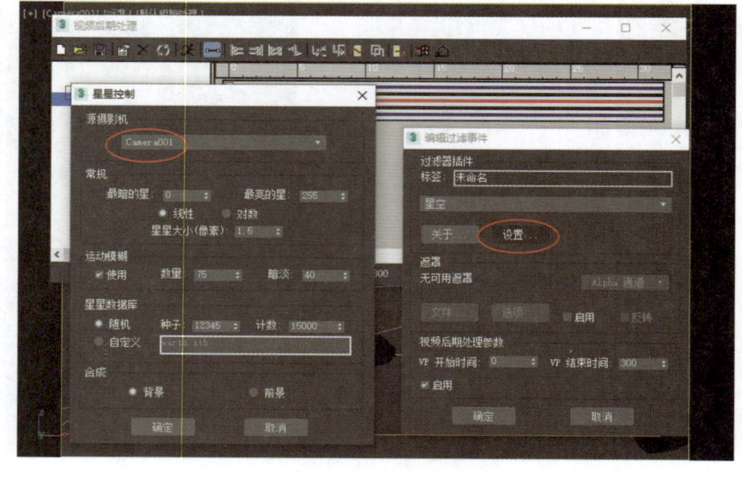

图 9-7-3　设置参数（1）

STEP 04 选择【视频后期处理】窗口中的【Camera001】事件，单击【添加图像过滤事件】按钮，在弹出的【添加图像过滤事件】对话框中选择【镜头效果光晕】选项，将【VP 结束时间】设置为 120，如图 9-7-4 所示，单击【确定】按钮退出对话框。

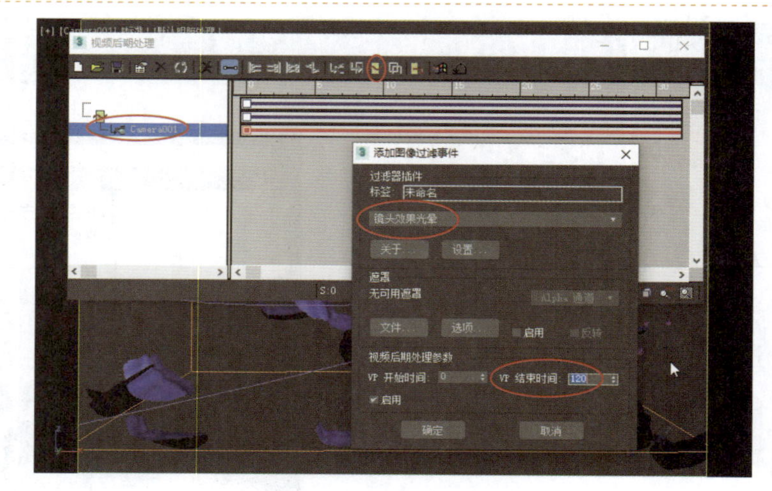

图 9-7-4　添加光晕（1）

STEP 05 双击【视频后期处理】窗口中的【镜头效果光晕】事件，在弹出的【编辑过滤事件】对话框中单击【设置】按钮，如图 9-7-5 所示。

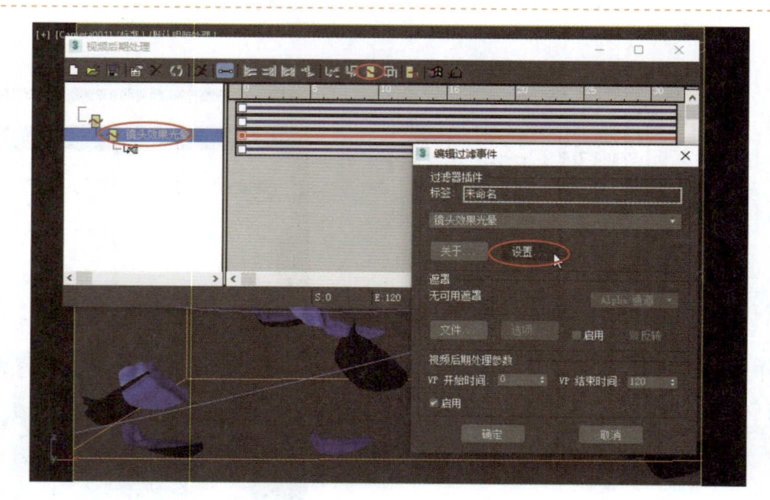

图 9-7-5　进入特效（1）

STEP 06 在弹出的【镜头效果光晕】窗口中，依次单击【VP 队列】按钮和【预览】按钮，如图 9-7-6 所示。

注意：可以移动场景下方的时间滑块确定当前动画位置，通过单击窗口中的【更新】按钮，及时更新显示。

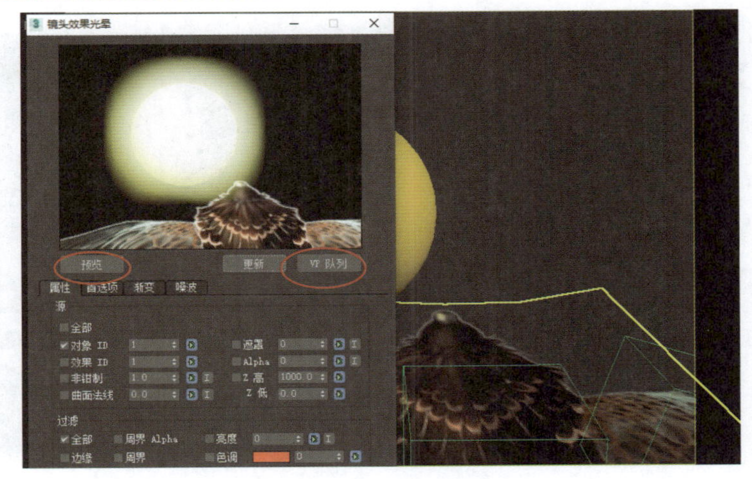

图 9-7-6　预览效果

STEP 07 选择【镜头效果光晕】窗口中的【首选项】选项卡，在【效果】选项组中将【大小】设置为 6.0，在【颜色】选项组中选中【渐变】单选按钮，如图 9-7-7 所示。

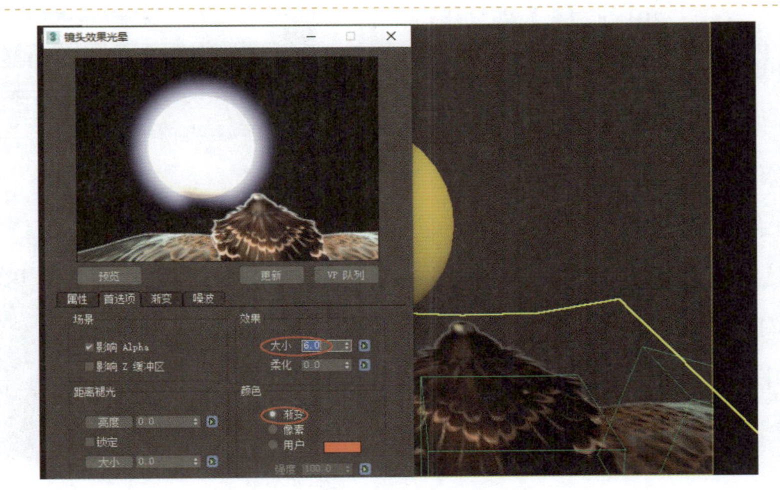

图 9-7-7　设置大小

STEP 08 选择【镜头效果光晕】窗口中的【渐变】选项卡，单击【径向颜色】左侧的按钮，在弹出的【颜色选择器：Color】对话框中将【红】设置为 255，【绿】设置为 200，【蓝】设置为 0，如图 9-7-8 所示。

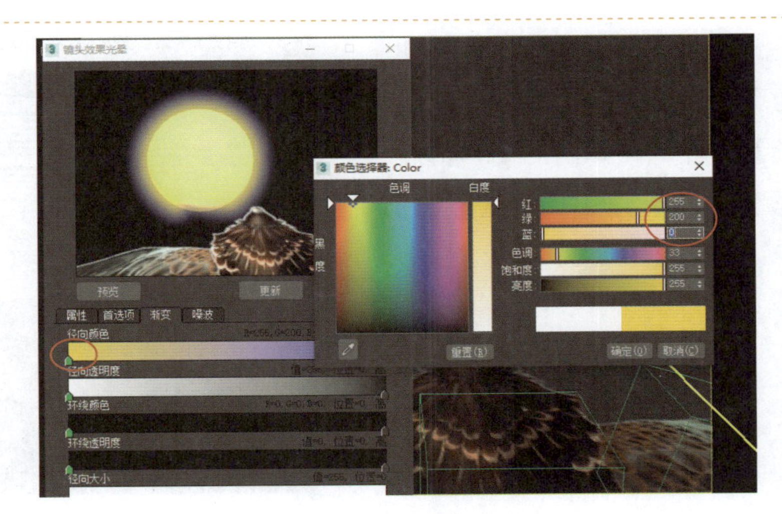

图 9-7-8　设置颜色（1）

STEP 09 单击【径向颜色】右侧的按钮，在弹出的【颜色选择器：Color】对话框中，将【红】设置为150，【绿】设置为150，【蓝】设置为255，如图9-7-9所示，单击【确定】按钮退出对话框。

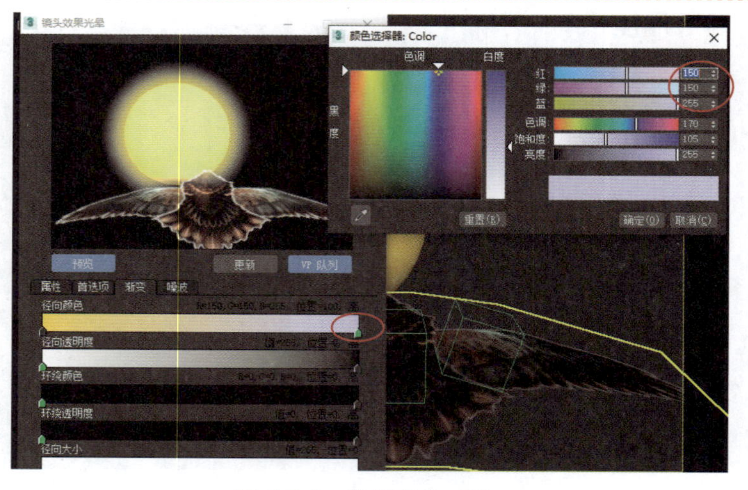

图 9-7-9　设置颜色（2）

STEP 10 选择【视频后期处理】窗口中的【Camera001】事件，单击按钮，在弹出的【添加图像过滤事件】对话框中选择【镜头效果高光】选项，将【VP开始时间】设置为121，【VP结束时间】设置为260，如图9-7-10所示，单击【确定】按钮退出对话框。

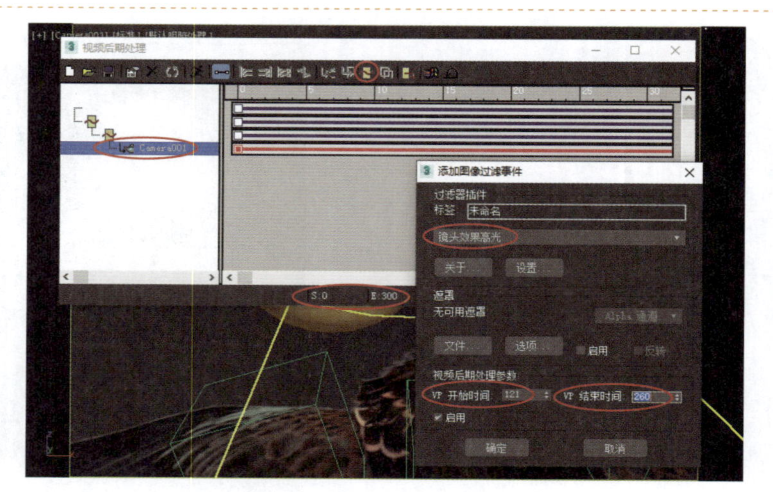

图 9-7-10　添加高光

STEP 11 双击【视频后期处理】窗口中的【镜头效果高光】事件，在弹出的【编辑过滤事件】对话框中单击【设置】按钮，如图9-7-11所示。

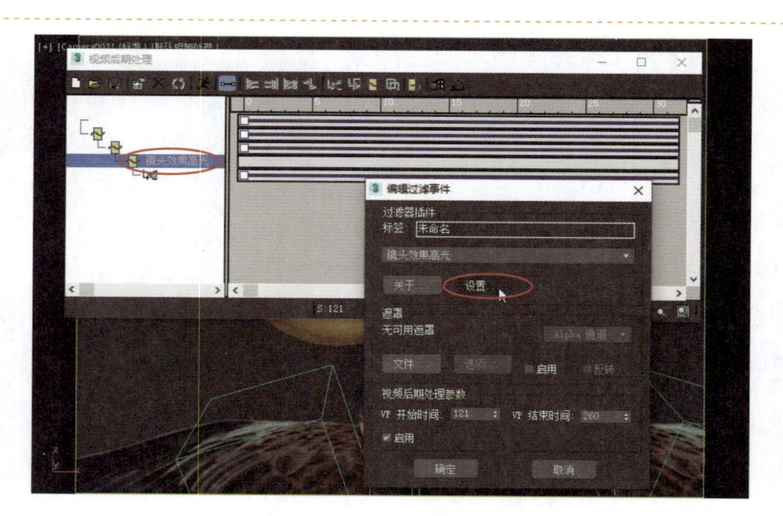

图 9-7-11　进入特效（2）

STEP 12 在弹出的【镜头效果高光】窗口中，将【对象 ID】设置为 2，将场景中的时间滑块移至 150 帧处，依次单击【VP 队列】按钮和【预览】按钮，如图 9-7-12 所示。

图 9-7-12　设置对象 ID（1）

STEP 13 选择场景中的粒子，将雪设置为蓝色，单击【镜头效果高光】窗口中的【更新】按钮预览效果，如图 9-7-13 所示，单击【确定】按钮退出窗口。

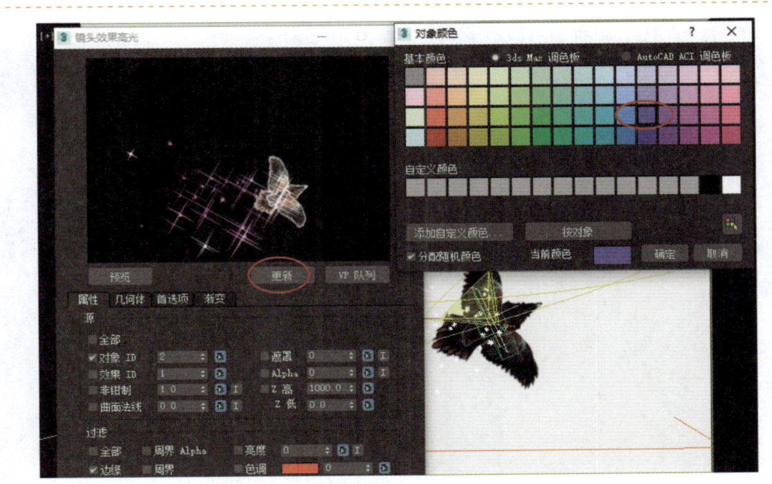

图 9-7-13　设置颜色（3）

STEP 14 选择【视频后期处理】窗口中的【Camera001】事件，单击按钮▣，在弹出的【添加图像过滤事件】对话框中选择【镜头效果光晕】选项，将【VP 开始时间】设置为 215，【VP 结束时间】设置为 300，如图 9-7-14 所示。

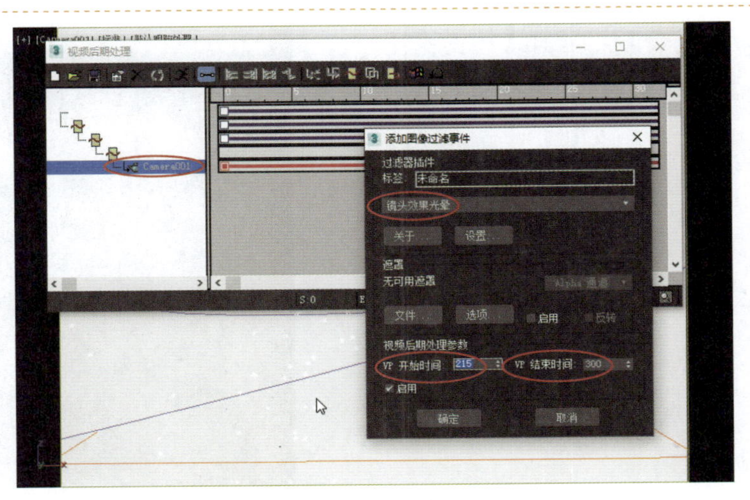

图 9-7-14　添加光晕（2）

STEP 15 双击【视频后期处理】窗口中的【镜头效果光晕】事件，在弹出的【编辑过滤事件】对话框中单击【设置】按钮，如图 9-7-15 所示。

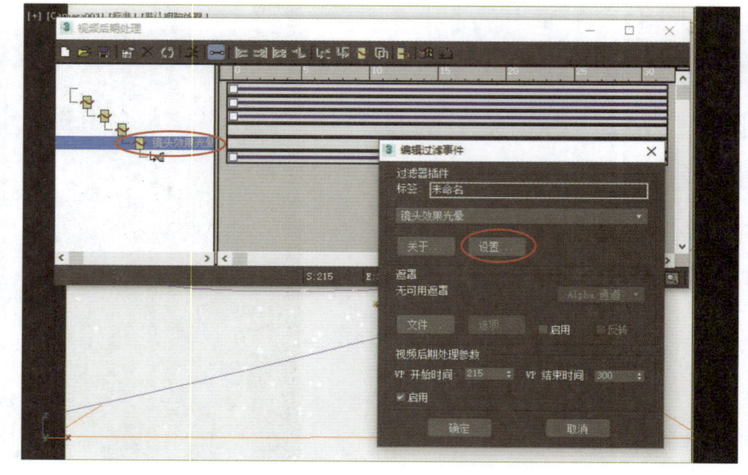

图 9-7-15　进入特效（3）

STEP 16 在弹出的【镜头效果光晕】窗口中，将【对象 ID】设置为 3，将场景中的时间滑块移至 297 帧处，依次单击【VP 队列】按钮和【预览】按钮，如图 9-7-16 所示。

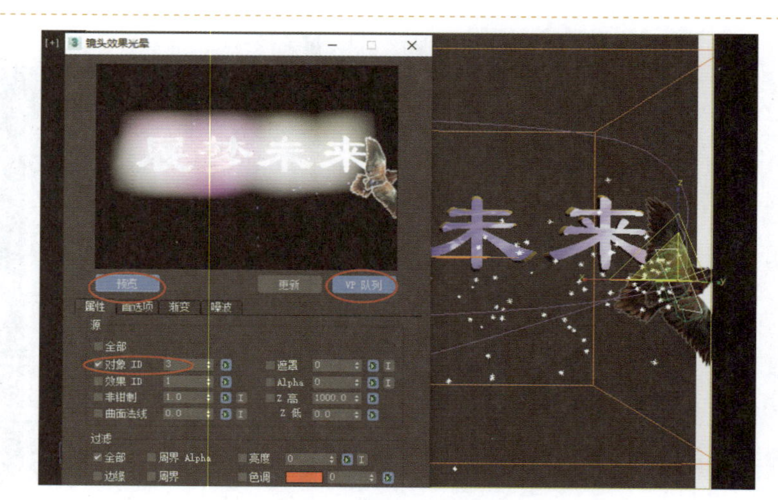

图 9-7-16　设置对象 ID（2）

STEP 17 选择【镜头效果光晕】窗口中的【首选项】选项卡，在【效果】选项组中将【大小】设置为 5.0，在【颜色】选项组中选中【像素】单选按钮，如图 9-7-17 所示。

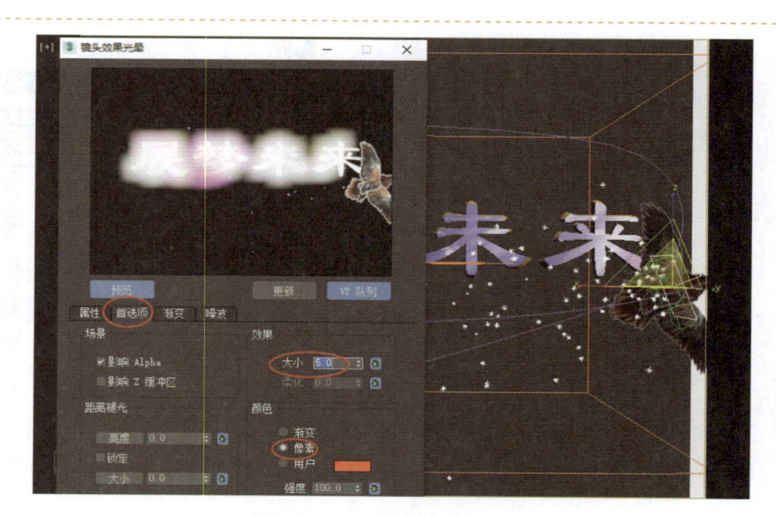

图 9-7-17　设置参数（2）

STEP 18 选择【镜头效果光晕】窗口中的【噪波】选项卡，在【设置】选项组中选中【电弧】单选按钮，勾选【红】、【绿】和【蓝】3 个复选框，在【参数】选项组中将【大小】设置为 50.0,【基准】设置为 50.0，如图 9-7-18 所示。单击【确定】按钮退出窗口。

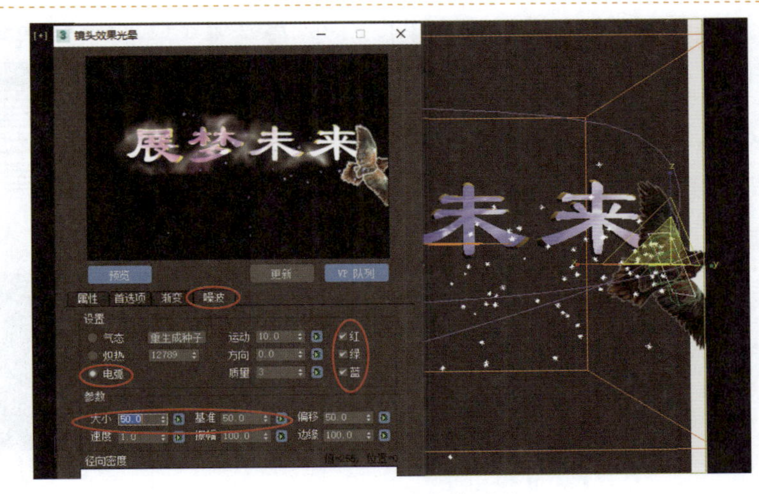

图 9-7-18　设置参数（3）

STEP 19 单击【视频后期处理】窗口左侧列表的空白位置，单击【添加图像输出事件】按钮，在弹出的【添加图像输出事件】对话框中单击【文件】按钮，如图 9-7-19 所示。

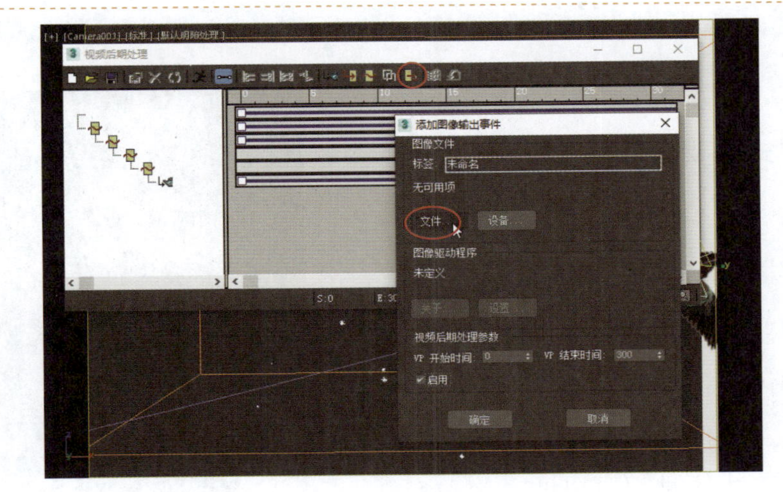

图 9-7-19　输出文件

STEP 20 选择保存的位置，输入文件名，选择格式为【AVI 文件】，单击【保存】按钮，在弹出的【AVI 文件压缩设置】对话框中选择【未压缩】选项，如图 9-7-20 所示，单击【确定】按钮退出对话框。

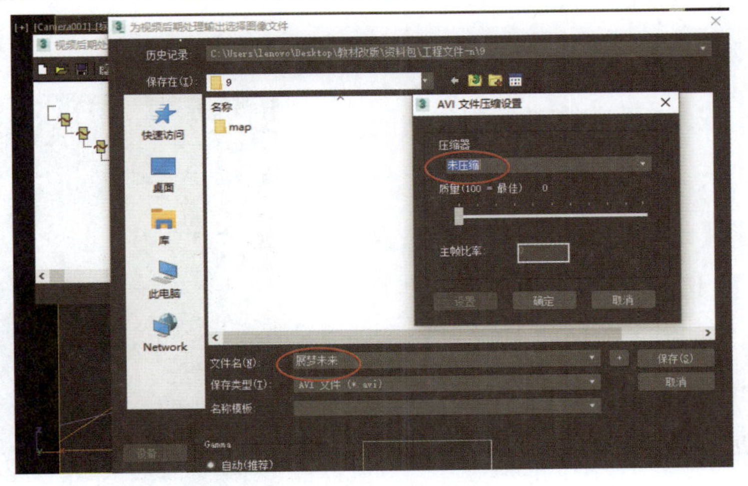

图 9-7-20　输出设置

STEP 21 单击【视频后期处理】窗口中的【执行队列】按钮，在弹出的【执行视频后期处理】对话框中参数均保持默认设置，单击【渲染】按钮输出文件，如图 9-7-21 所示。

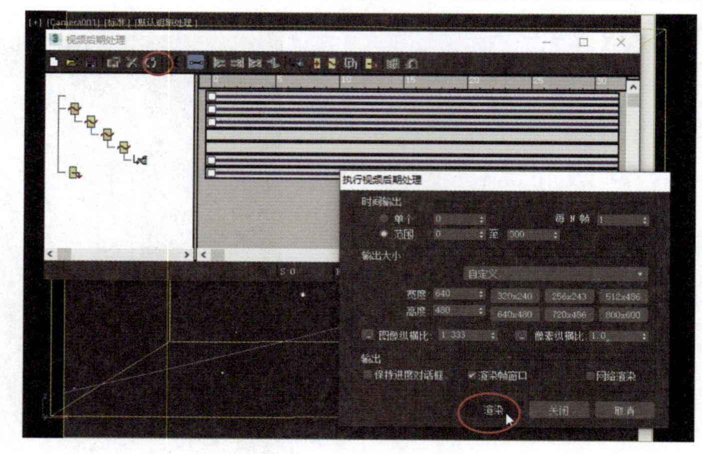

图 9-7-21 渲染设置

9.8 相关知识

3ds Max 常用的动画制作方式主要有以下几种。

1. 使用物体自身参数制作动画

【创建】面板中的大部分物体（包括几何体、图形、灯光、摄像机、辅助对象等）在创建物体时都可以通过修改自身的参数制作动画。图 9-8-1 所示为通过修改高度参数制作圆柱体长高的动画。

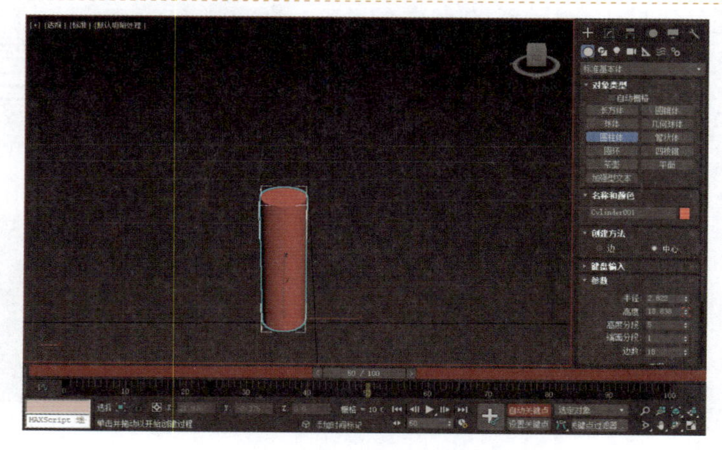

图 9-8-1 使用自身参数制作动画

2. 使用变换工具制作动画

3sd Max 常用的变换工具包括【选择并移动】【选择并旋转】【选择并均匀缩放】3 种工具，通过这 3 种工具可以很方便地制作物体的位移、旋转、缩放等动画效果。图 9-8-2 所示为茶壶的位移和旋转动画。

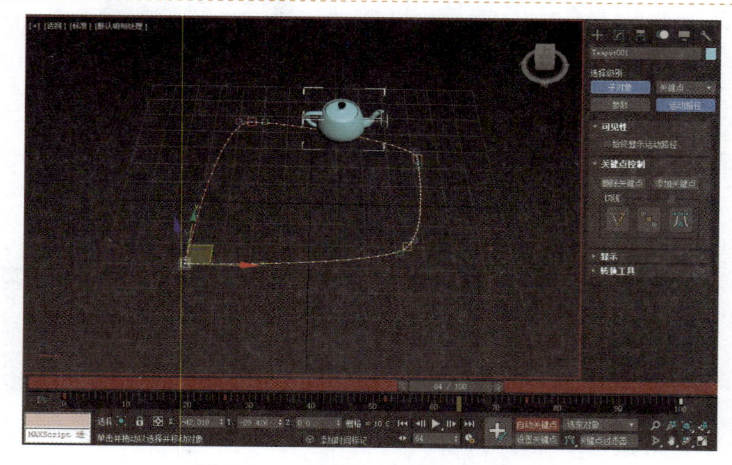

图 9-8-2 使用变换工具制作动画

3. 使用修改器制作动画

3ds Max 中的修改器是功能非常强大的造型工具。3sd Max 中有几十个修改器，每个修改器都有相应的调节参数，并且这些参数大部分都能制作动画。图 9-8-3 所示为通过弯曲修改器制作圆柱体的弯曲动画。

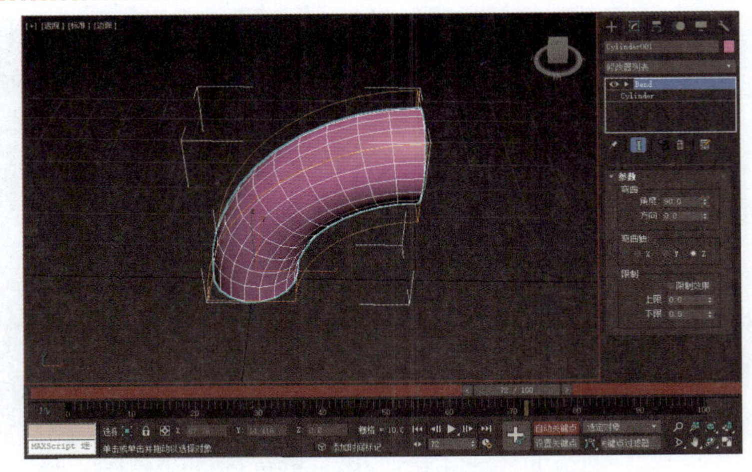

图 9-8-3 通过弯曲修改器制作圆柱体的弯曲动画

4. 使用控制器制作动画

在【动画】菜单中有很多动画控制器，使用控制器制作动画可以达到事半功倍的效果。图 9-8-4 所示为小球沿圆形路径运动，茶壶嘴始终“盯”着小球，为了实现该动画效果，分别使用了路径约束和注视约束控制器。

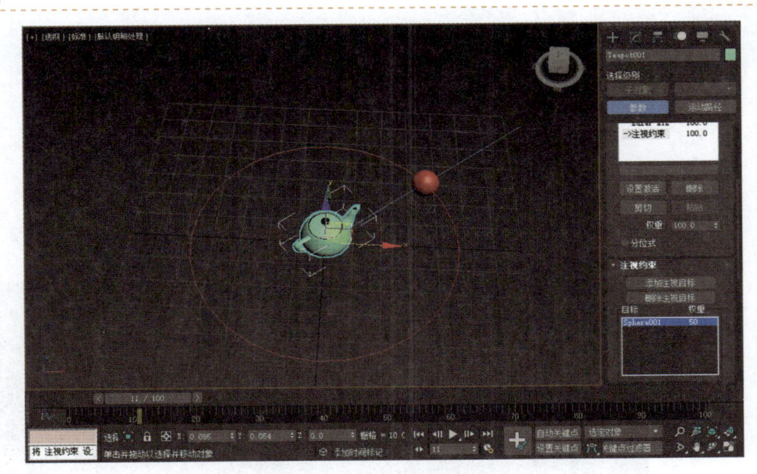

图 9-8-4 使用控制器制作动画

5. 使用空间扭曲制作动画

通过空间扭曲物体可以制作各种不同的动画效果，如波浪、涟漪、爆炸等，单击【绑定到空间扭曲】按钮，将模型绑定到空间扭曲上面，给平面物体制作波浪动画，如图 9-8-5 所示。

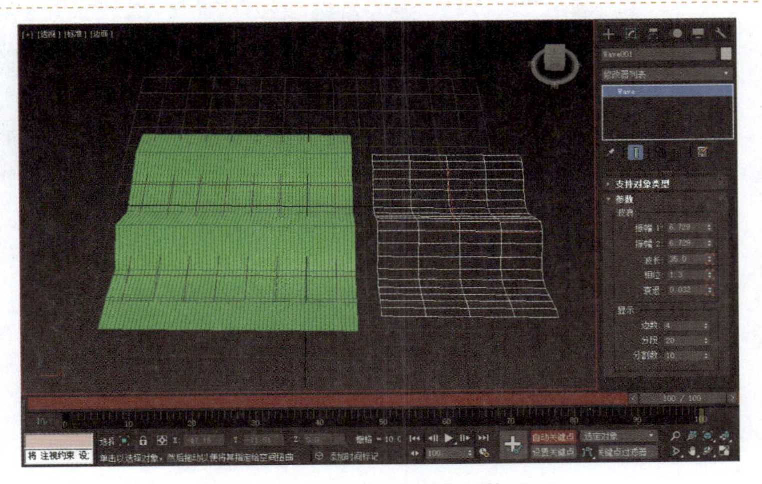

图 9-8-5 使用空间扭曲制作动画

6. 使用材质编辑器制作动画

物体的外观和质感需要材质来表现，大部分的材质也能记录动画。图 9-8-6 所示为使用材质编辑器制作文字颜色变化的动画。

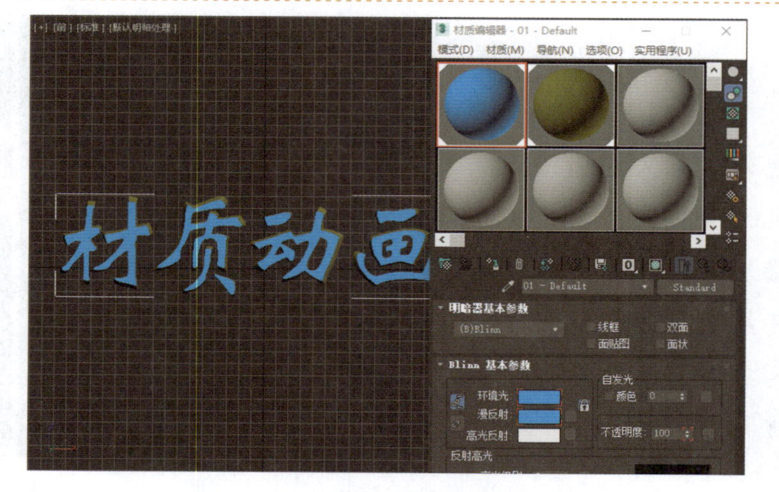

图 9-8-6　使用材质编辑器制作动画

9.9　实战演练

一幅卷轴旋转进入屏幕中间，缓缓向两侧打开，带发光效果的粒子从上往下降落……请读者运用所学的动画知识完成卷轴动画的制作。

图 9-9-1 所示为卷轴动画的截图。

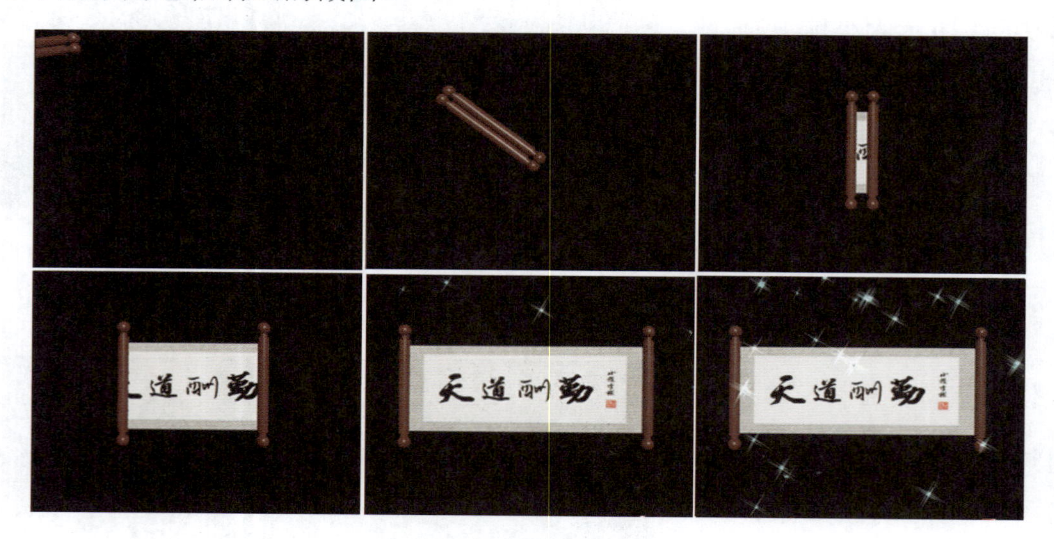

图 9-9-1　卷轴动画的截图

制作要求

（1）能制作出卷轴的位移和旋转动画。

（2）能制作出书法的展开动画。

（3）能制作出粒子的发光特效。

制作提示

（1）将卷轴柱子绑定到虚拟体上，从而制作出虚拟体的旋转进入动画。

（2）给材质的不透明度添加渐变坡度贴图，从而制作出书法的展开动画。

（3）使用后期处理的高光特效，从而制作出粒子的发光效果。

项目评价

项目实训评价表

项　目	内　容		评　价			
	学习目标	评价项目	4	3	2	1
职业能力	能使用各种手段制作动画	能使用修改器制作动画				
		能使用空间扭曲制作动画				
		能使用控制器制作动画				
		能使用材质编辑器制作动画				
	能设置粒子和后期特效	能使用各种粒子系统				
		能设置各种镜头特效				
	能制作关键帧动画	能制作自动关键帧动画				
		能制作手动关键帧动画				
通用能力	交流表达能力					
	与人合作能力					
	沟通能力					
	组织能力					
	活动能力					
	解决问题的能力					
	自我提高的能力					
	革新、创新的能力					
综合评价						

评定等级说明表

等　级	说　明
4	能高质、高效地完成项目实训评价表中学习目标的全部内容，并能解决遇到的特殊问题
3	能高质、高效地完成项目实训评价表中学习目标的全部内容
2	能圆满完成项目实训评价表中学习目标的全部内容，不需要任何帮助和指导
1	能圆满完成项目实训评价表中学习目标的全部内容，但偶尔需要帮助和指导

最终等级说明表

等　级	说　明
优秀	80%项目达到3级水平
良好	60%项目达到2级水平
合格	全部项目都达到1级水平
不合格	不能达到1级水平

反侵权盗版声明

举报电话：（010）88254396；（010）88258888

传　　真：（010）88254397

E-mail：dbqq@phei.com.cn

通信地址：北京市万寿路 173 信箱

电子工业出版社总编办公室

邮　　编：100036